會計學

郭秀珍 著

財經錢線

前　言

　　隨著市場經濟體制的逐步完善，會計在經濟管理中的地位越來越重要，會計信息對經濟管理決策和控制的作用日益顯著，不懂會計知識、不理解和不善於利用會計信息的人，很難做好經濟管理工作。經濟管理類專業的學生更應該認識到，會計知識在其今後工作中的重要作用。要想做好經濟管理工作，就必須掌握會計的基本理論、基本方法和基本技能。因此，大多數高等院校經濟管理類專業的教學計劃中都將「會計學」作為核心課程，這也說明了會計在管理中的重要作用。

　　本書是專門為高等院校非會計學專業，如經濟管理類專業的學生編寫的會計學教材。本書不僅可以作為非會計學專業學生學習之用，而且可以作為從事經濟管理工作的非會計人員的培訓教材。本書是非會計學專業學生學習會計課程的入門教材，涵蓋了基礎會計和中級財務會計的大部分內容。本書的第一章至第四章是基礎會計的內容，第五章至第十五章是中級財務會計的內容，第十六章是財務報表分析的內容。

　　根據非會計學專業學生的培養目標要求，本書與會計學專業的教材有著重要的區別。非會計學專業的學生學習會計的角度與會計學專業的學生是不同的，會計學專業的學生學習會計是為了將來從事會計工作，而非會計學專業的學生學習會計是利用所學的會計知識去從事經濟管理工作，是站在管理的角度去學會計，主要是掌握會計的基本原理和基本方法，瞭解會計信息的加工過程，理解各項會計指標的經濟含義，並能熟練地運用各項會計政策且閱讀財務報表，以便更好地理解和利用會計信息從事管理工作。基於這一目的，本書在編寫時注重講解會計的基本原理、會計處理中各項政策與方法的選擇，不求細而全，但願少而精，力爭由淺入深、通俗易懂。

　　會計始終是處於發展與變化之中的，而教材也應該緊跟這種發展與變化。

本書由郭秀珍教授擔任主編，負責全書寫作大綱的擬定和編寫的組織工作，並對全書進行了總纂。具體的寫作分工如下：第一、二、十一章由郭秀珍教授編寫，第三、四、五章由葉鵬老師編寫，第六、七、十五、十六章由李壘老師編寫，第八、九、十章由周群老師編寫，第十二、十三、十四章由呂曉玥老師編寫，最後由郭秀珍教授、李壘老師負責校對。本書得到了楊潔紅、黃綺眉的支持和幫助，在此表示感謝。由於編者水準有限，書中錯誤和疏漏之處在所難免，歡迎廣大讀者和同行專家批評指正，以便修訂時加以完善。

編者

目　錄

第一章　緒論 …………………………………………………（1）

　　第一節　會計目標 …………………………………………（1）
　　第二節　會計基本假設與記帳基礎 ………………………（3）
　　第三節　會計信息質量要求 ………………………………（6）
　　第四節　財務會計和管理會計 ……………………………（10）

第二章　會計要素確認與計量 ………………………………（13）

　　第一節　會計要素 …………………………………………（13）
　　第二節　會計等式 …………………………………………（18）
　　第三節　會計計量屬性 ……………………………………（20）

第三章　複式記帳法及其應用 ………………………………（23）

　　第一節　會計核算方法體系 ………………………………（24）
　　第二節　複式記帳法 ………………………………………（26）
　　第三節　主要經濟業務舉例 ………………………………（30）

第四章　會計憑證與帳簿 ……………………………………（33）

　　第一節　會計憑證 …………………………………………（34）
　　第二節　會計帳簿 …………………………………………（40）
　　第三節　帳務處理程序 ……………………………………（42）

第五章　貨幣資金及應收款項 ……………………………………（47）

第一節　貨幣資金 …………………………………………（47）
第二節　應收帳款 …………………………………………（58）
第三節　應收票據 …………………………………………（61）
第四節　預付及其他應收款項 ……………………………（62）
第五節　壞帳準備 …………………………………………（64）

第六章　存貨 ……………………………………………………（67）

第一節　存貨概述 …………………………………………（67）
第二節　存貨購進 …………………………………………（70）
第三節　存貨發出 …………………………………………（74）
第四節　存貨清查 …………………………………………（77）

第七章　金融資產與投資 ………………………………………（82）

第一節　投資及其分類 ……………………………………（82）
第二節　交易性金融資產 …………………………………（85）
第三節　債權投資 …………………………………………（89）
第四節　其他金融工具投資 ………………………………（95）
第五節　長期股權投資 ……………………………………（99）

第八章　固定資產與投資性房地產 ……………………………（109）

第一節　固定資產 …………………………………………（109）
第二節　投資性房地產 ……………………………………（120）

第九章　無形資產與其他資產 …………………………………（136）

第一節　無形資產 …………………………………………（136）
第二節　其他資產 …………………………………………（144）

第十章　負債 ………………………………………………… (146)

第一節　負債概述 …………………………………………… (147)
第二節　流動負債 …………………………………………… (148)
第三節　非流動負債 ………………………………………… (157)

第十一章　所有者權益 ……………………………………… (163)

第一節　所有者權益概述 …………………………………… (163)
第二節　實收資本 …………………………………………… (165)
第三節　資本公積 …………………………………………… (168)
第四節　留存收益 …………………………………………… (171)

第十二章　費用與成本 ……………………………………… (174)

第一節　費用概述 …………………………………………… (174)
第二節　生產成本 …………………………………………… (177)
第三節　期間費用 …………………………………………… (183)

第十三章　收入和利潤 ……………………………………… (187)

第一節　收入及其分類 ……………………………………… (187)
第二節　收入的確認與計量 ………………………………… (189)
第三節　利潤及其分配 ……………………………………… (200)
第四節　所得稅 ……………………………………………… (204)

第十四章　財務報告 ………………………………………… (223)

第一節　財務報告概述 ……………………………………… (223)
第二節　資產負債表 ………………………………………… (227)
第三節　利潤表 ……………………………………………… (233)
第四節　現金流量表 ………………………………………… (235)

第五節　所有者權益變動表 …………………………………………（241）

　　第六節　財務報表附註披露 …………………………………………（242）

第十五章　會計調整 ……………………………………………………（248）

　　第一節　會計政策及其變更 …………………………………………（249）

　　第二節　會計估計及其變更 …………………………………………（256）

　　第三節　前期差錯更正 ………………………………………………（259）

　　第四節　資產負債表日後事項 ………………………………………（261）

第十六章　財務報表分析 ………………………………………………（273）

　　第一節　財務報表分析概述 …………………………………………（273）

　　第二節　償債能力分析 ………………………………………………（275）

　　第三節　管理效率分析 ………………………………………………（277）

　　第四節　盈利能力分析 ………………………………………………（279）

　　第五節　綜合分析 ……………………………………………………（280）

　　第六節　財務報表分析的局限性 ……………………………………（281）

參考文獻 …………………………………………………………………（282）

第一章
緒論

【學習目標】

　　知識目標：理解並掌握企業財務會計的基本概念與基本理論，包括會計目標、會計基本假設與記帳基礎、會計信息質量特徵、財務會計與管理會計的聯繫和區別等。

　　技能目標：理解會計假設與記帳基礎、會計信息質量特徵、財務會計與管理會計的聯繫和區別等。

　　能力目標：理解財務會計的目的和財務報告的目標，掌握財務會計的基本前提、會計信息的質量要求。

【知識點】

　　會計假設與記帳基礎、會計目標、會計信息質量特徵等。

【篇頭案例】

　　對於「會計」一詞的含義，清代學者焦循在《孟子·正義》中的解釋為「零星算之為計，總合算之為會」。這主要說明會計既要進行連續的個別核算，又要把個別核算加以綜合，進行系統全面的核算。正所謂「沒有規矩，不成方圓」，會計作為一種核算系統，就要遵守一定的規則或行為規範。這種行為規範就是會計準則，其存在的必要性就如同交通規則對公共交通一樣。如果沒有會計準則，會計核算就沒有共同遵守的規則和要求，它所提供的信息和資料也必定沒有共同的基礎，會計也就失去了其存在和發展的意義。那麼，基本會計準則主要包括哪些內容呢？

第一節　會計目標

　　會計是以貨幣為主要計量單位，反應和監督一個單位經濟活動的一種經濟管理工作。會計是隨著人類社會生產的發展和經濟管理的需要而產生、發展並不斷完善起來的。

　　會計目標又稱會計目的、財務報告目標，是指會計實踐活動期望達到的境地或結果。

　　會計目標是一個根本問題，直接影響著會計準則的制定與實施。

從理論上看，會計目標主要包括四個方面的內容：為什麼要提供會計信息、向誰提供會計信息、提供哪些會計信息、以何種方式提供會計信息。

目前，國內外理論界對會計目標的認識主要有兩種代表性的觀點：受託責任觀和決策有用觀。

一、受託責任觀

受託責任觀是由英國中世紀莊園管家責任演變而來的。商品經濟社會形成後，隨著社會化大生產規模的擴大，社會資源的所有權和經營權分離現象十分普遍，委託代理關係的存在使得資源的委託方更加關注受託方經營業績的信息，旨在為現實的資產所有者提供會計信息的傳統受託責任觀由此登上歷史舞臺。

受託責任觀認為財務報告的目標是以恰當的形式向資源所有者（委託人）如實報告資源經營者（受託人）受託責任的履行情況。該觀點的理論淵源是委託代理理論，認為只要有資源的所有者與經營者的分離就存在受託責任，其提供的會計信息更多地著眼於過去，強調利潤指標，以利潤表為中心，著重評價經營者的經營業績。

二、決策有用觀

隨著資本市場的產生，傳統的受託責任觀開始面對新的挑戰。由於不同的歷史時期，受託責任不同，企業管理層權限也不同，即從最早的對資產安全保管和按照規定用途使用負責，逐步延伸為對資產的保值增值負責，乃至對企業的社會責任負責；負責的對象也從早期的所有者，擴展為企業利害關係人，即包括現有的和潛在的所有者、債權人、企業員工、政府以及社會公眾。這些對會計信息產生了多元化需求，要求會計能夠更多地反應企業未來的發展趨勢，因此會計提供的信息也相應做出改變，更能適應新會計環境的決策有用觀便應運而生了。

當資本市場發展到股權相對比較分散的狀況下，眾多小股東由於成本效益原則並不願意對企業的管理當局進行監督。這樣明確的委託代理關係就逐漸模糊，投資者開始採用「用腳投票」的方式對待其認為經營管理業績不好的公司。因此，決策有用觀逐漸發展盛行起來。

決策有用觀在20世紀70年代產生於美國，以發達的資本市場為經濟背景。該觀點認為，會計目標是向信息使用者提供有助於其進行決策的信息，信息更多是控制現在、面向未來，以資產負債表為中心，著眼於評價企業的未來現金流量。

對會計目標的定位應具有一定的前瞻性，應反應出可以遇見的會計環境的變遷對會計目標提出的基本要求。目前在會計準則制定方面比較具有代表性和影響力的國際組織或國家是國際會計準則理事會、美國、中國等。其會計目標的設定相對比較明確，簡述如下：

1. 國際會計準則理事會（IASB）

IASB對會計目標的描述如下：會計報表的目標是向範圍更廣泛的使用者提供有關企業財務狀況、經營成果和財務狀況變動的信息，從而有助於其做出財務決策；財務報表同時顯示管理層履行受託責任的結果或報告管理層對所托付的資源的經管責任。

2. 美國財務會計準則委員會（FASB）

FASB 明確按決策有用性定位會計目標，在發布的公告中指出財務報告本身並不是目的，旨在提供對商業和經濟決策有用的信息，以決策有用這個籠統目標擴充和細化出其他目標，主張其他即使是更多面向受託責任的目標也關乎決策。會計報告受託責任的作用可以視為提供決策有用信息的輔助目標或只是其一部分，決策有用性實質上囊括了一切。

3. 中國

從 20 世紀 50 年代直至 20 世紀 90 年代初，企業會計標準一直採用企業會計制度的形式。

2006 年 2 月 15 日，中華人民共和國財政部在對原基本會計準則做出重大修訂的基礎上，發布了《企業會計準則——基本準則》和 38 項具體會計準則。這標誌著中國已基本建立起既適合中國國情又與國際會計準則趨同的能夠獨立實施的企業會計準則體系。

2014 年上半年，財政部又先後發布了《企業會計準則第 39 號——公允價值計量》《企業會計準則第 40 號——合營安排》和《企業會計準則第 41 號——在其他主體中權益的披露》，並對部分會計準則進行了修訂。

財政部於 2006 年 2 月 15 日發布的《企業會計準則——基本準則》第四條規定：「財務會計報告的目標是向財務會計報告使用者提供與企業財務狀況、經營成果和現金流量等有關的會計信息，反應企業管理層受託責任履行情況，有助於財務會計報告使用者作出經濟決策。」基本準則對財務會計報告的目標進行了明確定位，將保護投資者利益、滿足投資者進行投資決策的信息需求放在了突出位置，彰顯了財務會計報告的目標在企業會計準則中的重要作用。

許多國家及國際組織對會計目標的定位存在一些共性的因素，隨著全球化進程的日益加快，全球化的資本市場已初見端倪，在全球範圍內的資源配置中的重要作用也已初步顯現。面對這樣的國際經濟環境，會計目標的定位出現了國際協調的趨勢，決策有用觀已得到大多數國家和地區的認可，並作為會計準則制定的理論基礎。

第二節　會計基本假設與記帳基礎

一、會計基本假設

會計假設又稱會計核算的基本前提，是對會計核算所處的時間、空間環境做的合理設定。根據《企業會計準則——基本準則》的規定，會計基本假設包括會計主體、持續經營、會計分期和貨幣計量。

（一）會計主體

會計主體是指企業會計確認、計量和報告的空間範圍，即會計信息反應的特定單位或組織，是對會計事務處理對象和範圍的限定。

會計核算的對象是特定單位的經濟活動。經濟活動又是由各項具體的經濟業務

構成的，而每項經濟業務往往又與其他單位的經濟業務相聯繫。由於社會經濟關係的錯綜複雜，會計人員首先就需要確定會計核算的範圍，明確哪些經濟活動應當予以確認、計量和報告，哪些經濟活動不應包括在核算的範圍內，也就是要確定會計主體。

會計主體不同於法律主體。一般來說，法律主體必然是一個會計主體。例如，一個企業作為一個法律主體，應當建立財務會計系統，獨立反應其財務狀況、經營成果和現金流量。但是，會計主體不一定是法律主體。例如，企業集團中的母公司擁有若干子公司，母、子公司雖然是不同的法律主體，但是母公司對子公司擁有控制權，為了全面反應企業集團的財務狀況、經營成果和現金流量，我們有必要將企業集團作為一個會計主體，編製合併財務報表。在這種情況下，儘管企業集團不屬於法律主體，但它卻是會計主體。例如，由企業管理的證券投資基金、企業年金基金等，儘管不屬於法律主體，但屬於會計主體，我們應當對每項基金進行會計確認、計量和報告。因此，作為會計主體必須具備以下三個條件：第一，具有一定數量的經濟資源；第二，進行獨立的生產經營活動或其他業務活動；第三，實行獨立核算並提供反應本主體經濟活動情況的會計報表。

【例1-1】興華公司20×8年基金管理公司管理了10只證券投資基金。對於該公司來講，一方面，公司本身既是法律主體，又是會計主體，需要以公司為主體核算公司的各項經濟活動，以反應整個公司的財務狀況、經營成果和現金流量；另一方面，每只基金儘管不屬於法律主體，但需要單獨核算，並向基金持有人定期披露基金財務狀況和經營成果等，因此每只基金也屬於會計主體。

(二) 持續經營

持續經營是指在可以預見的將來，企業將會按當前的規模和狀態繼續經營下去，不會停業，也不會大規模削減業務。

在持續經營假設下，企業會計確認、計量和報告應當以持續經營為前提。明確這一基本假設，就意味著會計主體將按照既定用途使用資產，按照既定的合約條件清償債務，會計人員就可以在此基礎上選擇會計政策和估計方法。只有設定企業是持續經營的，才能進行正常的會計處理，採用歷史成本計價，在歷史成本的基礎上進一步採用計提折舊的方法等。這些會計處理方法的運用都是基於企業持續經營這一前提的。

持續經營是企業會計核算選擇、使用會計處理方法的前提條件。若無持續經營前提，一些公認的會計處理方法將無法被採用。只有在持續經營條件下，企業擁有的資產才能按原定的目標和用途在正常的經營過程中被耗用、出售或轉讓；企業承擔的各種債務才能按原定承諾條件在正常經營過程中被清償；企業會計核算才可以依據會計計量和確認原則，解決很多常見的資產計價問題。例如，企業對其在生產經營過程中使用的固定資產以歷史成本為計價基礎，並按其使用情況和歷史成本確定折舊方法計提折舊費用。

會計正是在持續經營這一前提條件下，才能使會計方法和程序建立在非清算的基礎之上，而不採用合併、破產清算那一套處理方法，解決財產計價和收益確認的問題，保持會計信息處理的一致性和穩定性。例如，只有在持續經營的前提下，企

業的資產和負債才有區分為流動和非流動的必要；企業的資產才以歷史成本計價，而不以清算價格計價。這一假設為企業正確地計量財產的價值、確定收益提供了前提條件。

（三）會計分期

會計分期是指將一個企業持續不斷的生產經營活動期間劃分為若干個首尾相接、間距相等的會計期間。通常情況下，會計年度是按公歷起訖日確定的。會計期間的劃分有營業制和歷年制，中國採用歷年制。會計分期按公歷制劃分為月份、季度、半年度和年度。中期報告是指短於一個完整的會計年度的報告，如半年報、季報和月報。會計分期假設的作用體現為定期對企業的生產經營活動進行總結，計算盈虧，即時提供所需的會計信息。在會計分期假設下，企業應當劃分會計期間，分期結算帳目和編製財務報告。會計期間通常分為年度和中期。中期是指短於一個完整的會計年度的報告期間。

（四）貨幣計量

貨幣計量是指會計主體在進行會計確認、計量和報告時以貨幣計量單位，反應會計主體的財務狀況、經營成果和現金流量。

中國會計準則規定，會計核算以人民幣為記帳本位幣。業務收支以外幣為主的企業，也可以選定某種外幣作為記帳本位幣，但編製的會計報表應當折算為人民幣來反應。中國在境外設立的企業，通常用當地幣種進行日常會計核算，但向國內編報會計報表時，應當將其折算為人民幣。

以貨幣計量為假設，會計可以全面反應企業的各項生產經營活動和有關交易、事項。但是，統一採用貨幣計量也有缺陷。例如，某些影響企業財務狀況和經營成果的因素，如企業經營戰略、研發能力、市場競爭力等，往往難以用貨幣來計量，但這些信息對使用者決策也很重要，因此企業可以在財務報告中補充披露有關非財務信息來彌補上述缺陷。在有些情況下，統一採用貨幣計量也有缺陷，某些影響企業財務狀況和經營成果的因素，如企業經營戰略、研發能力、市場競爭力等，往往難以用貨幣來計量，但這些信息對使用者決策來講也很重要，因此企業可以在財務報告中補充披露有關非財務信息來彌補上述缺陷。

二、會計記帳基礎

會計記帳基礎是指在進行會計事項的帳務處理上認定收入和費用的標準。會計記帳基礎包括收付實現制和權責發生制。

會計記帳基礎是指會計確認和計量在時間上的要求。會計記帳基礎有以下兩種：

（一）權責發生制

權責發生制又稱應計制或應收應付制，是指在收入和費用實際發生時確認，不必等到實際收到或支付現金時才確認。權責發生制要求，凡是當期已經實現的收入和已經發生或應當負擔的費用，無論款項是否收付，都應當作為當期的收入和費用，計入利潤表；凡是不屬於當期的收入和費用，即使款項已在當期收付，也不應當作為當期的收入和費用。

在實務中，企業交易或事項的發生時間與相關貨幣收支時間有時並不完全一致，

如銷售實現，但款項尚未收到；或者款項已經支出，但並不是為本期生產經營活動而發生的。為了明確會計核算的確認基礎，真實地反應特定會計期間的財務狀況和經營成果，企業在會計核算過程中應當以權責發生制為基礎，確認收入和費用。

例如，興華公司20×8年3月已按合同發出商品，並向銀行辦妥了托收貨款的手續，而貨款在4月才能收到。在權責發生制下，商品的銷售收入應計入3月。

中國會計準則規定，企業應當以權責發生制為基礎進行會計確認、計量和報告。事業單位的經營業務也可以權責發生制確認、計量收入和費用。

(二) 收付實現制

收付實現制又稱現計制或現收現付制，即對各項收入和費用的認定是以款項的實際收付為標準。凡在本期實際收到款項的收入和支付款項的費用，無論其是否應歸屬於本期，都應作為本期的收入和費用記帳；凡在本期未收到款項的收入和支付款項的費用，雖應歸屬本期，但也不應作為本期的收入和費用入帳。

收付實現制是與權責發生制相對應的一種會計記帳基礎，它以實際收到或支付的現金作為確認收入和費用的依據。

例如，興華公司20×8年3月已按合同發出商品，並向銀行辦妥了托收貨款的手續，而貨款在4月才能收到，在收付實現制下，商品的銷售收入應計入4月。

收付實現制是目前中國行政單位會計採用的會計記帳基礎，事業單位的非經營業務應以收付實現制為基準確認收入與支出。

收付實現制是以收到或支付現金作為確認收入和費用的依據。目前，中國的行政單位會計採用收付實現制，事業單位會計除經營業務可以採用權責發生制外，其他大部分業務採用收付實現制。

第三節　會計信息質量要求

會計信息質量要求是對企業財務報告提供高質量會計信息的基本規範，是使財務報告中提供的會計信息對投資者等決策有用應具備的基本特徵。根據《企業會計準則——基本準則》的規定，會計信息質量要求包括可靠性、相關性、可理解性、可比性、實質重於形式、重要性、謹慎性和及時性等（見圖1-1）。其中，可靠性、相關性、可理解性和可比性是會計信息的關鍵質量要求。會計信息質量要求是企業財務報告中提供會計信息應具備的基本質量特徵。實質重於形式、重要性、謹慎性和及時性是會計信息的次級質量要求，是對可靠性、相關性、可理解性和可比性等質量要求的補充和完善，尤其是在對某些特殊交易或事項進行處理時，需要根據這些質量要求來把握其會計處理原則。另外，及時性還是會計信息相關性和可靠性的制約因素，企業需要在相關性和可靠性之間尋求一種平衡，以確定信息及時披露的時間。

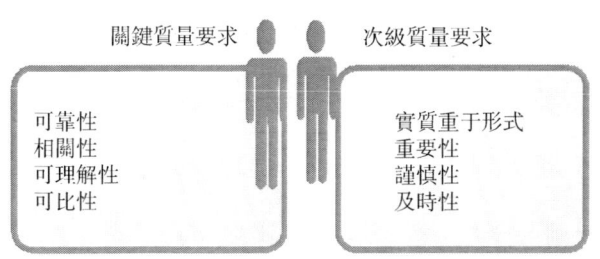

图 1-1 會計信息質量要求

一、可靠性

可靠性要求企業應當以實際發生的交易或事項為依據進行確認、計量和報告，如實反應符合確認和計量要求的各項會計要素及其他相關信息，保證會計信息真實可靠、內容完整。

會計信息要有用，必須以可靠為基礎，可靠性是高質量會計信息的關鍵所在。企業以虛假的經濟業務進行確認、計量、報告，屬於違法行為，不僅會嚴重損害會計信息質量，而且會誤導投資者，干擾資本市場，導致會計秩序混亂。例如，企業根據虛構的、沒有發生的或者尚未發生的交易或者事項進行確認、計量和報告或者編製的會計報表及其附註內容等存在隨意遺漏或者減少應予披露的信息，這就違背了會計信息質量要求的可靠性原則。

【例 1-2】興華公司 20×8 年年末發現公司銷售萎縮，無法實現年初確定的銷售收入目標，但考慮到在當年春節前後，公司銷售可能會出現較大幅度的增長，公司為此虛構了一部分客戶，在 20×8 年年末制定了若干存貨出庫憑證，並確認銷售收入實現。公司這種處理不是以實際發生的交易事項為依據的，而是虛構的交易事項，違背了會計信息質量要求的可靠性原則，也違背了《中華人民共和國會計法》的規定。

二、相關性

相關性要求企業提供的會計信息應當與財務報告使用者的經濟決策需要相關，有助於財務報告使用者對企業過去、現在或未來的情況做出評價或預測。相關性要求體現在：第一，決策有用性。對相關性的主體財務報告使用者來說，會計信息應該是滿足所有信息使用者的通用信息。第二，具有反饋價值，即把過去決策產生的實際效果反饋給決策者，以驗證過去決策是否有誤。第三，具有預測價值，即能幫助決策者預測未來的可能結果，提高決策的準確性。可靠性、相關性是整個會計信息質量要求中最重要的兩個要求，是由財務報告的目標引申出來的。可靠性、相關性信息質量要求與財務報告目標的關係為：決策相關目標對會計信息質量的要求是相關性，受託責任目標對會計信息質量的要求是可靠性。

會計信息是否有用、是否具有價值，關鍵是看其與使用者的決策需要是否相關，是否有助於決策或提高決策水準。相關的會計信息應當能夠有助於使用者評價企業

過去的決策，證實或修正過去的有關預測，因此具有反饋價值。相關的會計信息應當具有預測價值，有助於使用者根據財務報告提供的會計信息預測企業未來的財務狀況、經營成果和現金流量。例如，區分收入和利得、費用和損失，區分流動資產和非流動資產、流動負債和非流動負債以及適度引入公允價值等，都可以提升會計信息的相關性。

會計信息質量的相關性要求是以可靠性為基礎的，兩者是統一的。也就是說，會計信息在可靠性前提下，盡可能地做到相關性，以滿足投資者等財務報告使用者的決策需要。

三、可理解性

可理解性要求企業提供的會計信息應當清晰明了，便於財務報告使用者理解和使用。怎樣將專業的會計信息提供給社會大眾、非財會人員，使之對其決策有用，會計信息的可理解性顯得尤為重要。因此，財務報告不僅包括表內信息，還包括大量的文字說明。

企業編製財務報告、提供會計信息的目的在於使用，而要使用者有效利用會計信息，應當能讓其瞭解會計信息的內涵，弄懂會計信息的內容，這就要求財務報告提供的會計信息應當清晰明了、易於理解。只有這樣，才能提高會計信息的有用性，實現財務報告的目標，滿足向投資者等財務報告使用者提供決策有用信息的要求。投資者等財務報告使用者通過閱讀、分析、使用財務報告信息，能夠瞭解企業的過去和現狀以及企業淨資產或企業價值的變化過程，預測未來的發展趨勢，從而做出科學的決策。

四、可比性

可比性要求企業提供的會計信息應當相互可比。可比性有橫向可比和縱向可比兩層含義。

（一）橫向可比

橫向可比，即不同企業的會計信息要具有可比性。不同企業發生相同或相似的交易、事項時，應當採用規定的會計政策，確保會計信息口徑一致、相互可比。對於相同或相似的交易、事項，不同的企業應當採用一致的會計政策，以使不同的企業按照一致的確認、計量和報告基礎提供有關會計信息。

（二）縱向可比

縱向可比，即同一企業不同時期的會計信息要具有可比性。同一企業對不同時期發生的相同或相似的交易、事項，應當採用一致的會計政策，不得隨意變更，以使不同時期的會計資料相互可比。

五、實質重於形式

實質重於形式要求企業應當按照交易或事項的經濟實質進行會計確認、計量和報告，不應僅以交易或事項的法律形式為依據。

如果企業僅僅以交易或事項的法律形式為依據進行會計確認、計量和報告，那

麼就容易導致會計信息失真，無法如實反應經濟現實和實際情況。大多數情況下，經濟業務的法律形式反應了經濟實質。在有些情況下，當經濟實質與法律形式不一致時，企業應該按照經濟實質為標準進行會計核算。例如，售後以固定價格回購的商品，不應當確認銷售收入；融資租入的固定資產應視為自有資產進行核算管理。

企業發生的交易或事項在多數情況下的經濟實質和法律形式是一致的，但在有些情況下也會出現不一致。例如，企業按銷售合同銷售商品但又簽訂了售後回購協議，雖然從法律形式上看實現了收入，但如果企業沒有將商品所有權上的主要風險和報酬轉移給購貨方，則沒有滿足收入確認的各項條件，即使簽訂了商品銷售合同或已將商品交付給購貨方，也不應當確認銷售收入。又如，在企業合併中，經常會涉及「控制」的判斷。有些合併從投資比例來看，雖然投資者擁有被投資企業50%或50%以下的股份，但是投資企業通過章程、協議等有權決定被投資企業財務和經營政策的，就不應當簡單地以持股比例來判斷控制權，而應當根據實質重於形式的原則來判斷投資企業對被投資單位的控制程度。

【例1-3】興華公司20×8年3月以融資租賃方式租入資產，雖然從法律形式來講企業並不擁有其所有權，但是由於租賃合同中規定的租賃期相當長，接近於該資產的使用壽命；租賃期結束時承租企業有優先購買該資產的權利；在租賃期內承租企業有權支配資產並從中受益等，因此從其經濟實質來看，興華公司能夠控制融資租入資產創造的未來經濟利益，在會計確認、計量和報告上就應當將以融資租賃方式租入的資產視為企業的資產，列入企業的資產負債表。

六、重要性

重要性要求企業提供的會計信息應當反應與企業財務狀況、經營成果和現金流量有關的所有重要交易或事項。

某項企業的會計信息的省略或錯報會影響使用者據此做出經濟決策，則該信息具有重要性。重要性的應用需要依賴職業判斷，企業應當根據其所處環境和實際情況，從項目的性質和金額大小兩個方面來判斷其重要性。

例如，中國上市公司要求對外提供季度財務報告，考慮到季度財務報告披露的時間較短，從成本效益原則考慮，季度財務報告沒有必要像年度財務報告那樣披露詳細的附註信息。因此，《企業會計準則第32號——中期財務報告》規定，公司季度財務報告附註應當以年初至本中期末為基礎編製，披露自上年度資產負債表日之後發生的、有助於理解企業財務狀況、經營成果和現金流量變化情況的重要交易或事項。這種附註披露就體現了會計信息質量的重要性要求。

七、謹慎性

謹慎性要求企業對交易或事項進行會計確認、計量和報告時應當保持應有的謹慎，不應高估資產或收益、低估負債或費用。

但是，謹慎性的應用並不允許企業設置秘密準備，企業如果故意低估資產或收益，或者故意高估負債或費用，將不符合會計信息的可靠性和相關性要求，損害會計信息質量，扭曲企業實際的財務狀況和經營成果，從而對使用者的決策產生誤導，

這是會計準則所不允許的。計提各項資產的減值準備、固定資產的加速折舊等，都是謹慎性的體現。

在市場經濟環境下，企業的生產經營活動面臨著許多風險和不確定性，如應收款項的可收回性、固定資產的使用壽命、無形資產的使用壽命、售出存貨可能發生的退貨或返修等。會計信息質量的謹慎性要求，企業在面臨不確定性因素的情況下做出職業判斷時，應當保持應有的謹慎，充分估計到各種風險和損失，既不高估資產或收益，也不低估負債或費用。例如，企業對發生的或有事項，通常不能確認或有資產；相反，相關的經濟利益很可能流出企業而且構成現時義務並能夠可靠計量時，企業應當及時確認為預計負債，這就體現了會計信息質量的謹慎性要求。又如，企業在進行所得稅會計處理時，只有在確鑿證據表明未來期間很可能獲得足夠的應納稅所得額用來抵扣暫時性差異時，才應當確認相關的遞延所得稅資產；而對發生的相關應納稅暫時性差異，企業應當及時足額確認遞延所得稅負債，這也是會計信息謹慎性要求的具體體現。

八、及時性

及時性要求企業對已經發生的交易或事項及時進行確認、計量和報告，不得提前或延後。

企業在會計確認、計量和報告過程中應符合及時性要求。一是要及時收集會計信息，即在經濟交易或事項發生後，及時收集整理各種原始單據或憑證；二是要及時處理會計信息，即按照會計準則的規定，及時對經濟交易或事項進行確認、計量，並編製財務報告；三是要及時傳遞會計信息，即按照國家規定的有關時限，及時將編製的財務報告傳遞給財務報告使用者，便於其及時使用和決策。

會計信息的價值在於幫助所有者或使用者做出經濟決策，具有時效性。可靠的、相關的會計信息如果未被及時提供，也就失去了時效性，對使用者的效用就大大降低，甚至不再具有實際意義。

第四節　財務會計和管理會計

一、財務會計（Financial Accounting）

財務會計是以傳統會計為主要內容，通過一定的程序和方法，將企業經濟活動中大量的、日常的業務數據，經過記錄、分類和匯總，編製會計報告，向會計信息使用者提供反應企業財務狀況及其變動情況和經營成果的會計。財務會計的發展與改革應充分考慮管理會計的要求，以擴大信息交換處理能力和兼容能力，避免不必要的重複和浪費。

二、管理會計（Management Accounting）

管理會計是利用財務會計提供的會計信息及其經濟活動中的相關資料，運用數

學、統計學等方面的一系列技術和方法，通過整理、計算、對比、分析等手段的運用，向企業內部各級經營管理人員提供用於短期和長期經營決策、預測、制訂計劃、指導和控制企業經濟活動的信息的報告會計。管理會計需要的許多資料來源於財務會計系統，管理會計的主要工作內容是對財務信息進行再加工和再利用。

財務會計與管理會計的聯繫和區別歸納如表 1-1 所示。

表 1-1 財務會計與管理會計的聯繫和區別

項目	財務會計	管理會計
目的	通過記錄經濟業務，編製財務報告，對內對外提供有用信息	收集、加工和闡明計劃和控制所用的資料，只供企業內部管理之需要
所需資料	記錄已經發生的經濟業務	經營管理所需要的有關過去和將來的各種資料
指導原則	公認會計原則	不受公認會計原則的限制
報告時期	按年度、半年度、季度、月度（過去時期）	按任何時期報告，也可以臨時報送（過去時期或將來時期，側重於將來時期）
報告種類	按照規定報告資產負債表、利潤表、現金流量表等	經營管理需要的各種預算、分析說明、報告、圖表等，種類和格式不受限制
精確程度	精確	相對精確但強調及時
報告重點	整個企業的經濟活動過程	各部門、各地區、各種產品的相關信息
報告接受人	企業管理當局、相關投資者、債權單位、工商管理部門、稅務部門等	企業各級各部門管理當局
使用的量度	貨幣量度	主要使用貨幣量度，兼用實物量度、勞動量度、關係量度（如百分率、指數、比例等）
運用的數學方法	算術方法	線性規劃、概率論、圖示法、微積分等各種數學方法
實施程度	企業全面實施	視需要和可能而定

【本章小結】

本章主要介紹了會計的基本理論，包括會計目標、會計基本假設與記帳基礎、會計信息質量要求、財務會計與管理會計的聯繫和區別等。

會計目標主要有兩種代表性的觀點，即受託責任觀和決策有用觀。

會計的基本假設有會計主體、持續經營、會計分期和貨幣計量。會計記帳基礎包括權責發生制和收付實現制。會計信息質量要求包括可靠性（客觀性）、相關性（有用性）、可理解性（明晰性）、可比性、實質重於形式、重要性、謹慎性（穩健性）、及時性。

【主要概念】

受託責任觀；決策有用觀；會計基本假設；會計記帳基礎；會計信息質量特徵。

【簡答題】

1. 什麼是會計目標，會計目標包括哪些內容？
2. 會計信息質量要求有哪些？
3. 什麼是會計假設，會計假設包括哪些內容？
4. 什麼是會計記帳基礎，會計記帳基礎包括哪些內容？

第二章
會計要素確認與計量

【學習目標】

  知識目標：理解並掌握會計要素和會計等式。
  技能目標：具備會計計量屬性是會計要素金額的確定基礎，歷史成本、重置成本、可變現淨值、現值、公允價值等會計計量屬性的確認能力。
  能力目標：理解並掌握會計要素包括兩類：一是反應企業財務狀況的會計要素，包括資產、負債和所有者權益；二是反應企業經營成果的會計要素，包括收入、費用和利潤。

【知識點】

  會計要素，會計等式，歷史成本，重置成本，可變現淨值，現值，公允價值等會計計量屬性等。

【篇頭案例】

  某大學教會計的劉老師在暑假期間遇到四位活躍於股市的中學同學。他們中的第一位是代理股票買賣的證券公司的經紀人，第二位是受資產經營公司之托任某上市公司的董事的企業高管，第三位為個人投資者，第四位是某證券報股票投資專欄記者。當問及如何在股市中操作時，四位的回答分別如下：
  第一位：「分析股價的漲跌規律，不看會計信息。」
  第二位：「憑直覺炒股。」
  第三位：「關鍵是獲得各種信息，至於財務信息是否重要則很難說。」
  第四位：「公司財務信息非常重要。」
  請問：你認為會計信息重要嗎？請分析四個人不同答案的原因。

第一節　會計要素

  會計要素是根據交易或事項的經濟特徵確定的財務會計對象的基本分類。《企業會計準則——基本準則》規定，會計要素按照其性質分為資產、負債、所有者權益、收入、費用和利潤。其中，資產、負債和所有者權益要素側重於反應企業的財務狀況，收入、費用和利潤要素側重於反應企業的經營成果。

會計要素的界定和分類可以使財務會計系統更加科學嚴密，為投資者等財務報告使用者提供更加有用的信息。對每個會計要素的確認都應既滿足其定義，又符合其確認條件。會計要素如圖2-1所示。

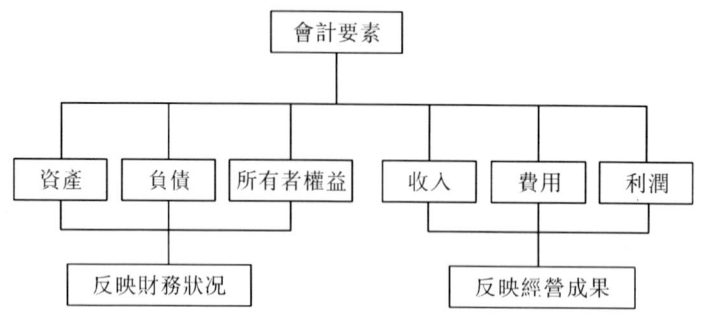

圖2-1 會計要素

企業財務會計的對象是企業的資金運動及其形成的財務關係。為了具體地反應與監控這一內容，我們需要對會計對象進行分類。會計要素就是對會計對象的基本分類，是會計對象的具體化，是反應會計主體財務狀況、經營成果的基本單位。

中國《企業會計準則——基本準則》把企業的會計要素劃定為資產、負債、所有者權益、收入、費用和利潤六項。

一、資產

（一）資產的特徵

資產是指企業過去的交易或事項形成的、由企業擁有或控制的、預期會給企業帶來經濟利益的資源。

資產具有以下特徵：

（1）企業過去的交易或事項形成的。過去的交易或事項包括購買、生產、建造行為以及其他交易或事項。預期在未來發生的交易或事項不形成資產。例如，企業簽訂合同，在半年後購買產品，在簽訂合同時不確認資產。

（2）由企業擁有或控制。由企業擁有或控制是指企業享有某項資源的所有權，或者雖然不享有某項資源的所有權，但該資源能被企業控制。例如，企業對融資租入的固定資產擁有實際控制權，可以將其確認為企業的資產。

（3）預期會給企業帶來經濟利益。預期會給企業帶來經濟利益是指直接或間接形成現金和現金等價物流入企業的潛力。不能給企業帶來經濟利益的資源不屬於資產的範疇。對現在無法確定未來經濟利益的資產，企業應該對不能帶來或不能確定經濟利益的部分計提減值準備。例如，待處理財產損失或庫存已失效、已毀損的存貨，它們已經不能給企業帶來未來經濟利益，就不應作為資產。

（二）資產的確認

資產的確認既要符合資產的定義，又要同時滿足以下條件：

（1）與該資源有關的經濟利益很可能（概率在50%以上）流入企業。

(2) 該資源的成本或價值能夠可靠計量。

符合資產定義和資產確認條件的項目，應當列入資產負債表；符合資產定義，但不符合資產確認條件的項目，不應列入資產負債表。

(三) 資產的分類

企業的資產可以劃分為流動資產與非流動資產兩大類。

(1) 流動資產。流動資產是指可以合理地預期將在一年內轉換為現金或被銷售、耗用的資產。流動資產主要包括貨幣資金、交易性金融資產、應收票據、應收及預付款項、存貨等。

(2) 非流動資產。非流動資產是指除流動資產以外的所有其他資產。非流動資產包括持債權投資、長期股權投資、固定資產和無形資產等。

二、負債

(一) 負債的特徵

負債是指由過去的交易或事項形成的，預期會導致經濟利益流出企業的現時義務。

負債具有以下特徵：

(1) 負債是由企業過去的交易或事項形成的，企業將在未來發生的承諾、簽訂的合同等交易或事項，不形成負債。負債有確切的受款人和償付日期，或者受款人和償付日期可以合理地估計確定。

(2) 負債的清償預期會導致經濟利益流出企業。

(3) 負債是企業承擔的現時義務。現時義務是指企業在現行條件下已承擔的義務。未來發生的交易或事項形成的義務，不屬於現時義務，不應確認為負債。

(二) 負債的確認

負債的確認既要符合負債的定義，又要同時滿足以下條件：

(1) 與該義務有關的經濟利益很可能流出企業。

(2) 未來流出的經濟利益的金額能夠可靠地計量。

符合負債定義和負債確認條件的項目，應當列入資產負債表；符合負債定義，但不符合負債確認條件的項目，不應當列入資產負債表。

(三) 負債的分類

負債按其償還期的長短可以分為流動負債與非流動負債。

流動負債是指償還期在一年或長於一年的一個營業週期以內的債務。流動負債主要包括短期借款、應付票據、應付帳款、應付職工薪酬、應交稅費、應付利潤、應付股利和其他應付款等。

非流動負債是指償還期在一年或長於一年的一個營業週期以上的債務。非流動負債主要包括長期借款、應付債券和長期應付款等。

三、所有者權益

(一) 所有者權益的特徵

所有者權益是指企業資產扣除負債後，由所有者享有的剩餘權益。企業的所有

者權益又稱為股東權益，在數量上等於全部資產減去全部負債後的餘額。

所有者權益具有以下特徵：

（1）除非發生減資、清算，企業不需要償還所有者權益。

（2）企業清算時，只有在清償所有負債後，所有者權益才返還給所有者。

（3）所有者權益是指所有者具有參與企業收益的分配權。

（二）所有者權益的確認

所有者權益體現的是所有者在企業中的剩餘權益，因此所有者權益的確認主要依賴於其他會計要素，尤其是資產和負債的確認。所有者權益金額的確定主要取決於資產和負債的計量。

（三）所有者權益的構成

所有者權益按其來源主要包括所有者投入的資本、直接計入所有者權益的利得和損失、留存收益等。

（1）所有者投入的資本。所有者投入的資本是指所有者對企業的投資部分，既包括構成企業註冊資本或股本部分的金額，也包括投入資本超過註冊資本或股本部分的金額，即資本溢價或股本溢價。前者稱為實收資本（股本），後者稱為資本公積。

（2）直接計入所有者權益的利得和損失。利得是指由企業非日常活動形成的、會導致所有者權益增加的、與所有者投入資本無關的經濟利益的流入。損失是指由企業非日常活動發生的、會導致所有者權益減少的、與向所有者分配利潤無關的經濟利益的流出。

（3）留存收益是企業歷年實現的淨利潤留存於企業的部分，主要包括計提的盈餘公積和未分配利潤。

四、收入

（一）收入的特徵

收入是指企業在日常活動中形成的、會導致所有者權益增加的、與所有者投入資本無關的經濟利益的總流入。

收入具有以下特徵：

（1）收入應當是企業在日常活動中形成的，那些偶然發生的經濟流入（如罰款收入、出售無形資產淨收益、非貨幣性資產交換確認的收益、債務重組收益等），屬於利得，不屬於營業收入。

（2）收入會導致所有者權益的增加，不會導致所有者權益增加的經濟流入不是收入，如銀行借款、企業代稅務機關收取的稅款等。

（3）收入是與所有者投入資本無關的經濟利益的總流入。

（二）收入的確認

收入的確認既要符合收入的定義，又要同時滿足以下條件：

（1）與收入相關的經濟利益很可能流入企業。

（2）經濟利益流入企業的結果會導致企業資產的增加或負債的減少。

（3）經濟利益的流入額能夠可靠地計量。

（三）收入的分類

收入可以分為主營業務收入和其他業務收入。

（1）主營業務收入。主營業務收入指企業為完成其經營目標在所從事的主要經營活動中取得的收入。不同的行業具有不同的主營業務。主營業務收入的特點是經常發生、在收入中占較大比重。

（2）其他業務收入。其他業務收入指企業在除主營業務以外的其他經營活動中取得的收入。其他業務收入的特點是不常發生，在收入中所占比重較小。

五、費用

（一）費用的特徵

費用是指企業在日常活動中發生的、會導致所有者權益減少的、與向所有者分配利潤無關的經濟利益的總流出。

費用具有以下特徵：

（1）費用是企業在日常活動中發生的經濟利益的流出。
（2）費用會導致企業所有者權益的減少，如用銀行存款支付銷售費用。
（3）費用是與向所有者分配利潤無關的經濟利益的總流出，費用可能會減少企業資產、增加企業負債，或者兩者兼而有之。

（二）費用的確認

費用的確認既要符合費用的定義，又要同時滿足以下條件：

（1）與費用相關的經濟利益很可能流出企業。
（2）經濟利益流出企業的結果會導致資產的減少或負債的增加。
（3）經濟利益的流出額能夠可靠地計量。

（三）費用的分類

1. 產品生產成本

產品生產成本是指計入產品成本的費用，又稱產品製造成本（或生產成本）。計入產品成本的費用，按其與產品的關係，又可以分為直接費用和間接費用。

（1）直接費用。直接費用是指直接為生產產品或提供勞務而發生的各項費用，包括直接材料費、直接人工費和其他直接費用。

（2）間接費用。間接費用是指間接為生產產品或提供勞務而發生的各項費用，包括間接材料費、間接人工費以及其他間接費用。在製造業，間接費用也稱製造費用。

2. 期間費用

不計入產品成本的費用一般按期間歸集，故稱為期間費用。期間費用包括銷售費用、管理費用和財務費用等，這些費用直接計入當期損益。

（1）銷售費用。銷售費用是指企業在銷售過程中發生的各項費用。

（2）管理費用。管理費用是指企業行政管理部門為組織和管理生產經營活動而發生的各項費用。

（3）財務費用。財務費用是指企業為籌集生產經營所需資金等開展理財活動所發生的各項費用。

六、利潤

(一) 利潤的特徵

利潤是指企業在一定會計期間的經營成果。利潤是評價企業管理層業績的指標之一，也是投資者等財務報告使用者進行決策時的重要參考。利潤包括收入減去費用後的淨額、直接計入當期利潤的利得和損失等。收入減去費用後的淨額反應的是企業日常活動的收支，直接計入當期利潤的利得和損失反應的是企業非日常活動的業績（如營業外收入、營業外支出）。企業應當嚴格區分收入和利得、費用和損失，以反應企業的經營業績。

(二) 利潤的確認

利潤的確認主要依賴於收入和費用以及利得和損失的確認，其金額的確定也主要取決於收入、費用、利得、損失金額的計量。

(三) 利潤的構成

利潤分為營業利潤、利潤總額和淨利潤。

（1）營業利潤。營業利潤是指營業收入減去營業成本和稅金及附加，再減去期間費用和資產減值損失後的金額。

（2）利潤總額。利潤總額是指營業利潤加上營業外收入，減去營業外支出後的金額。

（3）淨利潤。淨利潤是指利潤總額減去所得稅費用後的金額。

第二節　會計等式

一、會計等式的含義

會計等式是反應會計要素數額關係的計算公式，包括反應企業財務狀況和經營成果兩種會計等式。

(一) 反應財務狀況的會計等式

資產＝負債+所有者權益

該等式是反應資金運動相對靜止時的會計等式，是最基本的會計等式，又稱為存量會計等式或會計恒等式。這一等式是複式記帳法的理論基礎，也是編製資產負債表的依據。

我們知道，任何企業都必須擁有一定的資產，這些資產分佈在企業經濟活動的各個方面，有不同的表現形態，如貨幣資金、原材料、房屋建築物等；同時，企業的資產都有其來源，要麼來源於投資者，形成企業的所有者權益；要麼來源於債權人，形成企業的債權人權益，即企業的負債。因此，資產與負債和所有者權益實際上是同一價值運動的兩個方面，兩者必然相等。

(二) 反應經營成果的會計等式

利潤＝收入−費用

該等式是反應企業一定時期的經營成果的等式，又稱為增量會計等式。企業經過一定時期的生產經營，其結果的主要部分等於收入扣除費用後的餘額。對非日常活動的利得和損失，企業按照會計準則的規定計入當期損益的部分也應該予以計入。這一等式是編製利潤表的依據。

二、經濟業務的發生對會計恒等式的影響

經濟業務又稱為會計事項，是指在企業的生產經營活動中發生的、引起會計要素增減變動的事項。企業在生產經營過程中發生的經濟業務雖然多種多樣，但是從它們引起會計要素變動的情況來看，不外乎以下九種類型，如表 2-1 所示。

表 2-1　各項經濟業務的發生對會計等式的影響

經濟業務	資產	負債	所有者權益	變動類型
1	增加	增加		等式兩邊同時增加
2	增加		增加	
3	減少	減少		等式兩邊同時減少
4	減少		減少	
5	增加、減少			等式一邊有增有減
6		增加、減少		
7			增加、減少	
8		增加	減少	
9		減少	增加	

下面結合企業經營過程中發生的經濟業務，舉例說明資產、負債、所有者權益的增減變化及其對會計等式的影響。

【例 2-1】20×8 年 1 月 1 日，甲、乙和丙三人共同出資組建 A 公司。按照協議約定，甲出資作價 50,000 元的房屋，乙出資作價 20,000 元的電腦，丙出資 30,000 元的現金。三人按出資比例享有對企業的所有權。

這筆業務使得該企業的資產總額增加 100,000 元，其中房屋 50,000 元，電腦 20,000 元，銀行存款 30,000 元，所有者權益增加 100,000 元。會計等式的兩邊同時增加 100,000 元，會計等式的等量關係不變。

【例 2-2】20×8 年 1 月 15 日，興華公司將上一年利潤的一部分以現金股利的形式分派給股東 50,000 元，用銀行存款支付。

這筆經濟業務使得資產和所有者權益同時減少 50,000 元，等式兩邊同時減少，會計等式的等量關係不變。

【例 2-3】20×8 年 3 月 15 日，興華公司收到客戶所欠的貨款 80,000 元並存入銀行。

這筆經濟業務使得資產項目一增一減，金額均為 80,000 元，會計等式的等量關係不變。

我們通過上述分析可以看出：不論發生何種經濟業務，在任何時點上，「資產＝負債+所有者權益」這個會計等式都成立。

隨著經營活動的進行，企業會取得各項收入，同時也必然發生相關的費用。企業一定時期的收入扣除相關的費用後，即為企業的利潤。企業利潤的取得，表明企業資產總額和淨資產的增加。由於利潤屬於所有者，利潤的實現意味著企業所有者權益的增加；反之，若企業發生虧損，就意味著企業所有者權益的減少。等式表示如下：

資產＝負債+所有者權益+利潤

資產＝負債+所有者權益+（收入-費用）

上式為會計等式的擴展形式，動態地反應了企業財務狀況和經營成果之間的關係。財務狀況反應了企業一定日期資產的存量情況，而經營成果則反應了一定期間資產的增量或減量。企業的經營成果最終會影響到企業的財務狀況，企業實現利潤將使企業資產存量增加或負債減少，發生虧損將使企業資產存量減少或負債增加。待期末結帳後，利潤歸入所有者權益項目，會計等式又恢復成基本形式，即「資產＝負債+所有者權益」。因此，會計等式的擴展形式又稱為動態等式。

通過上述分析，我們可以得出如下結論：企業在生產經營過程中發生的每一項經濟業務，都必然會引起會計等式中一方或雙方發生等額的變化，即當涉及等式雙方時，必然會出現同方向的變化（同增同減）；當只涉及等式一方時，則必然出現相反方向的變化（一增一減）。由此可見，企業任何一項經濟業務的發生都不會影響或破壞資產、負債和所有者權益之間的恒等關係。

第三節　會計計量屬性

會計計量是指採用一定的尺度確定會計要素的增減變動，即對經營事項涉及的會計要素進行數量上的反應，包括貨幣計量、實物計量和勞動計量。會計計量屬性反應的是會計要素金額的確定基礎，主要包括歷史成本、重置成本、現值、可變現淨值、公允價值等。

一、歷史成本

歷史成本是指資產按照購置時支付的現金或現金等價物的金額，或者按照購置資產時所付出的對價的公允價值計量。負債按照因承擔現時義務而實際收到的款項或資產的金額，或者承擔現時義務的合同金額，或者按照日常活動中為償還債務預期需要支付的現金或現金等價物的金額計量。

二、重置成本

重置成本是指資產按照現在購買相同或相似資產所支付的現金或現金等價物的金額計量。重置成本主要是在固定資產盤盈時使用。

三、現值

現值是指資產按照預計從其持續使用和最終處置中產生的未來淨現金流入量的折現金額計量。負債按照預計期限內需要償還的未來淨現金流出量的折現金額計量。資產減值時用現值作為減值判斷的標準。在分期購買，且付款期限較長（通常在3年以上）時，其產生的負債也會用現值計量。

四、可變現淨值

可變現淨值是指資產按照其正常對外銷售所能收到現金或現金等價物的金額扣減該資產至完工時估計將要發生的成本、估計的銷售費用以及相關稅費後的金額計量。可變現淨值在存貨的期末計量時使用。

五、公允價值

公允價值是指市場參與者在計量日發生的有序交易中，出售一項資產所能收到或轉移一項負債所需支付的價格。交易性金融資產、其他債權投資、投資性房地產等可以用公允價值計量。

會計要素的計量屬性歸納如表2-2所示。

表2-2 會計要素的計量屬性

計量屬性	概念	資產的計量	負債的計量	備註
歷史成本（實際成本）	取得或製造某項財產物資時所實際支付的現金或其他等價物。	按照購置時支付的現金或現金等價物的金額，或者購置時所付出的對價的公允價值計量	按照因承擔現時義務而實際收到的款項或資產的金額，或者承擔現時義務的合同金額，或者日常活動中為償還債務預期需要支付的現金或現金等價物的金額計量	傳統的會計計量屬性，一般應採用此計量屬性
重置成本（現行成本）	按照當前市場條件，重新取得同樣一項資產所需支付的現金或現金等價物金額	按照現在購買相同或相似資產所需支付的現金或現金等價物的金額計量	按照現在償付該項債務所需支付的現金或現金等價物的金額計量	常用於盤盈固定資產的計量
現值	對未來現金流量以恰當的折現率進行折現後的價值，是考慮貨幣時間價值的一種計量屬性	按照預計從其持續使用和最終處置中所產生的未來淨現金流入量的折現金額計量	按照預計期限內需要償還的未來淨現金流出量的折現金額計量	常用於非流動資產可收回金額和以攤餘成本計量的金融資產價值的確定等

表2-2(續)

計量屬性	概念	資產的計量	負債的計量	備註
可變現淨值	在日常生產經營過程中，以預計售價減去進一步加工成本和預計銷售費用以及相關稅費後的淨值	按照正常對外銷售所能收到現金或現金等價物的金額扣減該資產至完工時估計將要發生的成本、估計的銷售費用以及相關稅費後的金額計量	——	常用於存貨資產減值情況下的後續計量
公允價值	在公平交易中熟悉情況的雙方自願進行資產交換或債務清償的金額	按照在公平交易中熟悉情況的交易雙方自願進行資產交換的金額計量	按照在公平交易中熟悉情況的交易雙方自願進行資產交換或債務清償的金額計量	主要應用於交易性金融資產、其他債權投資和投資性房地產等計量

【本章小結】

　　本章主要介紹了會計要素、會計等式和會計計量屬性等。
　　會計要素分為兩大類：一是反應企業財務狀況的會計要素，包括資產、負債和所有者權益；二是反應企業經營成果的會計要素，包括收入、費用和利潤。會計計量是指採用一定的尺度確定會計要素的增減變動，即對經營事項涉及的會計要素進行數量上的反應，包括貨幣計量、實物計量和勞動計量。會計計量屬性是會計要素金額的確定基礎，主要有歷史成本、重置成本、現值、可變現淨值、公允價值等會計計量屬性。

【主要概念】

　　會計要素；會計等式；會計計量屬性。

【簡答題】

1. 什麼是會計要素，會計要素包括哪些內容？
2. 什麼是會計等式，會計等式包括哪些內容？
3. 什麼是會計計量屬性，會計計量屬性包括哪些內容？

第三章
複式記帳法及其應用

【學習目標】

知識目標：理解並熟練掌握借貸記帳法。
技能目標：熟練運用借貸記帳法分析、記錄經濟業務。
能力目標：理解會計核算方法體系與內容，理解借貸記帳法的原理。

【知識點】

會計核算方法體系、複式記帳法、主要經濟業務舉例等。

【篇頭案例】

　　2003年，美國懸疑小說家丹·布朗出版了《達·芬奇密碼》一書，歷經3年多時間，該書全球暢銷4,000多萬冊。作者通過豐富的想像力認為，達·芬奇的不朽傑作《最後的晚餐》和《蒙娜麗莎的微笑》，居然不是純粹的藝術創作。這些藝術作品中隱含了密碼，傳遞了可以動搖基督教信仰基礎的大秘密。因為達·芬奇一直深受現代會計學之父盧卡·帕喬利的影響。據記載，自1496年起，達·芬奇跟著帕喬利在米蘭學了三年幾何，據說他還因為太過沉迷而耽誤了藝術創作。在達·芬奇遺留的手稿中，他多次提到如何把學來的透視法與比例學運用於繪畫創作中。為了答謝恩師，達·芬奇為帕喬利1509年的著作《神聖比例學》畫了六十幾幅精美的插圖。

　　1494年，帕喬利在威尼斯出版了會計學的開山之作《算術、幾何、比及比例概要》，系統介紹了「威尼斯會計方法」，即所謂的「複式會計」。正是帕喬利這一貢獻使得一切商業活動都可轉換為以「money」為符號的表達。

　　「複式會計」可以把複雜的經濟活動轉換成以貨幣為表達單位的會計數字（「帕喬利的密碼」）。這些密碼擁有極強大的壓縮威力，即使再大型的公司，其在市場競爭中所創造或虧損的財富，都能被壓縮匯總成薄薄的幾張財務報表。這些財務報表透露的信息必須豐富、充足，否則投資人或銀行不願意提供資金。但是，這些財務報表又不能過於透明，否則競爭對手會輕而易舉地學走公司的經營方法。因此，「帕喬利的密碼」隱含的信息往往不易被瞭解。

　　那麼，複雜的經濟事項是如何轉換成以財務報表為載體的財務信息的呢？

第一節　會計核算方法體系

會計方法是指實現會計職能，完成會計任務的手段。按會計方法的範圍和功能劃分，會計方法可以分為會計核算方法、會計分析方法和會計檢查方法。會計核算方法是基礎，會計分析方法是會計核算方法的繼續與發展，會計檢查方法是會計核算方法和會計分析方法的保證與必要補充。會計核算是會計最重要的基礎性工作，為會計分析和會計檢查提供基礎性的會計信息。

會計核算方法是指會計對單位已經發生的經濟活動進行連續、系統和全面的反應與監督所採用的方法。會計核算方法體系包括設置會計科目與帳戶、複式記帳、填製與審核會計憑證、登記會計帳簿、成本計算、財產清查、編製財務會計報告。這七種方法構成了一個完整的、科學的方法體系。

一、設置會計科目與帳戶

設置會計科目與帳戶是指對會計對象的具體內容進行分類記錄的方法。會計對象包含的內容紛繁複雜，我們可以根據各會計對象具體內容的不同特點和管理要求設置會計科目與帳戶，按照一定的標準進行分類，確定分類的具體項目名稱，即會計科目；據此在會計帳簿中開設相應的帳戶，就可以使所設置的帳戶既有分工又有聯繫地反應整個會計對象的內容，提供管理需要的各種信息。

會計學廣泛地運用了分類研究方法，對會計對象具體內容按核算和管理的要求進行分類，形成了不同級別的會計科目與帳戶，既包含總括的分類記錄，也包含明細的分類記錄。因此，會計科目與帳戶是分類記錄的歸屬，是對會計數據進行加工的依據和標準。科學地設置會計科目與帳戶，是正確進行會計核算的基礎和前提。

二、複式記帳

複式記帳是指對每一項經濟業務，都以相等的金額同時在兩個或兩個以上相關帳戶中進行登記的一種專門的記帳方法。複式記帳有著明顯的特點：第一，它對每筆經濟業務都必須以相等的金額，在相互關聯的兩個或兩個以上的帳戶進行登記，使得每一項經濟業務涉及的兩個或兩個以上的帳戶之間產生一種平衡關係，或者稱為帳戶對應關係；第二，在對應帳戶中記錄的金額平行相等；第三，通過帳戶的對應關係，人們可以瞭解經濟業務的來龍去脈；第四，通過帳戶的平衡關係，人們可以檢查有關經濟業務的記錄是否正確。

例如，企業到銀行存入 10 萬元現金。這筆經濟業務，一方面要在「銀行存款」帳戶中記增加 10 萬元，另一方面又要在「庫存現金」帳戶中記減少 10 萬元。「銀行存款」帳戶和「庫存現金」帳戶相互聯繫地分別記入 10 萬元。這樣一來，人們既可以瞭解這筆經濟業務的具體內容，又可以知道該項經濟活動的來龍去脈，全面、完整、系統地瞭解資金運動的過程和結果。

三、填製與審核會計憑證

會計憑證是記錄經濟業務、明確經濟責任以及登記帳簿的書面憑據。填製和審核會計憑證是指通過對會計憑證的填製和審核來核算和監督每一項經濟業務，保證帳簿記錄正確、完整的一種專門方法。已經發生的經濟業務必須由經辦人或單位填製原始憑證，並簽名蓋章。所有原始憑證都要經過會計部門和其他有關部門的審核，只有經過審核並確認為正確無誤的原始憑證，才能作為填製記帳憑證的依據並作為登記帳簿的依據。

四、登記會計帳簿

登記會計帳簿是指根據審核無誤的原始憑證及記帳憑證，把經濟業務序時地、分類地登記到帳簿中去。會計帳簿具有一定的結構、格式，是用來全面、連續、系統地記錄各項經濟業務的會計簿籍。企業應開設相應的帳戶，把所有的經濟業務記入帳簿中的帳戶，還應定期計算和累計各項核算指標，並定期進行結帳、對帳，保證帳證相符、帳帳相符以及帳實相符。會計帳簿提供的信息是編製會計報表的主要依據。

五、成本計算

成本計算是指記錄各成本計算對象的價值耗費，即對生產、經營過程中發生的成本、費用進行歸集，以確定各成本計算對象的總成本和單位成本的一種專門方法。通過成本計算，企業可以正確地進行成本計價，來考核經濟活動中的各項耗費，促使企業加強核算、節約支出，提高經濟效益。

六、財產清查

財產清查是對各項財產物資進行實物盤點、帳面核對以及對各項往來款項進行查詢、核對，並查明實有數與帳存數是否相符的一種專門方法。在日常會計核算過程中，企業為了保證會計信息真實準確，必須定期或不定期地對各項財產物資、往來款項進行清查、盤點與核對。在清查中，如果發現帳實不符，企業應及時查明原因，並調整帳簿記錄，使帳存數額與實存數額相符。通過財產清查，企業可以查明各項財產物資、債權債務、所有者權益情況，加強物資管理。總而言之，財產清查對於保證會計核算資料的正確性與監督財產的安全和合理使用具有非常重要的作用。

七、編製財務會計報告

財務會計報告是企業向財務會計報告使用者提供與企業財務狀況、經營成果和現金流量等有關會計信息的書面報告。編製財務會計報告是對日常會計核算資料的總結，即將帳簿記錄的內容定期加以分類、整理和匯總，形成會計信息使用者需要的各種指標，報送給會計信息使用者，以便其據此進行決策。

財務會計報告提供的信息也是進行會計分析、會計檢查的重要依據。完成財務會計報告，意味著這一會計期間會計核算工作的結束。

上述會計核算的各種方法相互聯繫、密切配合，會計在對經濟業務進行記錄和核算的過程中，不論是採用手工處理方式，還是使用計算機數據處理系統，對日常發生的經濟業務，都要先取得合法合理的憑證，按照設置的帳戶，進行複式記帳；根據會計帳簿的記錄，進行成本計算；在財產清查帳實相符的基礎上編製財務會計報告。會計核算的這七種方法相互聯繫、缺一不可，形成一個完整的方法體系。

第二節　複式記帳法

在經濟業務發生之後，會計必須運用記帳方法，將經濟業務對企業各會計要素，即資產、負債、所有者權益、收入、費用和利潤的影響，結合會計確認、計量，轉換為會計語言，才能登記帳簿和編製財務會計報告。記帳方法是根據一定的記帳原理、記帳規則、記帳符號，記錄經濟業務的一種專門方法，包括單式記帳法和複式記帳法。

單式記帳法是指對所發生的經濟業務，只在一個帳戶中進行單方面記錄的記帳方法。例如，企業用銀行存款購買原材料的業務發生以後，只在帳戶中登記銀行存款的付款業務，而對原材料的收進業務，不做相應的記錄。這種記帳方法的優點是操作簡單，缺點是對經濟業務的反應片面，無法反應經濟業務的來龍去脈，也不利於檢查帳務處理是否正確。自從進入近代會計階段以後，單式記帳法就逐漸退出了歷史舞臺。

複式記帳法是指對所發生的經濟業務，都要以相等的金額，在相互關聯的兩個或兩個以上的帳戶中進行記錄的記帳方法。以銷售業務為例，某商店銷售了1,000元的大米，並收到現金，則應同時記錄現金增加1,000元和收入增加1,000元，說明銷售這一業務一方面增加了商店的現金資產，另一方面也增加了商店的收入。從這個例子可以看出，複式記帳法對經濟業務的反應系統而且全面，準確記錄了現金和存貨兩項資產的變動，同時也使得經濟業務的會計記錄便於相互核對，有利於減少記帳差錯。

一、借貸記帳法的概念

借貸記帳法是目前世界上最科學、應用最為廣泛的複式記帳法。借貸記帳法是按照複式記帳原理，以「借」和「貸」兩個字作為記帳符號，對發生的每一筆經濟業務，都要以相等的金額、相反的方向，在兩個或兩個以上相互聯繫的帳戶中進行連續、分類的登記的方法。

借貸記帳法最早出現於13~14世紀的義大利，當時，義大利沿海城市的商品經濟特別是海上貿易已經有很大的發展，在商品交換中，為了適應借貸資本和商業資本經營者管理的需要，逐步形成了這種記帳方法。借貸記帳法的「借」和「貸」兩個字最初是從借貸資本家的角度來解釋的。借貸資本家以經營貨幣資金為主要業務，對於收進來的存款，記在貸主（creditor）的名下，表示自身債務即「欠人」的增加；對於付出去的放款，記在借主（debtor）的名下，表示自身債權即「人欠」的

增加。最初,「借」和「貸」兩個字反應的是借貸資本家的債權、債務及其增減變化。但是,隨著商品經濟的發展,借貸記帳法得到廣泛的運用,所記錄的經濟業務也不再限於貨幣資金的借貸,而是擴大到財產物資增減變化和經營損益等的增減變化。這樣,「借」和「貸」兩個字逐漸演變成純粹的記帳符號,失去了原來字面上的意義,成為會計上的專門術語。到了 15 世紀,借貸記帳法逐漸完備,被用來反應資本的存在形態和所有者權益的增減變化。與此同時,西方國家的會計學者提出了借貸記帳法的理論依據,即「資產＝負債＋資本」的平衡等式,並根據這個理論確立了借貸記帳法的記帳規則,從而使借貸記帳法日臻完善,為世界各地普遍採用。中國於 1993 年實施的《企業會計準則——基本會計準則》明確規定,中國境內所有企業在進行會計核算時,必須統一採用借貸記帳法。目前,即使行政事業單位,也都採用借貸記帳法。

二、借貸記帳法的記帳符號

記帳符號是指會計核算中採用的一種抽象標記,表示經濟業務的增減變動和記帳方向。借貸記帳法以「借」和「貸」作為記帳符號,「借」(英文簡寫 Dr)表示記入帳戶的借方,「貸」(英文簡寫 Cr)表示記入帳戶的貸方。

在借貸記帳法下,「借」和「貸」作為記帳符號對會計等式兩邊的會計要素規定了相反的含義,即總體來看,無論是「借」還是「貸」,都既表示增加,又表示減少。具體來看,「借」對會計等式左邊的帳戶,即資產、費用類帳戶表示增加,對會計等式右邊的帳戶,即負債、所有者權益、收入和利潤帳戶表示減少;「貸」對會計等式左邊的資產、費用類帳戶表示減少,對會計等式右邊的負債、所有者權益、收入和利潤類帳戶表示增加。

三、借貸記帳法的帳戶結構

在借貸記帳法下,任何帳戶都分為借方、貸方,帳戶的左邊稱為借方,帳戶的右方稱為貸方。記帳時,帳戶的借方和貸方必須做相反方向的記錄,也就是說,對於每一個帳戶來說,如果借方用來登記增加額,則貸方就用來登記減少額;如果借方用來登記減少額,則貸方就用來登記增加額。在一個會計期間內,借方登記的合計數稱為借方發生額,貸方登記的合計數稱為貸方發生額。那麼,對於資產、負債、所有者權益、收入、費用、利潤類等帳戶,究竟用哪一方來登記增加額,用哪一方來登記減少額呢?這要根據各個帳戶反應的經濟內容,也就是由其性質來決定。

下面分別說明借貸記帳法下各類帳戶的結構。

資產是對資金或資源的占用。對於資產類帳戶,其帳戶結構是借方登記增加額,貸方登記減少額,期末餘額一般在借方。例如,企業從銀行提取現金 10,000 元,應記在「庫存現金」帳戶的借方,表示庫存現金的增加;同時應記在「銀行存款」帳戶的貸方,表示銀行存款的減少。資產類帳戶期末餘額計算公式如下:

資產類帳戶期末借方餘額＝期初借方餘額＋本期借方發生額－本期貸方發生額

資產類帳戶簡化結構如圖 3-1 所示。

借方	資產類帳戶		貸方
期初餘額	×××		
增加額	×××	減少額	×××
本期發生額	×××	本期發生額	×××
期末餘額	×××		

圖 3-1　資產類帳戶簡化結構

負債和所有者權益是企業的資金來源，它們與資產（資金或資源的占用）是相對的兩個方面。前者反應資金從何處來，後者反應資金用到哪裡去。例如，企業可以從銀行取得貸款，然後用這筆貸款購買固定資產。因此，負債和所有者權益類帳戶的結構正好與資產類帳戶的結構相反，其借方登記負債及所有者權益的減少額，貸方登記負債及所有者權益的增加額，帳戶的期末餘額一般在貸方。例如，企業從銀行取得短期借款 10 萬元，收到貸款時應貸記「短期借款」帳戶，表示負債的增加；還款時應借記「短期借款」帳戶，表示負債的減少（清償）。該類帳戶期末餘額的計算公式如下：

負債及所有者權益帳戶期末貸方餘額＝期初貸方餘額＋本期貸方發生額－本期借方發生額

負債及所有者權益類帳戶簡化結構如圖 3-2 所示。

借方	負債及所有者權益類帳戶		貸方
		期初餘額	×××
減少額	×××	增加額	×××
本期發生額	×××	本期發生額	×××
		期末餘額	×××

圖 3-2　負債及所有者權益類帳戶簡化結構

費用是企業生產經營過程中對資金或資源的一種消耗，與資產占用資金類似，所有費用類帳戶的結構與資產類帳戶相同。借方登記費用的增加額，貸方登記費用的減少（轉銷）額。例如，企業支付廣告費 1 萬元，應借記「銷售費用」帳戶，表示費用的增加。由於借方登記的費用增加額一般在期末要通過貸方轉出，因此費用類帳戶期末一般沒有餘額。費用類帳戶簡化結構如圖 3-3 所示。

借方	費用類帳戶		貸方
增加額	×××	減少額	×××
本期發生額	×××	本期發生額	×××

圖 3-3　費用類帳戶簡化結構

收入可以為企業帶來資金或資源的流入，與負債和所有者權益類似，因此收入類帳戶的結構是借方登記收入的減少（轉銷）額，貸方登記收入的增加額。例如，企業銷售商品取得收入 5 萬元，應貸記「主營業務收入」帳戶，表示收入的增加。由於貸方登記的收入增加額一般在期末要通過借方轉出，所以收入類帳戶通常也沒有期末餘額。收入類帳戶簡化結構如圖 3-4 所示。

借方	收入類帳戶	貸方
減少額 ×××	增加額	×××
本期發生額 ×××	本期發生額	×××

圖 3-4　收入類帳戶簡化結構

利潤和收入一樣，可以為企業帶來資金或資源的流入，因此利潤類帳戶的結構是借方登記利潤的增加額，貸方登記利潤的減少額；期末如有餘額，則在貸方。利潤類帳戶簡化結構如圖 3-5 所示。

借方	利潤類帳戶	貸方
	期初餘額	×××
減少額 ×××	增加額	×××
本期發生額 ×××	本期發生額	×××
	期末餘額	×××

圖 3-5　利潤類帳戶簡化結構

根據上述內容，我們可將借貸記帳法下各類帳戶的結構歸納如表 3-1 所示。

表 3-1　借貸記帳法下各類帳戶的結構

帳戶類別	借方	貸方	餘額方向
資產類	增加	減少	餘額在借方
負債類	減少	增加	餘額在貸方
所有者權益類	減少	增加	餘額在貸方
收入類	減少（轉銷）	增加	一般無餘額
費用類	增加	減少（轉銷）	一般無餘額
利潤類	減少	增加	一般在貸方

四、借貸記帳法的記帳規則

按照複式記帳的原理，借貸記帳法的記帳規則可以表述為「有借必有貸，借貸必相等」。任何一筆經濟業務都必須同時分別記錄到兩個或兩個以上的帳戶中去；所記錄的帳戶必須包括借、貸兩個記帳方向，不能只記入借方或只記入貸方；借貸

金額的合計必須相等。在較為簡單的經濟業務中，會計記錄可能只包括一個借方和一個貸方，而對於有些複雜的經濟業務，需要將其登記在一個帳戶的借方或幾個帳戶的貸方，或者登記在一個帳戶的貸方或幾個帳戶的借方，但借貸雙方的金額都必須相等。

第三節　主要經濟業務舉例

一、借貸記帳法的基本步驟

借貸記帳法的基本步驟如下：

第一，分析經濟業務影響的帳戶類型，如資產、負債、所有者權益、收入、費用或利潤。

第二，確定被影響的帳戶是增加還是減少。

第三，根據借貸記帳法下各帳戶的結構，確定應借記該帳戶還是貸記該帳戶。

第四，確定借貸雙方金額是否相等。

二、會計分錄

按照借貸記帳法借記或貸記相關帳戶的會計記錄即為會計分錄，簡稱分錄。僅包括一借一貸的分錄稱為簡單會計分錄，包含多個借方或多個貸方的分錄稱為複合會計分錄。按照慣例，在會計分錄中每一個借方或貸方都需獨占一行，借方在貸方之前，貸方應向右側適當縮進。簡言之，上借下貸，借貸適當錯位。

三、主要經濟業務舉例

【例3-1】20×8年1月5日，趙先生從個人帳戶中提取50萬元，投資創立一家小超市，存入超市的銀行帳戶作為原始資本。

分析：根據會計主體假設，企業核算的只應是本企業發生的經濟事項。因此，超市業主趙先生個人帳戶的變化不必反應在超市的會計記錄中。上述業務對超市的影響只是收到業主的資本金50萬元。一方面，超市收到50萬元，應將其作為企業的資產入帳。根據借貸記帳法的要求，資產的增加應記為借方，對應的具體資產帳戶為「銀行存款」。另一方面，這50萬元是趙先生對超市的投資，應反應為所有者權益。根據借貸記帳法的要求，所有者權益增加記在貸方，在會計科目表中，其對應的帳戶名稱應為「實收資本」。因此，該業務的會計分錄表示為：

借：銀行存款　　　　　　　　　　　　　　　　500,000
　　貸：實收資本　　　　　　　　　　　　　　　500,000

【例3-2】20×8年1月12日，超市花費30,000元購進了貨架和計算機等設備，以支票支付。(不考慮相關稅費)

分析：一方面，超市增加了貨架和計算機等固定資產，資產增加記在借方；另一方面，超市以支票的形式，從銀行帳戶中支取了30,000元，使銀行存款減少，銀

行存款屬於資產，資產減少應記在貸方。因此，該業務的會計分錄表示為：

借：固定資產　　　　　　　　　　　　　　　　　　　　30,000
　　貸：銀行存款　　　　　　　　　　　　　　　　　　　　30,000

【例3-3】20×8年1月15日，超市從廠家購進各類存貨，共計價值80,000元，約定月底付款。（不考慮相關稅費）

分析：一方面超市取得了存貨，存貨屬於資產類帳戶，資產增加記在借方，對應的帳戶名稱為「庫存商品」；另一方面，超市購貨未付款，而是約定月底付清，表明超市目前存在對供應商的欠款80,000元。根據借貸記帳法，負債的增加應記在貸方。一般購銷業務中的未付款項應使用「應付帳款」帳戶。因此，該業務的會計分錄表示為：

借：庫存商品　　　　　　　　　　　　　　　　　　　　80,000
　　貸：應付帳款　　　　　　　　　　　　　　　　　　　　80,000

【例3-4】20×8年1月20日，超市從銀行帳戶提取現金5,000元備用。

分析：一方面，超市的庫存現金增加5,000元，「庫存現金」帳戶為資產類帳戶，資產的增加記在借方；另一方面，超市的銀行存款減少5,000元，「銀行存款」帳戶也是資產類帳戶，資產的減少應記在貸方。因此，該業務的會計分錄表示為：

借：庫存現金　　　　　　　　　　　　　　　　　　　　5,000
　　貸：銀行存款　　　　　　　　　　　　　　　　　　　　5,000

【例3-5】20×8年1月25日，員工報銷聯繫進貨和購買貨架、計算機時發生的交通費235元。（不考慮相關稅費）

分析：該業務一方面減少了超市的庫存現金235元，「庫存現金」帳戶屬於資產類帳戶，減少應記在貸方；另一方面報銷交通費應記入「管理費用」帳戶，費用增加應記在借方。因此，該業務的會計分錄表示為：

借：管理費用　　　　　　　　　　　　　　　　　　　　235
　　貸：庫存現金　　　　　　　　　　　　　　　　　　　　235

【例3-6】20×8年1月31日，超市正式開業，經統計，超市當天銷售額為2,536元，收款全部為現金。（不考慮相關稅費）

分析：該業務中超市的庫存現金增加2,536元，「庫存現金」帳戶屬於資產類帳戶，增加應記在借方；同時超市的主營業務收入增加2,536元，「主營業務收入」帳戶屬於收入類帳戶，增加應記在貸方。因此，該業務的會計分錄表示為：

借：庫存現金　　　　　　　　　　　　　　　　　　　　2,536
　　貸：主營業務收入　　　　　　　　　　　　　　　　　　2,536

【例3-7】20×8年1月31日，超市以庫存現金支付員工當月工資1,500元。

分析：一方面，員工工資對於超市來說，是一種銷售費用，「銷售費用」帳戶屬於費用類帳戶，費用增加應記在借方；另一方面，支付庫存現金給員工，表明超市的庫存現金減少，「庫存現金」帳戶屬資產類帳戶，資產減少應記在貸方。因此，該業務的會計分錄表示為：

借：銷售費用　　　　　　　　　　　　　　　　　　　　1,500
　　貸：庫存現金　　　　　　　　　　　　　　　　　　　　1,500

【例3-8】20×8年1月31日，超市用支票轉帳支付15日進貨時所欠的貨款80,000元。

分析：該業務首先減少了企業的應付帳款80,000元，「應付帳款」帳戶屬於負債類帳戶，減少應記在借方；同時超市以支票支付貨款，直接減少了企業的銀行存款80,000元，「銀行存款」屬於資產類帳戶，減少應記在貸方。因此，該業務的會計分錄表示為：

借：應付帳款　　　　　　　　　　　　　　　　80,000
　　貸：銀行存款　　　　　　　　　　　　　　　　80,000

【例3-9】20×8年1月31日，超市計算和結轉當天銷售產品的進貨成本1,880元。

分析：該業務首先增加了超市的主營業務成本1,880元，「主營業務成本」帳戶屬於費用類帳戶，增加記在借方；產品銷售後，其庫存下降，「庫存商品」帳戶屬於資產類帳戶，減少應記在貸方。因此，該業務的會計分錄表示為：

借：主營業務成本　　　　　　　　　　　　　　　1,880
　　貸：庫存商品　　　　　　　　　　　　　　　　1,880

【例3-10】20×8年1月31日，超市從銀行取得3個月期限的週轉貸款10萬元，款項當天存入超市銀行帳戶。

分析：該業務首先增加了短期借款，「短期借款」帳戶屬於負債類帳戶，增加應記在貸方；同時款項入帳，增加了超市的銀行存款，「銀行存款」帳戶屬於資產類帳戶，資產的增加應記在借方。因此，該業務的會計分錄表示為：

借：銀行存款　　　　　　　　　　　　　　　　100,000
　　貸：短期借款　　　　　　　　　　　　　　　　100,000

【本章小結】

本章主要介紹了會計核算方法體系、借貸記帳法以及借貸記帳法的運用等。

會計核算方法是指會計對單位已經發生的經濟活動進行連續、系統和全面的反應與監督所採用的方法。會計核算方法體系包括設置會計科目與帳戶、複式記帳、填製與審核會計憑證、登記會計帳簿、成本計算、財產清查、編製財務會計報告。

在經濟業務發生之後，企業運用借貸記帳法，將經濟業務對企業各會計要素資產、負債、所有者權益、收入、費用和利潤的影響進行分析，結合會計確認、計量，轉換為會計語言。

【主要概念】

會計核算方法體系；借貸記帳法；主要經濟業務舉例。

【簡答題】

1. 什麼是會計核算方法，會計核算方法體系包括哪些內容？
2. 借貸記帳法的原理是什麼？
3. 如何運用借貸記帳法分析經濟業務？

第四章
會計憑證與帳簿

【學習目標】

  知識目標：理解並掌握會計憑證與會計財務帳簿的概念和分類。
  技能目標：具備填製會計憑證、登記會計帳簿等的能力。
  能力目標：理解會計憑證的作用，理解會計帳簿設置的意義，瞭解帳務處理的程序。

【知識點】

  會計憑證、會計帳簿、帳務處理程序等。

【篇頭案例】

  史密斯於2019年5月以其個人存款50,000元在某大學附近開辦了一家文具店，他是該公司唯一的所有者和經營者。2019年6月是他開始營業的第一個月，發生了以下業務：
  （1）6月1日，史密斯購買一臺空調，價值3,000元，安裝在文具店。
  （2）6月1日，史密斯購買一套價值350元的辦公用品和一臺價值2,000元的電腦。
  （3）6月2日，史密斯銷售文具，收取現金600元。
  （4）6月3日，史密斯銷售文具，收取現金800元。
  （5）6月10日，某公司訂購一批文具，史密斯收到銀行轉帳3,000元。
  ……
  思考：文具店發生的這麼多業務應該如何記錄下來呢？
  會計憑證是記錄經濟業務的書面憑據，是重要的原始會計資料。填製和審核憑證的工作質量及憑證傳遞環節設置是否合理有效，將直接影響整個會計核算資料是否具有真實性與合法性。

第一節　會計憑證

一、會計憑證的概念和作用

　　會計憑證簡稱憑證，是記錄經濟業務、明確經濟責任，並據以登記帳簿的書面證明。

　　會計主體辦理任何一項經濟業務，都必須辦理憑證手續，由執行和完成該項經濟業務的有關人員取得或填製會計憑證，記錄經濟業務的發生日期、具體內容以及數量和金額，並在憑證上簽名或蓋章，對經濟業務的合法性、真實性和正確性負完全責任。所有會計憑證都要經過會計部門審核無誤後才能作為記帳的依據。因此，填製和審核會計憑證，是會計信息處理的重要方法之一，同時也是整個會計核算工作的起點和基礎。

　　會計憑證具有以下幾個方面的作用：

　　（一）會計憑證是提供原始資料、反應經濟業務、傳導經濟信息的工具

　　會計信息是經濟信息的重要組成部分，一般通過數據，以憑證、帳簿、報表等形式反應出來。填製會計憑證可以及時正確地反應經濟業務的發生與完成情況，履行會計的反應職能。任何一項經濟業務的發生，都要編製或取得會計憑證。例如，企業發生材料收發業務時，外購材料必須取得供貨單位開具的合理合法的材料採購發票；材料運達企業時，倉庫保管部門驗收入庫，必須開具材料入庫單；部門領用材料時，必須填製領料單等。

　　會計憑證是記錄經濟活動的最原始資料，是經濟信息的載體。企業通過會計憑證的加工、整理和傳遞，達到取得和傳導經濟信息的目的，以協調各部門、各單位之間的經濟活動，保證生產經營每個環節的正常運轉，並為會計分析、會計檢查提供了基礎材料。

　　（二）會計憑證是登記會計帳簿的依據

　　任何單位，每發生一項經濟業務，如庫存現金的收付、貨物的進出以及往來款項的結算等，都必須通過填製會計憑證來如實記錄經濟業務的內容、數量、金額，並審核無誤後，才能據以登記入帳。如果沒有合法的憑證作為依據，任何經濟業務都不能登記到帳簿中去。因此，做好會計憑證的填製和審核工作，是保證會計帳簿資料真實性、正確性的重要條件。

　　（三）會計憑證是明確經濟責任的手段

　　填製和審核會計憑證，可以明確經濟責任，建立和完善經濟責任制。每一筆經濟業務發生後，都要由經辦單位和有關人員辦理憑證手續並簽名蓋章，這就要求有關部門和人員對經濟活動的真實性、正確性、合法性負責。例如，報銷差旅費時，出差人員旅途中發生的交通費、住宿費等都必須取得合理合法的交通費發票和住宿費發票；報銷時，主管領導必須審核簽字，會計人員再根據審核後的單據辦理報銷手續。這無疑會增強有關部門、有關人員的責任感，促使其嚴格按照有關政策、制

度、計劃或預算來辦事。如發生違法亂紀或經濟糾紛事件，企業也可以借助會計憑證確定各經辦部門、人員相關的經濟責任，並據以進行正確的處理，從而加強經營管理的崗位責任制。

（四）會計憑證是執行會計監督的條件

審核會計憑證是財會人員行使會計監督職能的重要形式，可以充分發揮會計的監督職能，確認經濟業務合理合法，保證會計信息真實可靠。會計主管和會計人員都要對取得或填製的會計憑證進行嚴格審核，加強對經濟業務的監督；對不合法、不真實的憑證應拒絕受理；對錯誤的憑證應予以更正，防止錯誤和弊端的發生，保護會計主體擁有資產的安全完整，維護投資者、債權人和有關各方的合法權益。

會計憑證按其填製程序和用途的不同，可以分為原始憑證和記帳憑證兩大類。下面分別進行闡述。

二、原始憑證

原始憑證是指在經濟業務發生時填製或取得的，載明經濟業務具體內容和完成情況的書面證明。原始憑證是進行會計核算的原始資料和主要依據。

原始憑證按其來源不同，可分為外來原始憑證和自製原始憑證兩種。

外來原始憑證是指在經濟業務發生時，從其他單位或個人處取得的憑證。例如，供貨單位開來的貨物發票、銀行開來的收款或付款通知等都屬於外來原始憑證。

自製原始憑證是由本單位經辦業務的部門和人員在執行或完成某項經濟業務時所填製的憑證。自製原始憑證按其填製程序和內容不同，又可分為一次憑證、累計憑證和匯總原始憑證三種。

一次憑證也稱為一次有效憑證，是指只記載一項經濟業務或同時記載若干項同類經濟業務，填製手續一次完成的憑證，如領料單（見表4-1）。一次憑證只能反應一筆業務的內容，使用方便靈活，但數量較多，核算比較麻煩。

表 4-1　　（企業名稱）
領料單

領料單位：　　　　　　　　　　　　　　　　　　　　No：
用途：　　　　　　　　　　　　　　　　　　　　　　年　　月　　日

序號	品名	規格	請領數量	單位

記帳：　　　　發料：　　　　　領料單位負責人：　　　　領料：

累計憑證也稱為多次有效憑證，是指連續記載一定時期內不斷重複發生的同類

經濟業務，是在一次憑證中多次進行才能完成的憑證。例如，限額領料單（見表4-2）就是一種累計憑證。企業使用累計憑證，由於平時隨時登記發生的經濟業務，並計算累計數，期末計算總數後作為記帳的依據，因此能減少憑證數量，簡化憑證填製手續。

表 4-2　（企業名稱）
限額領料單

領料單位：　　　　　　　　　　　　　　計劃產量：
用途：　　　　　　　　　　　　　　　　單耗定額：
材料名稱：　　　　　　　　　　　　　　領料限額：
計量單位：　　　　　　　　　　　　　　單價：
發料倉庫：　　　　　　　　　　　　　　編號：

日期	請領		實發					備註
	數量	請領單位蓋章	數量	發料人	領料人	累計	限額結餘	
累計實發金額								

倉庫負責人：　　　　　　　　　　　　　　生產計劃部門負責人：

匯總原始憑證也稱為原始憑證匯總表，是根據很多同類經濟業務的原始憑證定期加以匯總而重新編製的憑證。例如，月末根據月份內所有領料單匯總編製的領料單匯總表，也稱為發料匯總表（見表4-3），就是匯總原始憑證。

表 4-3　（企業名稱）
領料單匯總表
年　月

用途（借方科目）	上旬	中旬	下旬	月計
生產成本				
甲產品				
乙產品				
製造費用				
管理費用				
在建工程				
本月領料合計				

三、記帳憑證

記帳憑證是指以審核無誤的原始憑證為依據，填寫借貸科目及金額等相關信息用來確定會計分錄，並據以登記帳簿的書面文件。記帳憑證是會計分錄的主要載體，也是登記帳簿的直接依據。

由於原始憑證種類繁多、格式不一，不便於在原始憑證上編製會計分錄，據以記帳，因此企業有必要將各種原始憑證反應的經濟內容加以歸類整理，確認為某一會計要素後，填製記帳憑證。從原始憑證到記帳憑證的過程是經濟信息轉換成會計信息的過程，是會計的初始確認階段。

記帳憑證按照其用途不同，可以分為通用記帳憑證和專用記帳憑證兩類。

通用記帳憑證是適用於所有經濟業務的、統一格式的記帳憑證，會計人員需要根據具體業務涉及的會計科目逐個填寫各個借方科目和貸方科目。

專用記帳憑證是指分類反應經濟業務的記帳憑證。這種記帳憑證按其反應經濟業務的內容不同，又可以分為收款憑證、付款憑證和轉帳憑證。收款憑證記錄庫存現金和銀行存款等貨幣資金流入企業的業務。付款憑證記錄庫存現金和銀行存款等貨幣資金流出企業的業務，如用庫存現金發放工資、以銀行存款支付費用、收到貨款存入銀行等。轉帳憑證記錄不涉及貨幣資金變動的業務，如向倉庫領料、產成品交庫等。

專用記帳憑證的一般格式見表4-4、表4-5、表4-6。通用記帳憑證的一般格式與轉帳憑證相同。

表4-4　收款憑證

借方科目　　　　　　　　　　　年　月　日　　　　　　　　收字第　號

摘要	貸方科目		金額	記帳
	一級科目	二級或明細分類科目		
合計				

會計主管：　　　記帳：　　　出納：　　　審核：　　　填製：

附件　張

表 4-5　付款憑證

摘要	借方科目		金額	記帳
	一級科目	二級或明細分類科目		
合計				

貸方科目　　　　　　　　　年　月　日　　　　　　　　付字第　號

附件　張

會計主管：　　記帳：　　出納：　　審核：　　填製：

表 4-6　轉帳憑證

年　月　日　　　　　　　　轉字第　號

摘要	一級科目	二級或明細分類科目	金額	記帳
合計				

附件　張

會計主管：　　記帳：　　出納：　　審核：　　填製：

　　記帳憑證按其填列會計科目的數目不同，可以分為單式記帳憑證和複式記帳憑證。

　　單式記帳憑證是在一張記帳憑證上只填列每筆會計分錄中的一方科目，其對應科目只作參考，不據以記帳。填列借方科目的稱為借項記帳憑證（見表 4-7），填列貸方科目的稱為貸項記帳憑證（見表 4-8）。這樣一來，每一筆會計分錄至少要填製兩張單式記帳憑證，用編號聯繫起來，以便查對。

　　企業設置了單式記帳憑證，一方面便於匯總，也就是說，每張憑證只匯總一次，可以減少差錯；另一方面為了實行會計部門內部的崗位責任制，即每個崗位的工作人員都要對與其有關的帳戶負責，同時也有利於貫徹內部控制制度，防止差錯和舞弊。然而，由於憑證張數多、不易保管，填製憑證的工作量較大，因此使用的單位較少。

表 4-7　借項記帳憑證

對應科目：主營業務收入　　　　　　　年　月　日

摘要	一級科目	二級或明細科目	金額	記帳
銷售收入存入銀行	銀行存款		35,000	√

會計主管：　　　　記帳：　　　　複核：　　　　出納：　　　　填製：

表 4-8　貸項記帳憑證

對應科目：銀行存款　　　　　　　　　年　月　日

摘要	一級科目	二級或明細科目	金額	記帳
銷售收入存入銀行	主營業務收入		35,000	√

會計主管：　　　　記帳：　　　　複核：　　　　出納：　　　　填製：

複式記帳憑證是在一張憑證上完整地列出每筆會計分錄涉及的全部科目。上述專用記帳憑證和通用記帳憑證都是複式記帳憑證。其優點是在一張憑證上就能完整地反應每一筆業務的全貌，填寫方便，附件集中，便於憑證的分析與審核。其缺點是不便於分工記帳和科目匯總。

四、會計憑證的傳遞

會計憑證的傳遞是指憑證從取得或填製時起，經過審核、記帳、裝訂到歸檔保管時止，在單位內部各有關部門和人員之間按規定的時間、路線辦理業務手續和進行處理的過程。

會計憑證的傳遞主要包括憑證的傳遞路線、傳遞時間和傳遞手續三方面的內容。各單位應該根據經濟業務的特點、機構設置、人員分工及經營管理上的需要，明確規定會計憑證的聯次及流程，既要使會計憑證經過必要的環節進行審核和處理，又要避免會計憑證在不必要的環節停留，以保證會計憑證沿著最簡捷、最合理的路線傳遞。

會計憑證的傳遞時間是指各種憑證在各經辦部門、環節停留的最長時間。會計憑證的傳遞時間應考慮各部門和有關人員，在正常情況下辦理經濟業務所需時間來合理確定。明確會計憑證的傳遞時間，能防止拖延處理和積壓憑證，保證會計工作的正常秩序，以提高工作效率。所有會計憑證的傳遞與處理，應該在報告期內完成，否則將會影響會計核算的及時性。

會計憑證的傳遞手續是指在憑證傳遞過程中的銜接手續，要做到完備嚴密、簡便易行。會計憑證的收發、交接必須按相應的手續及制度辦理，以保證會計憑證的真實性、完整性。

第二節　會計帳簿

一、會計帳簿的含義與作用

在會計核算工作中，經濟業務發生之後，企業首先要取得或填製會計憑證，並進行審核確認。會計憑證的填製工作完成以後，會計憑證中所有信息應記入會計帳簿，企業據以在有關帳戶中進行登記。帳戶是按照規定的會計科目在會計帳簿中分別設立的，根據會計憑證把經濟業務記入有關帳戶，就是指把經濟業務記入設立在會計帳簿中的帳戶。

會計帳簿是指以會計憑證為依據，由若干具有專門格式、相互聯結的帳頁組成，序時、連續、系統、全面地反應和記錄會計主體經濟活動全部過程的簿籍。根據會計憑證在有關帳戶中進行登記，就是指把會計憑證反應的經濟業務的內容記入設立在會計帳簿中的帳戶，即通常所說的登記帳簿，也稱記帳。

設置與登記會計帳簿是會計工作的重要環節，也是會計核算的一種專門方法。會計帳簿主要有以下作用：

（一）會計帳簿是對會計憑證的系統總結

在會計核算中，會計憑證可以反應和監督經濟業務的完成情況。但是一張會計憑證只能反應一項或幾項經濟業務，所提供的信息是零星的、片面的、不連續的，並不能把某一期間的全部經濟活動完整地反應出來。通過登記會計帳簿，企業可以把會計憑證提供的資料進一步歸類匯總，形成集中的、全面的、系統的會計核算資料。在會計帳簿中，企業既可以將會計憑證提供的資料按總分類帳戶和明細分類帳戶加以歸類，進行分類核算，提供總括的核算資料或提供詳細的資料；又可以將會計憑證提供的資料按時間順序在日記帳簿中加以記錄和反應，序時、詳細地提供某類業務或全部業務的完成情況的資料。因此，會計帳簿是對會計憑證的系統總結，能夠全面、系統、連續地反應會計主體經濟活動的軌跡，這對於各單位加強經濟核算、提高管理水準以及探索資金運動的規律具有重要的作用。

（二）會計帳簿是考核企業經營情況的重要依據

通過登記會計帳簿，企業可以記錄整個經濟活動的運行情況，完整地反應企業的財務狀況和經營成果，從而評價企業的經營情況。與此同時，企業也可以監督、促進各單位遵紀守法、依法經營。

（三）會計帳簿是編製財務會計報告的主要依據

會計帳簿的記錄是編製財務會計報告的主要依據，會計主體定期編製的資產負債表、利潤表等會計報表的各項數據均來源於會計帳簿。會計主體在編製財務報表及其附註時，對生產經營狀況、利潤實現與分配情況、稅款繳納情況、各種財產物資變動情況進行說明的，也主要以會計帳簿為依據。從這個意義上來說，財務會計報告的正確和及時與會計帳簿有著密切的關係。

二、會計帳簿的種類

會計是一個信息系統，它為投資人、債權人以及管理層提供信息。從這個意義上來說，會計工作是一種信息處理工作，進行信息處理運用的工具就是會計帳簿。因此，企業想要做好會計工作，就需要設置多種會計帳簿，建立完整的會計帳簿體系。

會計帳簿的種類是多種多樣的，可以按照不同的標準進行分類，以便正確地設置和使用會計帳簿。會計帳簿的主要分類方法如下：

（一）會計帳簿按用途分類

會計帳簿按用途分類可以分為序時帳簿、分類帳簿和備查帳簿。

序時帳簿也稱為日記帳，是按照經濟業務完成時間的先後順序進行逐日逐筆登記的帳簿。日記帳又可以分為普通日記帳和特種日記帳。普通日記帳是將企業每天發生的所有經濟業務，無論其性質如何，都按其先後順序，編製會計分錄記入帳簿；特種日記帳是按照經濟業務性質單獨設置的帳簿，只把特定項目按照經濟業務的先後順序記入帳簿，以反應其詳細情況。在中國會計實務中，為了加強庫存現金與銀行存款的管理與核算，企業對有關庫存現金和銀行存款的收、支業務按照其發生的時間先後順序進行序時核算，分別設置庫存現金日記帳和銀行存款日記帳。

分類帳簿是對全部經濟業務按總分類帳和明細分類帳進行分類登記的帳簿。總分類帳簿簡稱總帳，是根據總帳科目開設帳戶，用來分類登記所有經濟業務，提供總括核算資料的帳簿。明細分類帳簿簡稱明細帳，是根據總帳科目所屬明細科目開設帳戶，用來分類登記某一類經濟業務，提供明細核算資料的帳簿。

備查帳簿又稱為輔助帳簿，是對某些在序時帳簿和分類帳簿等主要帳簿中未能記載的會計事項或記載不全的經濟業務進行補充登記的帳簿。因此，備查帳簿也叫補充登記簿，可以對某些經濟業務的內容提供必要的參考資料，沒有固定的格式，一般根據實際需要進行設計，如租入固定資產登記簿。

（二）會計帳簿按外表形式分類

會計帳簿按外表形式分類可以分為訂本式帳簿、活頁式帳簿和卡片式帳簿等。

訂本式帳簿簡稱訂本帳，是把具有一定格式的帳頁加以編號並裝訂成固定本冊的帳簿，庫存現金日記帳、銀行存款日記帳和總分類帳一般採用這種形式。其優點是可以避免帳頁的散失或被抽換；缺點是帳頁固定後，不能確定各帳戶應該預留多少帳頁，不能根據需要增減帳頁，不便於會計人員分工記帳。

活頁式帳簿簡稱活頁帳，是把零散的帳頁裝在帳夾內，可以隨時增添帳頁的帳簿。活頁帳適用於一般明細分類帳。其優點是可以根據需要靈活加頁或排列，也便於分工記帳；缺點是帳頁容易散失和被抽換。為了克服此缺點，企業使用活頁帳時必須按帳頁順序編號，期末裝訂成冊，加編目錄，並由有關人員蓋章後保存。

卡片式帳簿簡稱卡片帳，是將硬卡片作為帳頁，存放在卡片箱內保管的帳簿。固定資產明細帳常採用卡片帳。卡片帳實際上是一種活頁帳，其優缺點與活頁帳基本相同，使用卡片帳一般不需要每年更換。

（三）會計帳簿按帳頁格式分類

會計帳簿按帳頁格式分類可以分為三欄式帳簿、多欄式帳簿、數量金額式帳簿、橫線登記式帳簿等。

三欄式帳簿是指設有借方、貸方和餘額三個基本欄目的帳簿。日記帳、總分類帳以及資本、債權、債務明細帳多採用三欄式帳簿。

多欄式帳簿是指在帳簿的借方和貸方兩個基本欄目按需要分設若干專欄的帳簿。生產成本、銷售費用、管理費用、財務費用等明細帳多採用多欄式帳簿。

數量金額式帳簿是指採用數量與金額雙重記錄的帳簿。原材料、庫存商品等多採用數量金額式帳簿。

橫線登記式帳簿是指將前後密切相關的經濟業務在同一橫行內進行詳細登記，以檢查每筆經濟業務完成及變動情況的帳簿，也稱平行式帳簿。材料採購、在途物資多採用橫線登記式帳簿。

第三節　帳務處理程序

一、帳務處理程序概述

（一）帳務處理程序的意義

帳務處理程序也稱會計核算組織程序或會計核算形式，是指會計憑證、會計帳簿、財務報表相結合的方式。該程序包括會計憑證和帳簿的種類、格式，會計憑證與帳簿之間的聯繫方法，由原始憑證到編製記帳憑證、登記明細分類帳和總分類帳、編製財務報表的工作程序和方法等。

會計憑證、會計帳簿、財務報表之間的結合方式不同，就形成了不同的帳務處理程序，不同的帳務處理程序又有不同的方法、特點和適用範圍。科學、合理地選擇適用於本單位的帳務處理程序，對於有效地組織會計核算具有重要意義。

（1）科學、合理地選擇適用於本單位的帳務處理程序有利於會計工作程序的規範化，確定合理的憑證、帳簿與報表之間的聯繫方式，保證會計信息加工過程的嚴密性，提高會計信息質量。

（2）科學、合理地選擇適用於本單位的帳務處理程序有利於保證會計記錄的完整性、正確性，通過憑證、帳簿與報表之間的牽製作用，增強會計信息可靠性。

（3）科學、合理地選擇適用於本單位的帳務處理程序有利於減少不必要的會計核算環節，通過井然有序的帳務處理程序，提高會計工作效率，保證會計信息的及時性。

（二）帳務處理程序的種類

常用帳務處理程序主要有記帳憑證帳務處理程序、匯總記帳憑證帳務處理程序和科目匯總表帳務處理程序。以下就三種帳務處理程序做簡要介紹。

二、記帳憑證帳務處理程序

(一) 基本內容

記帳憑證帳務處理程序是指發生的經濟業務事項都要根據原始憑證或匯總原始憑證編製記帳憑證，然後根據記帳憑證直接登記總分類帳的一種帳務處理程序。其特點是直接根據記帳憑證逐筆登記總分類帳。記帳憑證帳務處理程序是最基本的帳務處理程序。在這一程序中，記帳憑證可以是通用記帳憑證，也可以分設收款憑證、付款憑證和轉帳憑證，需要設置庫存現金日記帳、銀行存款日記帳、明細分類帳和總分類帳，其中庫存現金日記帳、銀行存款日記帳和總分類帳一般採用三欄式，明細分類帳根據需要採用三欄式、多欄式和數量金額式。

其一般程序如下：

(1) 根據原始憑證編製匯總原始憑證。
(2) 根據原始憑證或匯總原始憑證，編製記帳憑證。
(3) 根據收款憑證、付款憑證逐筆登記庫存現金日記帳和銀行存款日記帳。
(4) 根據原始憑證、匯總原始憑證和記帳憑證，登記各種明細分類帳。
(5) 根據記帳憑證逐筆登記總分類帳。
(6) 期末，庫存現金日記帳、銀行存款日記帳和明細分類帳的餘額同有關總分類帳的餘額核對相符。
(7) 期末，根據總分類帳和明細分類帳的記錄，編製財務報表。

記帳憑證帳務處理程序如圖 4-1 所示。

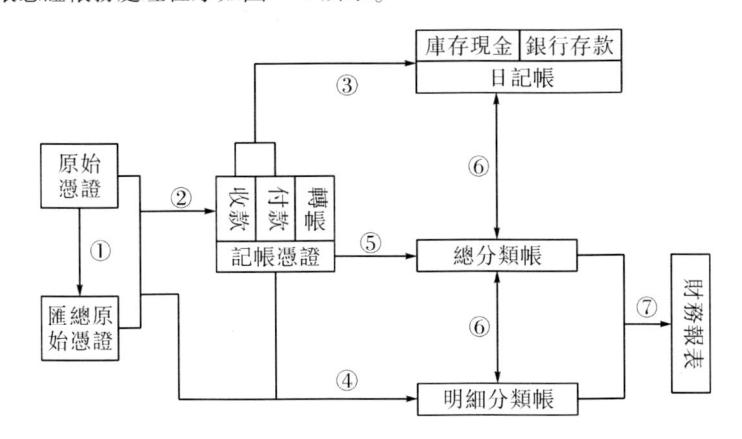

圖 4-1 記帳憑證帳務處理程序

(二) 優缺點及適用範圍

記帳憑證帳務處理程序簡單明瞭，易於理解，總分類帳可以較詳細地反應經濟業務的發生情況。其缺點是登記總分類帳的工作量較大。記帳憑證帳務處理程序適用於規模較小、經濟業務量較少的單位。

三、匯總記帳憑證帳務處理程序

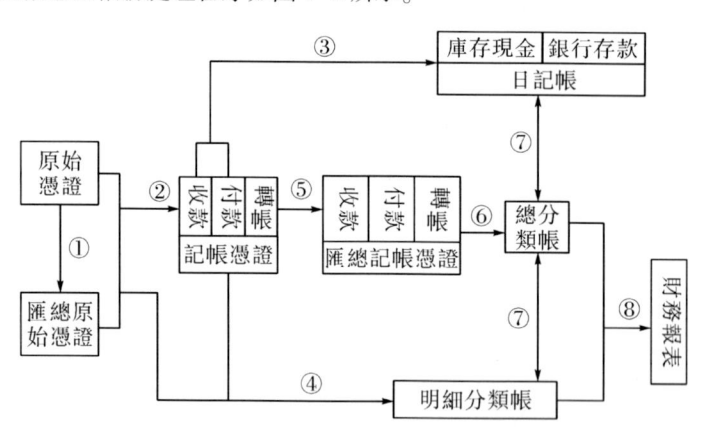

（一）基本內容

匯總記帳憑證帳務處理程序是根據原始憑證或匯總原始憑證編製記帳憑證，再根據記帳憑證編製匯總記帳憑證，然後據以登記總分類帳的一種帳務處理程序。其特點是定期根據記帳憑證分類編製匯總收款憑證、匯總付款憑證和匯總轉帳憑證，再根據匯總記帳憑證登記總分類帳。在這一程序中，除設置收款憑證、付款憑證和轉帳憑證外，還應設置匯總收款憑證、匯總付款憑證和匯總轉帳憑證，帳簿的設置與記帳憑證帳務處理程序基本相同。

其一般程序如下：

（1）根據原始憑證編製匯總原始憑證。
（2）根據原始憑證或匯總原始憑證，編製記帳憑證。
（3）根據收款憑證、付款憑證逐筆登記現金日記帳和銀行存款日記帳。
（4）根據原始憑證、匯總原始憑證和記帳憑證，登記各種明細分類帳。
（5）根據各種記帳憑證編製有關匯總記帳憑證。
（6）根據各種匯總記帳憑證登記總分類帳。
（7）期末，現金日記帳、銀行存款日記帳和明細分類帳的餘額同有關總分類帳的餘額核對相符。
（8）期末，根據總分類帳和明細分類帳的記錄，編製財務報表。

匯總記帳憑證帳務處理程序如圖4-2所示。

圖4-2　匯總記帳憑證帳務處理程序圖

（二）優缺點及適用範圍

匯總記帳憑證帳務處理程序減輕了登記總分類帳的工作量，按照帳戶對應關係匯總編製記帳憑證，便於瞭解帳戶之間的對應關係。其缺點是按每一貸方科目編製匯總轉帳憑證，不利於會計核算的日常分工，並且當轉帳憑證較多時，編製匯總轉帳憑證的工作量較大。這一帳務處理程序適用於規模較大、經濟業務較多的單位。

四、科目匯總表帳務處理程序

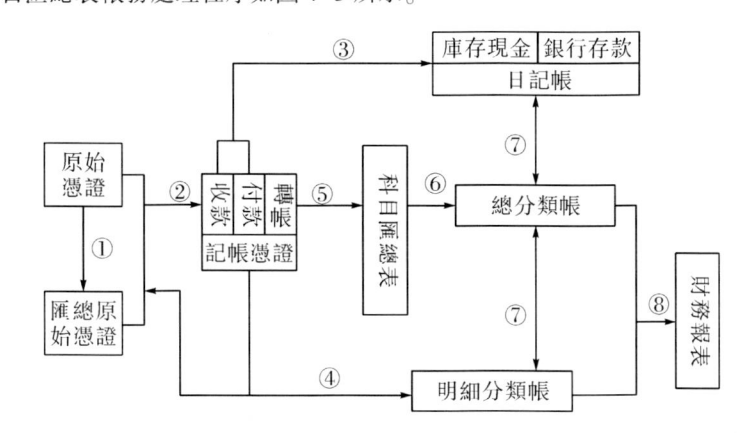

（一）基本內容

科目匯總表帳務處理程序又稱記帳憑證匯總表帳務處理程序，是根據記帳憑證定期編製科目匯總表，再根據科目匯總表登記總分類帳的一種帳務處理程序。其特點是編製科目匯總表並據以登記總分類帳。其記帳憑證、帳簿的設置與記帳憑證帳務處理程序基本相同。

其一般程序如下：
（1）根據原始憑證編製匯總原始憑證。
（2）根據原始憑證或匯總原始憑證，編製記帳憑證。
（3）根據收款憑證、付款憑證逐筆登記庫存現金日記帳和銀行存款日記帳。
（4）根據原始憑證、匯總原始憑證和記帳憑證，登記各種明細分類帳。
（5）根據各種記帳憑證編製科目匯總表。
（6）根據科目匯總表登記總分類帳。
（7）期末，庫存現金日記帳、銀行存款日記帳和明細分類帳的餘額同有關總分類帳的餘額核對相符。
（8）期末，根據總分類帳和明細分類帳的記錄，編製財務報表。

科目匯總表帳務處理程序如圖4-3所示。

圖4-3 科目匯總表帳務處理程序

（二）優缺點及適用範圍

科目匯總表帳務處理程序減輕了登記總分類帳的工作量，並可以做到試算平衡、簡明易懂、方便易學。其缺點是科目匯總表不能反應帳戶對應關係，不便於核對帳目。科目匯總表帳務處理程序適用於經濟業務較多的單位。

【本章小結】

本章主要介紹了會計憑證、會計帳簿、帳務處理程序等。

會計憑證簡稱憑證，是記錄經濟業務、明確經濟責任，並據以登記帳簿的書面

證明。會計憑證按其填製程序和用途的不同，可以分為原始憑證和記帳憑證兩大類。會計帳簿是指以會計憑證為依據，由若干具有專門格式、相互聯結的帳頁組成，序時、連續、系統、全面地反應和記錄會計主體經濟活動全部過程的簿籍。帳簿按用途分類可以分為序時帳簿、分類帳簿和備查帳簿；按外表形式分類可以分為訂本式帳簿、活頁式帳簿和卡片式帳簿等；按帳頁格式分類可以分為三欄式帳簿、多欄式帳簿、數量金額式帳簿、橫線登記式帳簿。

帳務處理程序也稱會計核算組織程序或會計核算形式，是指會計憑證、會計帳簿、財務報表相結合的方式。該程序包括會計憑證和帳簿的種類、格式，會計憑證與帳簿之間的聯繫方法，由原始憑證到編製記帳憑證、登記明細分類帳和總分類帳、編製財務報表的工作程序和方法等。

【主要概念】

會計憑證；會計帳簿；帳務處理程序。

【簡答題】

1. 什麼是會計憑證？會計憑證有何作用？
2. 會計憑證包括哪些內容？
3. 為什麼要設置會計帳簿？會計帳簿分類有哪些？其優缺點各是什麼？

第五章
貨幣資金及應收款項

【學習目標】

知識目標：理解並掌握貨幣資金的會計處理、應收帳款核算的總價法。

技能目標：能夠運用本章所學知識對貨幣資金、應收帳款、應收票據、預付及其他應收款項、壞帳等內容進行正確的帳務處理。

能力目標：理解並掌握貨幣資金、應收款項以及壞帳的概念與會計核算。

【知識點】

貨幣資金、應收帳款、應收票據、預付及其他應收款項、壞帳等。

【篇頭案例】

興華公司的出納在某兩天現金業務結束後，例行進行現金清查，分別發現現金短缺 50 元和現金溢餘 30 元，對此他經過反覆思考也未找到原因。為了保全自己的面子，同時又考慮到兩次帳實不符的金額很小，他決定採取下列辦法進行處理：現金短缺 50 元，自掏腰包補齊；現金溢餘 30 元，暫時收起。由於該公司高層管理部門一般對公司銀行存款的實際金額並不清楚其體實際數額，這甚至有時會影響公司日常業務的核算，因此公司經理指派有關人員檢查一下出納的工作。結果發現這樣的狀況：出納每次編製銀行存款餘額調節表時，只根據公司銀行存款日記帳的餘額加或減對帳單中企業的未入帳款項來確定公司銀行存款的實有數，而且出納在每次做完此項調節工作後，就立即將這些未入帳的款項登記入帳。

思考：興華公司出納的做法有哪些不妥之處？

第一節　貨幣資金

貨幣資金是指貨幣形態的資金，是資產負債表的一個流動資產項目，包括庫存現金、銀行存款和其他貨幣資金。其他貨幣資金包括外埠存款、銀行匯票存款、銀行本票存款、信用證保證金存款、信用卡存款、存出投資款等。在資產負債表中，流動資產大類下的「貨幣資金」是根據「庫存現金」「銀行存款」「其他貨幣資金」三個總帳科目的借方餘額合計數填列的。

貨幣資金是企業資金運動的起點和終點，是企業生產經營的先決條件。隨著再

生產過程的進行，企業會形成頻繁的貨幣資金的收支。企業取得現金投資、接受現金捐贈、取得銀行借款、銷售產品後取得貨款收入等，會形成貨幣資金的收入；購買材料、支付工資及其他費用、歸還借款以及繳納稅費等，會形成貨幣資金的支出。

一、庫存現金

庫存現金是指存放於企業財會部門、由出納人員經管的貨幣。庫存現金是企業流動性最強的資產，企業應當嚴格遵守國家有關現金管理制度，正確進行現金收支的核算，監督現金使用的合法性與合理性。

根據《現金管理暫行條例》的規定，開戶單位之間的經濟往來，除了按該條例規定的範圍可以使用現金外，應當通過開戶銀行進行轉帳結算。現金的使用範圍如下：

(1) 職工工資、津貼。
(2) 個人勞務報酬。
(3) 根據國家規定頒發給個人的科學技術、文化藝術、體育等各種資金。
(4) 各種勞保、福利費用以及國家規定的對個人的其他支出。
(5) 向個人收購農副產品和其他物資的價款。
(6) 出差人員必須隨身攜帶的差旅費。
(7) 結算起點以下的零星支出。
(8) 中國人民銀行確定需要支付現金的其他支出。

《現金管理暫行條例》規定的結算起點為1,000元。

因採購地點不固定、交通不便、生產或市場急需、搶險救災以及其他特殊情況下必須使用現金的，開戶單位應當向開戶銀行提出申請，由本單位財會部門負責人簽字蓋章，經開戶銀行審核後，予以支付現金。

開戶銀行應當根據實際需要，核定開戶單位3~5天的日常零星開支所需的庫存現金限額。邊遠地區和交通不發達地區的開戶單位可按多於5天，但不得超過15天的日常零星開支的需要確定。經核定的庫存現金限額，需要增加或減少的，應當向開戶銀行提出申請，由開戶銀行核定。

開戶單位現金收入應於當日送存銀行；如當日送存確有困難，由開戶銀行確定送存時間。開戶單位支付現金，可以從本單位庫存現金限額中支付或者從開戶銀行提取，不得從本單位的現金收入中直接支付（「坐支」）。企業從開戶銀行提取現金，應當如實寫明用途，由本單位財會部門負責人簽字蓋章，經開戶銀行審核後，予以支付現金。

(一) 庫存現金收付的日常業務核算

企業設「庫存現金」科目核算庫存現金的收付、結存情況。該科目借方登記庫存現金的增加額；貸方登記庫存現金的減少額；期末餘額在借方，反應庫存現金的餘額。企業收取現金時，借記「庫存現金」科目，貸記有關科目；支付現金時，借記有關科目，貸記「庫存現金」科目。

企業應當設置庫存現金總分類帳和庫存現金日記帳，分別進行庫存現金的總分類核算和明細分類核算。庫存現金日記帳由出納人員按照業務發生的先後順序逐筆

登記。每日終了，應當在庫存現金日記帳上計算出當日的庫存現金收入合計額、庫存現金支出合計額和結餘額，並將庫存現金日記帳的帳面結餘額與實際庫存現金額相核對，保證帳款相符。月度終了，庫存現金日記帳的餘額應當與「庫存現金」總帳的餘額核對，做到帳帳相符。

【例 5-1】興華公司有關現金的日常業務的會計分錄編製。

①興華公司將現金 368,000 元存到銀行。

借：銀行存款　　　　　　　　　　　　　　　　　368,000
　　貸：庫存現金　　　　　　　　　　　　　　　　368,000

②興華公司簽發支票，從銀行存款帳戶取出 15,000 元現金。

借：庫存現金　　　　　　　　　　　　　　　　　15,000
　　貸：銀行存款　　　　　　　　　　　　　　　　15,000

(二) 庫存現金借支的核算

職工出差預支差旅費，通過「其他應收款」科目核算。

職工預支差旅費時，企業應借記「其他應收款」科目，貸記「庫存現金」科目。職工憑發票報帳時，企業應按經批准的報銷金額借記「管理費用」「銷售費用」科目，貸記「其他應收款」科目，按照收回的（或者補付的）現金借記（或貸記）「庫存現金」科目。

【例 5-2】興華公司採購員小明因公出差，借支現金 21,000 元。

借：其他應收款——小明　　　　　　　　　　　　21,000
　　貸：庫存現金　　　　　　　　　　　　　　　　21,000

小明差旅費花了 15,000 元，經批准予以報銷。小明交回相關的發票和現金餘款 6,000 元。

借：庫存現金　　　　　　　　　　　　　　　　　6,000
　　管理費用　　　　　　　　　　　　　　　　　15,000
　　貸：其他應收款——小明　　　　　　　　　　　21,000

(三) 庫存現金盤點發生短缺或溢餘時的核算

根據《會計基礎工作規範》的規定，庫存現金應當定期進行盤點，一般採用實地盤點法，盤點時出納人員應在場。企業對於清查的結果應當編製現金盤點報告單，現金的帳面餘額必須與庫存數相符。若帳款不符，則應通過「待處理財產損溢——待處理流動資產損溢」科目核算現金短缺或溢餘，按管理權限報經批准後進行帳務處理。

企業設置「待處理財產損溢——待處理流動資產損溢」科目核算企業在財產清查過程中查明的各種流動資產盤盈、盤虧和毀損的處理情況。該科目可按盤盈、盤虧的資產種類和項目進行明細核算。企業的財產損益，應查明原因，在期末結帳前處理完畢，處理後該科目無餘額。

對於現金短缺的情形，屬於應由責任人賠償或保險公司賠償的部分，記入其他應收款；屬於無法查明的其他原因，記入管理費用。對於現金溢餘的情形，屬於應支付給有關人員或單位的，記入其他應付款；屬於無法查明原因的，記入營業外收入。

值得注意的是，財政部會計資格評價中心編寫的全國會計專業技術資格考試輔導教材《初級會計實務》一書中給出的會計處理規則如下：無法查明原因的現金短缺，記入「管理費用」科目；無法查明原因的現金溢餘，記入「營業外收入」科目。

【例5-3】興華公司盤點庫存現金的帳務處理如下：
①現金短缺的情形（實際款數少於帳簿記載金額）。
興華公司發現現金短缺8,000元：

借：待處理財產損溢——待處理流動資產損溢　　　　8,000
　　貸：庫存現金　　　　　　　　　　　　　　　　　　8,000

經查明，興華公司應向員工李麗追回個人借款3,000元（借款當時未立借據），其餘原因不明，計入管理費用。

借：其他應收款——李麗　　　　　　　　　　　　　3,000
　　管理費用　　　　　　　　　　　　　　　　　　　5,000
　　貸：待處理財產損溢——待處理流動資產損溢　　　8,000

②現金溢餘的情形（實際款數多於帳簿記載金額）。
興華公司發現現金溢餘2,000元：

借：庫存現金　　　　　　　　　　　　　　　　　　2,000
　　貸：待處理財產損溢——待處理流動資產損溢　　　2,000

溢餘原因不明，經批准計入營業外收入：

借：待處理財產損溢——待處理流動資產損溢　　　　2,000
　　貸：營業外收入　　　　　　　　　　　　　　　　2,000

二、銀行存款

銀行存款是存款人存放在銀行或其他金融機構的貨幣資金。根據國家相關規定，凡獨立核算的單位都必須在其所在地銀行開立帳戶，辦理存款、取款以及各種轉帳業務。

企業的貨幣資金，除了在規定限額以內可以保存少量的庫存現金以外，其餘都必須存入銀行。銀行存款的收支業務由出納負責辦理。每筆銀行存款收入和支出業務，都必須根據經過審核無誤的原始憑證編製記帳憑證。

（一）銀行結算帳戶的分類

銀行結算帳戶是指銀行為存款人開立的辦理資金收付結算的人民幣活期存款帳戶。銀行結算帳戶按存款人分為單位銀行結算帳戶和個人銀行結算帳戶。

根據《人民幣銀行結算帳戶管理辦法》的規定，存款人以單位名稱開立的銀行結算帳戶為單位銀行結算帳戶，按用途分為基本存款帳戶、一般存款帳戶、專用存款帳戶、臨時存款帳戶。

基本存款帳戶是企業因辦理日常轉帳結算和現金收付業務需要開立的銀行結算帳戶，是企業的主辦帳戶，企業日常經營活動的資金收付、庫存現金的支取以及員工工資、獎金的發放，應該通過該帳戶來辦理。

一般存款帳戶是企業因借款或其他結算需要，在基本存款帳戶開戶銀行以外的

銀行營業機構開立的銀行結算帳戶，用於辦理借款轉存、借款歸還和其他結算的資金收付。該帳戶可以辦理現金繳存，但不得辦理現金支取。

專用存款帳戶是指存款人按照法律、行政法規和規章制度的規定，對其特定用途的資金，如基本建設資金、更新改造資金、證券交易結算資金、單位銀行卡備用金、社會保障基金等，進行專項管理和使用而開立的銀行結算帳戶，用於辦理各項專用資金的收付。

臨時存款帳戶是指存款人因臨時需要並在規定期限內使用而開立的銀行結算帳戶。該帳戶主要用於設立臨時機構以及存款人異地臨時經營活動、註冊驗資活動發生的資金收付。臨時存款帳戶的有效期最長不得超過2年。臨時存款帳戶支取現金，應該按照國家關於現金管理的相關規定辦理。

個人銀行結算帳戶是自然人開立的可以辦理支付結算業務的存款帳戶，用於辦理個人轉帳收付和現金支取。自然人可以根據需要申請開立個人銀行結算帳戶，也可以在已開立的儲蓄帳戶中選擇並向開戶銀行申請確認為個人銀行結算帳戶。

（二）銀行結算方式

企業日常大量的與其他單位或個人的經濟業務往來都是通過銀行結算的。為了規範支付結算行為，保障支付結算活動中當事人的合法權益，加速資金週轉和商品流通，中國人民銀行根據《中華人民共和國票據法》和《票據管理實施辦法》制定了《支付結算辦法》，規定了企業可以選擇使用的票據結算工具和結算方式，即「四票」「三式」以及信用卡和國際貿易中採用的信用證結算方式。

1. 銀行匯票

銀行匯票是指由出票銀行簽發的，由其在見票時按照實際結算金額無條件支付給收款人或持票人的票據。銀行匯票的出票銀行為銀行匯票的付款人。單位和個人各種款項的結算都可以使用銀行匯票。銀行匯票可以用於轉帳，填明「現金」字樣的銀行匯票也可以用於支取現金。

銀行匯票的提示付款期限為自出票日起1個月。持票人超過付款期限提示付款的，代理付款人不予受理。申請人使用銀行匯票，應向出票銀行填寫銀行匯票申請書，填明收款人名稱、匯票金額、申請人名稱、申請日期並簽章，簽章為預留銀行的簽章。申請人和收款人均為個人，需要使用銀行匯票向代理付款人支取現金的，申請人必須在銀行匯票申請書上填明代理付款人名稱，在「匯票金額」欄先填寫「現金」字樣，後填寫匯票金額。申請人或收款人為單位的，不得在「銀行匯票申請書」上填明「現金」字樣。

企業取得銀行匯票後即可持銀行匯票向收款單位辦理結算。收款單位受理付款單位交付的銀行匯票時，應在出票金額以內，根據實際需要的款項辦理結算，並將實際結算金額和多餘金額準確、清晰地填入銀行匯票和解訖通知的有關欄內，未填明實際結算金額和多餘金額或實際結算金額超過出票金額的，銀行不予受理。銀行匯票的實際結算金額低於出票金額的，其多餘金額由出票銀行退交申請企業。

收款單位可以將銀行匯票背書轉讓給被背書人。銀行匯票的背書轉讓以不超過出票金額的實際結算金額為準。未填寫實際結算金額或實際結算金額超過出票金額的銀行匯票不得背書轉讓。銀行匯票喪失，失票人可以憑人民法院出具的其享有票

據權利的證明，向出票銀行請求付款或退款。

2. 商業匯票

商業匯票是出票人簽發的，委託付款人在指定日期無條件支付確定的金額給收款人或持票人的票據。商業匯票既可用於同城結算也可用於異地結算。在銀行開立存款帳戶的法人以及其他組織必須具有真實的交易關係或債權債務關係，才能使用商業匯票。商業匯票按承兌人不同可以分為商業承兌匯票和銀行承兌匯票。

商業承兌匯票是按照交易雙方約定，由付款人或收款人簽發，由銀行以外的付款人承兌的商業匯票。付款人承兌商業匯票時，應當在匯票正面記載「承兌」字樣和承兌日期並簽章。承兌不得附有條件，否則視為拒絕承兌。匯票到期時，持票人應在提示付款期限（自匯票到期日起 10 日）內通過開戶銀行委託收款或直接向付款人提示付款。如果付款人存款帳戶不足以支付票款，銀行將填製付款人未付票款通知書，連同商業承兌匯票通過持票人開戶銀行退回持票人。

銀行承兌匯票是按照交易雙方約定，由在承兌銀行開立存款帳戶的付款人簽發的商業匯票。承兌銀行按票面金額向出票人收取 0.05% 的手續費。銀行承兌匯票的出票人應於匯票到期前將票款足額交存其開戶銀行。承兌銀行應在匯票到期日或到期日後的見票當日支付票款。如果銀行承兌匯票的出票人對於匯票到期日未能足額交存票款，承兌銀行除憑票向持票人無條件付款外，對出票人尚未支付的匯票金額按照每天 0.05% 計收利息。

商業匯票的付款期限由交易雙方商定，最長不得超過 6 個月。匯票到期，付款人或承兌銀行存在合法抗辯事由拒絕支付的，應自接到付款通知或商業匯票的次日起 3 日內，出具拒絕付款證明，通過持票人開戶銀行轉交持票人。

商業匯票可以背書轉讓。符合條件的商業匯票的持票人可持未到期的商業匯票連同貼現憑證向銀行申請貼現。商業匯票的持票人向銀行辦理貼現必須具備下列條件：

（1）在銀行開立存款帳戶的企業法人以及其他組織。
（2）與出票人或直接前手之間具有真實的商品交易關係。
（3）提供與其直接前手之間的增值稅發票和商品發運單據複印件。

3. 銀行本票

銀行本票是出票銀行簽發的，承諾自己在見票時無條件支付確定金額給收款人或持票人的票據。單位或個人在同一票據交換區域需要支付各種款項，都可以使用銀行本票。銀行本票可用於轉帳，填明「現金」字樣的銀行本票也可以用於支取現金，現金銀行本票的申請人和收款人均為個人。申請人或收款人為單位的，不得申請簽發現金銀行本票。銀行本票的提示付款期限自出票日起最長不得超過 2 個月。

企業申請使用銀行本票時，應填寫銀行本票申請書，填明收款人名稱、申請人名稱、支付金額、申請日期等事項並簽章。銀行本票見票即付。持票人超過提示付款期限沒有獲得付款的，在票據權利時效內向出票銀行做出說明，並提供本人身分證或單位證明，可持銀行本票向出票銀行請求付款。銀行本票喪失，持票人可以憑人民法院出具的其享有票據權利的證明，向出票銀行請求付款或退款。

4. 支票

支票是出票人簽發的，委託辦理支票存款業務的銀行在見票時無條件支付確定的金額給收款人或持票人的票據。支票上印有「現金」字樣的為現金支票，現金支票只能用於支取現金。支票上印有「轉帳」字樣的為轉帳支票，轉帳支票只能用於轉帳。

單位或個人在同一票據交換區域的各種款項結算都可以使用支票。支票的出票人為經中國人民銀行當地分支行批准辦理支票業務的銀行機構開立可以使用支票的存款帳戶的單位和個人。支票的出票人簽發支票的金額不得超過付款時在付款人處實有的存款金額，禁止簽發空頭支票。支票的提示付款期限為自出票日起10日，但中國人民銀行另有規定的除外。超過提示付款期限提示付款的，持票人開戶銀行不予受理，付款人不予付款。在付款期限內，出票人在付款人處的存款足以支付支票金額時，付款人應當在見票當日足額付款。

5. 匯兌

匯兌是匯款人委託銀行將其款項支付給收款人的結算方式。單位和個人的各種款項的結算都可以使用匯兌結算方式。匯兌分為電匯和信匯兩種，由匯款人自行選擇。

信匯是指匯款人委託銀行通過郵寄方式將款項劃轉給收款人；電匯是指匯款人委託銀行通過電報方式將款項劃轉給收款人。匯兌結算方式適用於異地之間的各種款項結算，劃撥款項簡便、靈活。

6. 托收承付

托收承付是根據購銷合同由收款人發貨後委託銀行向異地付款人收取款項，由付款人向銀行承認付款的結算方式。使用托收承付結算方式的收款單位和付款單位，必須是國有企業、供銷合作社以及經營管理較好，並經開戶銀行審查同意的城鄉集體所有制工業企業。辦理托收承付結算的款項，必須是商品交易以及因商品交易而產生的勞務供應的款項。代銷、寄銷、賒銷商品的款項不得辦理托收承付結算。

收付雙方使用托收承付結算方式必須簽有符合《中華人民共和國經濟合同法》的購銷合同，並在合同上訂明使用托收承付結算方式。托收承付結算每筆的金額起點為10,000元，新華書店系統每筆的金額起點為1,000元。

收款人按照簽訂的購銷合同發貨後，應將托收憑證並附發運憑證或其他符合托收承付結算的有關證明和交易單證送交銀行，辦理托收。托收承付結算款項的劃回方式分為郵寄和電報，由收款人選用。

付款人（購貨單位）收到托收憑證及其附件後，應在承付期內審查核對，安排資金。購貨單位承付貨款有驗單承付和驗貨承付兩種方式，由收付雙方商量選用，並在合同中明確規定。驗單承付期為3天，從購貨單位開戶銀行發出通知的次日算起（承付期內遇法定節假日順延）；驗貨付款的承付期為10天，從運輸部門向付款人發出提貨通知的次日算起，付款人在承付期內，未向銀行表示拒絕付款，銀行即視為承付，在承付期滿的次日上午將款項劃給收款人。

7. 委託收款

委託收款是指收款人委託銀行向付款人收取款項的結算方式。單位和個人憑已

承兌的商業匯票、債券、存單等付款人債務證明辦理款項的結算,都可以使用委託收款結算方式。委託收款在同城、異地均可以使用,不受金額起點限制,其結算款項的劃回方式分為郵寄和電報兩種,由收款人選用。

委託收款以銀行為付款人的,銀行應在當日將款項主動支付給收款人;以單位為付款人的,銀行通知付款人後,付款人應於接到通知當日書面通知銀行付款。付款人審查有關債務證明後,對收款人委託收取的款項需要拒絕付款的,有權提出拒絕付款。

在同城範圍內,收款人收取公用事業費,必須具有收付雙方事先簽訂的經濟合同,由付款人向開戶銀行授權,並經開戶銀行同意,經中國人民銀行當地分支行批准,可以使用同城特約委託收款。

8. 信用卡

信用卡是指商業銀行向個人和單位發行的,向特約單位購物、消費和向銀行存取現金,且具有消費信用的特製載體卡片。信用卡按使用對象分為單位卡和個人卡。凡在中國境內金融機構開立基本存款帳戶的單位均可申領單位卡。單位卡可申領若干張,持卡人資格由申領單位法定代表人或其委託的代理人書面指定和註銷。單位卡帳戶的資金一律從其基本存款帳戶轉帳存入,不得交存現金,不得將銷貨收入的款項存入其帳戶。單位的款項嚴禁存入個人卡帳戶。單位卡一律不得支取現金,不得用於 10 萬元以上的商品交易、勞務供應款項結算。

9. 信用證

信用證是指開證銀行依據申請人的申請開出的、憑符合信用證條款的單據支付的付款承諾。信用證結算方式是國際貿易結算的一種主要方式。經中國人民銀行批准經營結算業務的商業銀行總行以及經商業銀行總行批准開辦信用證結算業務的分支機構也可以辦理國內企業之間商品交易的信用證結算業務。

採用信用證結算方式時,收款單位收到信用證後,即備貨裝運,簽發有關發票帳單,連同運輸單據和信用證送存銀行,根據退還的信用證等有關憑證編製收款憑證;付款單位在接到開證行的通知時,根據付款的有關單據編製付款憑證。

(三) 銀行存款的核算

企業設「銀行存款」科目核算其銀行存款的收付和結存情況。「銀行存款」科目借方登記銀行存款的增加額;貸方登記銀行存款的減少額;期末餘額在借方,反應銀行存款的餘額。

企業接受付款人交付的支票時,應在轉帳收款完畢時,借記「銀行存款」科目,根據具體情形貸記「主營業務收入」或「應收帳款」等相關科目。

企業接受付款人通過匯兌方式轉帳支付的款項,收取通過托收承付方式或委託收款方式結算的款項時,應在收到收款通知書時借記「銀行存款」科目,根據具體情形貸記「主營業務收入」或「應收帳款」等相關科目。

企業簽發支票支取現金、通過匯兌等轉帳結算方式支付款項時,借記「庫存現金」「原材料」「庫存商品」等相關科目,貸記「銀行存款」科目。

【例 5-4】興華公司 20×8 年 2 月銷售產品確認收入 1,000,000 元,收到支票已送存銀行。(不考慮相關稅費)

興華公司帳務處理如下：
借：銀行存款   1,000,000
　　貸：主營業務收入   1,000,000

【例5-5】興華公司20×8年2月購入一批原材料，價款50,000元，貨款已通過轉帳支付，材料已經到達並驗收入庫。（不考慮相關稅費）

興華公司帳務處理如下：
借：原材料   50,000
　　貸：銀行存款   50,000

（四）銀行存款餘額調節表

企業應當設置銀行存款總帳和銀行存款日記帳，分別進行銀行存款的總分類核算和明細分類核算。企業可以按開戶銀行和其他金融機構、存款種類等設置銀行存款日記帳，根據收付款憑證，按照業務的發生順序逐筆登記。每日終了，企業應結出餘額。銀行存款日記帳應定期與銀行對帳單核對，至少每月核對一次。

企業銀行存款帳面餘額與銀行對帳單餘額之間如有差額，應編製銀行存款餘額調節表調節相符，如沒有記帳錯誤，調節後的雙方餘額應相等。

導致企業銀行存款帳面餘額與銀行對帳單餘額之間產生差異的原因多為記帳錯誤或存在未達帳項。發生未達帳項的具體情況有以下四種：一是企業已收款入帳，銀行尚未收款入帳；二是企業已付款入帳，銀行尚未付款入帳；三是銀行已收款入帳，企業尚未收款入帳；四是銀行已付款入帳，企業尚未付款入帳。編製銀行存款餘額調節表（見表5-1）的目的只是核對帳目，銀行存款餘額調節表本身並不能充當調整銀行存款帳面餘額的會計憑證。

表5-1　銀行存款餘額調節表　　　　　　　　　　單位：元

項目	金額	項目	金額
企業銀行存款日記帳餘額		銀行對帳單餘額	
加：銀行已收、企業未收款		加：企業已收、銀行未收款	
減：銀行已付、企業未付款		減：企業已付、銀行未付款	
調節後（應有）餘額		調節後（應有）餘額	

【例5-6】興華公司20×8年5月1日銀行存款日記帳的餘額為54,000元，銀行轉來對帳單的餘額為83,000元。經逐筆核對，興華公司發現以下未達帳項：

（1）興華公司送存轉帳支票60,000元，並已登記銀行存款增加，但銀行尚未記帳。

（2）興華公司開出轉帳支票45,000元，但持票單位尚未到銀行辦理轉帳，銀行尚未記帳。

（3）興華公司委託銀行代收某公司購貨款48,000元，銀行已收妥並登記入帳，但企業尚未收到收款通知，尚未記帳。

（4）銀行代興華公司支付電話費4,000元，銀行已登記企業銀行存款減少，但企業未收到銀行付款通知，尚未記帳。

銀行存款餘額調節表編製如表 5-2 所示。

表 5-2　銀行存款餘額調節表　　　　　　　　　單位：元

項目	金額	項目	金額
企業銀行存款日記帳餘額	54,000	銀行對帳單餘額	83,000
加：銀行已收、企業未收款	48,000	加：企業已收、銀行未收款	60,000
減：銀行已付、企業未付款	4,000	減：企業已付、銀行未付款	45,000
調節後（應有）餘額	98,000	調節後（應有）餘額	98,000

三、其他貨幣資金

其他貨幣資金是指企業除庫存現金、銀行存款以外的各種貨幣資金，主要包括銀行匯票存款、銀行本票存款、信用卡存款、信用證保證金存款、存出投資款、外埠存款等。

企業設「其他貨幣資金」科目核算其銀行匯票存款、銀行本票存款、信用卡存款、信用證保證金存款、存出投資款、外埠存款等各種其他貨幣資金。該科目借方登記增加數，貸方登記減少數，期末餘額在借方，反應企業持有的其他貨幣資金餘額。該科目可以按外埠存款的開戶銀行、銀行匯票或本票、信用證的收款單位，設「銀行匯票」「銀行本票」「信用卡」「信用證保證金」「存出投資款」等明細科目進行明細核算。

（一）銀行匯票存款和銀行本票存款

企業申請辦理銀行匯票、銀行本票，將款項交存銀行時，借記「其他貨幣資金——銀行匯票或銀行本票」科目，貸記「銀行存款」科目。企業將銀行匯票、銀行本票用於實際開支時，借記「在途物資」或「原材料」「庫存商品」「應交稅費——應交增值稅（進項稅額）」等科目，貸記「其他貨幣資金——銀行匯票或銀行本票」科目。企業收回剩餘款項時，借記「銀行存款」科目，貸記「其他貨幣資金——銀行匯票或銀行本票」科目。企業收到銀行匯票或銀行本票、填製進帳單到開戶銀行辦理款項入帳手續時，根據進帳單及銷貨發票等，借記「銀行存款」科目，貸記「主營業務收入」「應交稅費——應交增值稅（銷項稅額）」等科目。

【例 5-7】興華公司申請開出 100,000 元的銀行匯票用於異地採購。

繳存該筆款項的帳務處理如下：
借：其他貨幣資金——銀行匯票　　　　　　　　　100,000
　　貸：銀行存款　　　　　　　　　　　　　　　　　100,000
使用銀行匯票支付採購款的帳務處理如下：
借：在途物資　　　　　　　　　　　　　　　　　　70,000
　　應交稅費——應交增值稅（進項稅額）　　　　　9,100
　　貸：其他貨幣資金——銀行匯票　　　　　　　　　79,100
收到退回的餘款時：
借：銀行存款　　　　　　　　　　　　　　　　　　20,900
　　貸：其他貨幣資金——銀行匯票　　　　　　　　　20,900

(二) 信用卡存款

信用卡按是否向發卡銀行交存備用金分為貸記卡、準貸記卡兩類。貸記卡是指發卡銀行給予持卡人一定的信用額度，持卡人可以在信用額度內先消費、後還款的信用卡。準貸記卡是指持卡人須先按發卡銀行要求交存一定金額的備用金，當備用金帳戶餘額不足支付時，可在發卡銀行規定的信用額度內透支的信用卡。準貸記卡的透支期限最長為 60 天，貸記卡的首月最低還款額不得低於其當月透支餘額的 10%。

企業應填製信用卡申請表，連同支票和有關資料一併送存發卡銀行，根據銀行蓋章退回的進帳單第一聯，借記「其他貨幣資金──信用卡」科目，貸記「銀行存款」科目。企業用信用卡購物或支付有關費用，收到開戶銀行轉來的信用卡存款的付款憑證及所附發票帳單，借記「管理費用」等科目，貸記「其他貨幣資金──信用卡」科目。企業信用卡在使用過程中，需要向其帳戶續存資金的，借記「其他貨幣資金──信用卡」科目，貸記「銀行存款」科目。企業的持卡人如不需要繼續使用信用卡時，應持信用卡主動到發卡銀行辦理銷戶。銷卡時，單位卡科目餘額轉入企業基本存款戶，不得提取現金，借記「銀行存款」科目，貸記「其他貨幣資金──信用卡」科目。

(三) 信用證保證金存款

信用證保證金存款是指企業為了開具信用證而存入開證行的信用證保證金專戶存款。

開證申請人使用信用證時，應委託其開戶銀行辦理開證業務。開證行根據申請人提交的開證申請書、信用證申請人承諾書及購銷合同決定是否受理開證業務。開證行在決定受理該項業務時，應向申請人收取不低於開證金額 20% 的保證金，並可根據申請人資信情況要求其提供抵押、質押或由其他金融機構出具保函。開證行開立信用證，應按規定向申請人收取開證手續費及郵電費。

企業填寫信用證申請書，將信用證保證金交存銀行時，應根據銀行蓋章退回的信用證申請書回單，借記「其他貨幣資金──信用證保證金」科目，貸記「銀行存款」科目。企業接到開證行通知，根據供貨單位信用證結算憑證及所附發票帳單，借記「在途物資」或「原材料」「庫存商品」「應交稅費──應交增值稅（進項稅額）」等科目，貸記「其他貨幣資金──信用證保證金」科目。企業將未用完的信用證保證金存款餘額轉回開戶銀行時，借記「銀行存款」科目，貸記「其他貨幣資金──信用證保證金」科目。

(四) 存出投資款

存出投資款是指企業已存入證券公司但尚未進行投資的資金。

企業向證券公司劃出資金時，應按實際劃出的金額，借記「其他貨幣資金──存出投資款」科目，貸記「銀行存款」科目；購買股票、債券等時，借記「交易性金融資產」等科目，貸記「其他貨幣資金──存出投資款」科目。

【例 5-8】興華公司短期投資及其帳務處理情況如下：

興華公司向證券公司劃出 9,000,000 元，準備進行短期股票投資。其帳務處理如下：

借：其他貨幣資金——存出投資款　　　　　　　9,000,000
　　　　貸：銀行存款　　　　　　　　　　　　　　　9,000,000
　　興華公司用 8,880,000 元購入某只股票，列為「交易性金融資產」。其帳務處理如下：
　　借：交易性金融資產——成本　　　　　　　　　8,880,000
　　　　貸：其他貨幣資金——存出投資款　　　　　　8,880,000

（五）外埠存款

　　外埠存款是指企業為了在外地進行臨時或零星採購而匯到設在外地（採購地）的臨時存款帳戶的款項。

　　企業將款項匯往外地時，應填寫匯款委託書，委託開戶銀行辦理匯款。匯入地銀行以匯款單位名義開立臨時採購帳戶。該帳戶的存款不計利息、只付不收、付完清戶，除了採購人員可從中提取少量現金外，一律採用轉帳結算。企業將款項匯往外地開立採購專用帳戶時，根據匯出款項憑證，編製付款憑證，進行帳務處理，借記「其他貨幣資金——外埠存款」科目，貸記「銀行存款」科目；收到採購人員轉來供應單位發票帳單等報銷憑證時，借記「在途物資」或「原材料」「庫存商品」「應交稅費——應交增值稅（進項稅額）」等科目，貸記「其他貨幣資金——外埠存款」科目；採購完畢收回剩餘款項時，根據銀行的收帳通知，借記「銀行存款」科目，貸記「其他貨幣資金——外埠存款」科目。

第二節　應收帳款

　　應收帳款是指企業在日常的經營過程中因銷售商品、提供勞務等，應向購貨單位收取的款項，主要包括企業銷售商品或提供勞務等應向有關債務人收取的價款及代購貨單位墊付的包裝費、運雜費等。

　　為了反應和監督應收帳款的增減變動及其結存情況，企業應設置「應收帳款」科目核算企業因銷售商品、提供勞務等經營活動應收取的款項。「應收帳款」科目可以按債務人進行明細核算。該科目借方登記由於銷售產品以及提供勞務等而發生的應收帳款（應收帳款的增加額），包括應收取的價款、稅款以及代墊款等，貸方登記已經收回的應收帳款（應收帳款的減少額），期末餘額如在借方，反應企業尚未收回的應收帳款；期末餘額如在貸方，表示企業預收的帳款。

一、通常情形下應收帳款的核算

　　企業記錄應收帳款時，按應收金額，借記「應收帳款」科目，按確認的營業收入，貸記「主營業務收入」等科目。企業收回應收帳款時，借記「銀行存款」等科目，貸記「應收帳款」科目。涉及增值稅銷項稅額的，企業應進行相應的處理。

　　企業代購貨單位墊付的包裝費、運雜費，借記「應收帳款」科目，貸記「銀行存款」等科目；收回代墊費用時，借記「銀行存款」科目，貸記「應收帳款」科目。

【例5-9】興華公司銷售給 A 公司一批產品，不含稅價款為300,000 元，增值稅額39,000 元，以銀行存款代墊運雜費 6,000 元。

銷售成立，記錄債權時，企業帳務處理如下：
借：應收帳款 345,000
　　貸：主營業務收入 300,000
　　　　應交稅費——應交增值稅（銷項稅額） 39,000
　　　　銀行存款 6,000

需要說明的是，企業代購貨單位墊付包裝費、運雜費也應計入應收帳款，通過「應收帳款」科目核算。

實際收到款項時，企業帳務處理如下：
借：銀行存款 345,000
　　貸：應收帳款 345,000

二、商業折扣的會計處理

商業折扣是指企業為促進商品銷售而在商品標價上給予的價格優惠，就是大家所熟悉的「打折」。企業銷售商品涉及商業折扣的，應當按照扣除商業折扣後的金額確定銷售商品收入的金額。

【例5-10】興華公司銷售給 B 公司一批產品，按照價目表上標明的價格計算，其不含稅售價金額為 20,000 元。由於是批量銷售，興華公司給予 B 公司 10%的商業折扣。適用的增值稅率為 13%。興華公司為 B 公司代墊運費 100 元。

銷售成立，記錄債權時，企業帳務處理如下：
借：應收帳款 20,440
　　貸：主營業務收入 18,000
　　　　應交稅費——應交增值稅（銷項稅額） 2,340
　　　　庫存現金 100

實際收到款項時，企業帳務處理如下：
借：銀行存款 20,440
　　貸：應收帳款 20,440

三、現金折扣的會計處理

現金折扣是指在賒銷方式的交易中銷售方為鼓勵採購方在約定期限內提早付款而提供的付款優惠，嚴格地說就是「提前付款折扣」。例如，購銷雙方可能在買賣合同中約定，購貨方應在 30 天內付清全款，如果在 10 天內付款，則可享受 2%的折扣，如果在 20 天內付款，則可享受 1%的折扣。這樣的付款條件在國際商務中常常簡寫為「2/10, 1/20, n/30」。

現金折扣是實際成交價格形成之後銷售方推出的鼓勵採購方提前付款的收款策略，銷售方（和採購方）都需要對現金折扣進行帳務處理。

根據中國企業會計準則的規定，銷售貨物涉及現金折扣的，應當以扣除現金折扣前的金額記錄作為應收帳款的入帳價值；現金折扣在實際發生時記入「財務費

用」科目。這種帳務處理規則就是會計理論研究中所稱的「總價法」或「總價入帳法」。

研究者進行理論探討時提出了應收帳款會計核算的「淨價法」（net price method）。如果採用這種方法，企業應在銷售成立時將扣除最大額度的現金折扣後的債權金額（「淨價」）作為應收帳款的入帳價值。客戶的實際付款時間如果與先前的估計有出入，則需另行進行調整處理。

作為對比，「總價法」可以全面地反應銷售和收款過程。「淨價法」僅有理論探討價值，其實用價值較差。因此，中國的會計法規體系要求採用的是「總價法」。

【例5-11】興華公司6月1日向C公司銷售一批產品，不含稅售價為10,000,000元，增值稅稅額為1,300,000元。為了使貨款盡快到帳，興華公司給出的現金折扣條款是「2/10，1/20，n/30」。（假定計算現金折扣包括增值稅）

以下分別採用總價法和淨價法進行帳務處理。

（1）基於總價法的帳務處理。

①銷售成立時的帳務處理如下：

借：應收帳款　　　　　　　　　　　　　　　　11,300,000
　　貸：主營業務收入　　　　　　　　　　　　　　10,000,000
　　　　應交稅費——應交增值稅（銷項稅額）　　　1,300,000

②C公司於10日內支付了全部價款時的帳務處理如下：

借：銀行存款　　　　　　　　　　　　　　　　11,074,000
　　財務費用　　　　　　　　　　　　　　　　　　226,000
　　貸：應收帳款　　　　　　　　　　　　　　　　11,300,000

③C公司於10日後、20日內支付了全部價款時的帳務處理如下：

借：銀行存款　　　　　　　　　　　　　　　　11,187,000
　　財務費用　　　　　　　　　　　　　　　　　　113,000
　　貸：應收帳款　　　　　　　　　　　　　　　　11,300,000

④C公司於20日後、30日內支付了全部價款時的帳務處理如下：

借：銀行存款　　　　　　　　　　　　　　　　11,300,000
　　貸：應收帳款　　　　　　　　　　　　　　　　11,300,000

（2）基於淨價法的帳務處理。

①銷售成立時的帳務處理如下：

借：應收帳款　　　　　　　　　　　　　　　　11,074,000
　　財務費用　　　　　　　　　　　　　　　　　　226,000
　　貸：主營業務收入　　　　　　　　　　　　　　10,000,000
　　　　應交稅費——應交增值稅（銷項稅額）　　　1,300,000

②C公司於10日內支付了全部價款時的帳務處理如下：

借：銀行存款　　　　　　　　　　　　　　　　11,074,000
　　貸：應收帳款　　　　　　　　　　　　　　　　11,074,000

③C公司於10日後、20日內支付了全部價款時的帳務處理如下：

借：銀行存款　　　　　　　　　　　　　　　　11,187,000

貸：應收帳款　　　　　　　　　　　　　　　　　11,074,000
　　　　財務費用　　　　　　　　　　　　　　　　　　　113,000
④C 公司於 20 日後、30 日內支付了全部價款時的帳務處理如下：
借：銀行存款　　　　　　　　　　　　　　　　　　11,300,000
　　貸：應收帳款　　　　　　　　　　　　　　　　　11,074,000
　　　　財務費用　　　　　　　　　　　　　　　　　　　226,000

第三節　應收票據

　　應收票據是指企業因銷售商品、提供勞務等收到的商業匯票。商業匯票是一種由出票人簽發的，委託付款人在指定日期無條件支付確定金額給收款人或持票人的票據。根據承兌人不同，商業匯票分為商業承兌匯票和銀行承兌匯票。
　　為了反應和監督應收票據取得、票款收回等經濟業務，企業應當設置「應收票據」科目，借方登記取得的應收票據的面值，貸方登記到期收回票款或到期前向銀行貼現的應收票據的票面餘額，期末餘額在借方，反應企業持有的商業匯票的票面金額。
　　「應收票據」科目可以按照開出、承兌商業匯票的單位進行明細核算，並設置應收票據備查簿，逐筆登記商業匯票的種類、號數和出票日、票面金額、交易合同號和付款人、承兌人、背書人的姓名或單位名稱、到期日、背書轉讓日、貼現日、貼現率和貼現淨額以及收款日和收回金額、退票情況等資料。商業匯票到期結清票款或退票後，在備查簿中應予註銷。

一、取得應收票據和收回到期票款

　　應收票據取得的原因不同，其會計處理亦有所區別。企業因債務人抵償前欠貨款而取得的應收票據，借記「應收票據」科目，貸記「應收帳款」科目；因銷售商品、提供勞務等收到開出、承兌的商業匯票，借記「應收票據」科目，貸記「主營業務收入」「應交稅費——應交增值稅（銷項稅額）」等科目。
　　商業匯票到期收回款項時，企業應按實際收到的金額，借記「銀行存款」科目，貸記「應收票據」科目。
　　【例 5-12】興華公司向 A 公司銷售一批產品，貨款為 1,500,000 元，尚未收到，已辦妥托收手續，適用增值稅稅率為 13%。
　　興華公司帳務處理如下：
借：應收帳款　　　　　　　　　　　　　　　　　　　1,695,000
　　貸：主營業務收入　　　　　　　　　　　　　　　　1,500,000
　　　　應交稅費——應交增值稅（銷項稅額）　　　　　　195,000
　　15 日後，興華公司收到 A 公司寄來一張 3 個月期的商業承兌匯票，面值為 1,695,000 元，抵付產品貨款。
　　興華公司帳務處理如下：

借：應收票據   1,695,000
　　貸：應收帳款   1,695,000

在本例中，A 公司用商業承兌匯票抵償前欠的貨款 1,695,000 元，應借記「應收票據」科目，貸記「應收帳款」科目。

3 個月後票據到期，興華公司收回票面金額 1,695,000 元存入銀行。

興華公司帳務處理如下：
借：銀行存款   1,695,000
　　貸：應收票據   1,695,000

二、轉讓應收票據

實務中，企業可以將自己持有的商業匯票背書轉讓。背書是指在票據背面或粘單上記載有關事項並簽章的票據行為。背書轉讓的，背書人應當承擔票據責任。企業將持有的商業匯票背書轉讓以取得所需物資時，按應計入取得物資成本的金額，借記「材料採購」或「原材料」「庫存商品」等科目，按專用發票上註明的可抵扣的增值稅額，借記「應交稅費——應交增值稅（進項稅額）」科目，按商業匯票的票面金額，貸記「應收票據」科目，如有差額，借記或貸記「銀行存款」等科目。

【例5-13】承【例5-12】興華公司將上述應收票據背書轉讓，以取得生產經營所需的 A 材料，A 材料金額為 1,500,000 元，適用的增值稅稅率為 13%。

興華公司帳務處理如下：
借：原材料——A 材料   1,500,000
　　應交稅費——應交增值稅（進項稅額）   195,000
　　貸：應收票據   1,695,000

第四節　預付及其他應收款項

一、預付款項

預付款項是指企業按照合同規定預付的款項。企業應當設置「預付帳款」科目，核算預付款項的增減變動及其結存情況。預付款項情況不多的企業，可以不設置「預付帳款」科目，而直接通過「應付帳款」科目核算。

企業根據購貨合同的規定向供應單位預付款項時，借記「預付帳款」科目，貸記「銀行存款」科目。企業收到所購物資，按應計入購入物資成本的金額，借記「材料採購」或「原材料」「庫存商品」「應交稅費——應交增值稅（進項稅額）」等科目，貸記「預付帳款」科目；當預付貨款小於採購貨物所需支付的款項時，應將不足部分補付，借記「預付帳款」科目，貸記「銀行存款」科目；當預付貨款大於採購貨物所需支付的款項時，對收回的多餘款項應借記「銀行存款」科目，貸記「預付帳款」科目。

【例5-14】興華公司向 D 公司採購材料 5,000 噸（1 噸等於 1,000 千克，下

同），單價 10 元，所需支付的款項總額 50,000 元。興華公司按照合同規定向 D 公司預付貨款的 50%，驗收貨物後補付其餘款項。

興華公司帳務處理如下：

（1）預付 50%的貨款。

借：預付帳款——D 公司 25,000
　貸：銀行存款 25,000

（2）收到 D 公司發來的 5,000 噸材料，驗收無誤，增值稅專用發票記載的貨款為 50,000 元，增值稅稅額為 6,500 元。興華公司以銀行存款補付所欠款項 31,500 元。

借：原材料 50,000
　　應交稅費——應交增值稅（進項稅額） 6,500
　貸：預付帳款——乙公司 56,500
借：預付帳款——乙公司 31,500
　貸：銀行存款 31,500

二、其他應收款項

其他應收款項是指企業除應收票據、應收帳款、預付款項等以外的其他各種應收及暫付款項。其主要內容包括：

（1）應收的各種賠款、罰款，如因企業財產等遭受意外損失而應向有關保險公司收取的賠款等。

（2）應收的出租包裝物租金。

（3）應向職工收取的各種墊付款項，如為職工墊付的水電費、應由職工負擔的醫藥費、房租費等。

（4）存出保證金，如租入包裝物支付的押金。

（5）其他各種應收、暫付款項。

為了反應和監督其他應收帳款的增減變動及其結存情況，企業應當設置「其他應收款」科目進行核算。「其他應收款」科目的借方登記其他應收款項的增加，貸方登記其他應收款項的收回，期末餘額一般在借方，反應企業尚未收回的其他應收款項。

【例 5-15】興華公司以銀行存款替副總經理墊付應由其個人負擔的醫療費 5,000 元，擬從其工資中扣回。興華公司帳務處理如下：

（1）墊支時。

借：其他應收款 5,000
　貸：銀行存款 5,000

（2）扣款時。

借：應付職工薪酬 5,000
　貸：其他應收款 5,000

【例 5-16】興華公司租入包裝物一批，以銀行存款向出租方支付押金 10,000 元。興華公司帳務處理如下：

借：其他應收款——存出保證金 10,000

  貸：銀行存款   10,000

【例5-17】承【例5-16】租入包裝物按期如數退回，興華公司收到出租方退還的押金10,000元，已存入銀行。興華公司帳務處理如下：

  借：銀行存款   10,000
  貸：其他應收款——存出保證金   10,000

第五節 壞帳準備

  壞帳是指應收帳款中部分無法收回或收回可能性很小的款項。由於發生壞帳而產生的損失，稱為壞帳損失。

一、壞帳的確認

  通常情況下，應收帳款符合下列條件之一時，就應確認為壞帳：
  (1) 債務人破產，以其破產財產清償後仍然無法收回。
  (2) 債務人死亡，以其遺產清償後仍然無法收回。
  (3) 債務人較長時間內（如超過3年）未履行其償債義務，並有足夠的證據表明無法收回或收回的可能性極小。

  由於市場經濟的不確定性，企業的應收帳款很可能最終不能夠全部收回，即可能發生部分或全部壞帳。一般認為，如果債務人死亡或破產，以其剩餘財產、遺產抵償後仍然不能夠收回的部分；欠帳時間超過3年的應收帳款都可以確認為壞帳。

  企業對於可能發生的壞帳，有兩種不同的會計處理方法——直接轉銷法和備抵法。直接轉銷法是平時並不對可能發生的壞帳進行預計，而只是到壞帳實際發生時直接衝銷應收帳款。按照中國現行會計制度的規定，這種核算方法已被取消。

  企業應設置「信用減值損失」科目核算其計提金融資產減值準備所形成的損失。該科目可以按照信用減值損失的項目進行明細核算。該科目借方登記發生額（增加數），貸方登記結轉額（減少數）。期末結轉後，該科目無餘額。

  企業應設置「壞帳準備」科目核算應收款項的壞帳準備計提、轉銷等情況。企業當期計提的壞帳準備應當計入信用減值損失。「壞帳準備」科目的貸方登記當期計提的壞帳準備金額，借方登記實際發生的壞帳損失金額和衝減的壞帳準備金額，期末餘額一般在貸方，反應企業已計提但尚未轉銷的壞帳準備。

二、直接轉銷法

  直接轉銷法是指在壞帳實際發生時，直接確認壞帳損失的方法。

  企業實際發生壞帳時，按實際發生的金額，借記「信用減值損失」，貸記「應收帳款」等相關科目；壞帳收回時，按收回的金額，借記「應收帳款」等相關科目，貸記「信用減值損失」，同時借記「銀行存款」科目，貸記「應收帳款」等相關科目。

三、備抵法

備抵法是在每一個會計期間，先估計壞帳損失，計入當期費用，同時建立壞帳準備，待壞帳實際發生時，根據其金額衝減壞帳準備，同時轉銷相應的應收帳款。

根據備抵法，每一個會計期間都要對壞帳損失進行估計，其估計的方法有應收帳款餘額百分比法、帳齡分析法、賒銷百分比法等。

應收帳款餘額百分比法是指根據應收帳款期末餘額的一定百分比來確定當期的壞帳準備數，進而確認當期壞帳損失的一種估計壞帳損失的方法。其計算公式如下：

「壞帳準備」期末數＝「應收帳款」期末餘額×估計壞帳率

企業計提壞帳準備時，借記「信用減值損失」科目，貸記「壞帳準備」科目。以後期間，如果當期應計提的壞帳準備大於期初帳面餘額，企業應按其差額計提；如果應計提的壞帳準備小於期初帳面餘額則反之。

對確實無法收回的應收款項，企業按管理權限報經批准後作為壞帳。企業轉銷應收款項時，借記「壞帳準備」科目，貸記「應收帳款」等科目。

以前期間已轉銷的應收款項以後又收回時，企業應按實際收回的金額，借記「應收帳款」等科目，貸記「壞帳準備」科目；實際收回時，借記「銀行存款」科目，貸記「應收帳款」等科目。

【例5-18】興華公司從20×6年開始計提壞帳準備。20×6—20×9年的一些相關帳務處理如下：

（1）20×6年年末，應收帳款餘額為1,200,000元，各個單項金額都非重大。興華公司按照以前年度的實際損失率確定壞帳準備的計提比例為0.5%。當年的壞帳準備提取額＝1,200,000×0.5%＝6,000元。

借：信用減值損失　　　　　　　　　　　　　　6,000
　　貸：壞帳準備　　　　　　　　　　　　　　　　6,000

（2）20×7年9月，興華公司發現有1,600元的應收帳款無法收回，經批准後做出帳務處理。

借：壞帳準備　　　　　　　　　　　　　　　　1,600
　　貸：應收帳款　　　　　　　　　　　　　　　　1,600

（3）20×8年12月31日，興華公司應收帳款餘額為1,440,000元。20×8年年末應收帳款餘額應計提的壞帳準備金額為1,440,000×0.5%＝7,200元。這是20×7年年末壞帳準備的應有餘額。而在年末計提壞帳準備前，「壞帳準備」科目的貸方餘額為6,000－1,600＝4,400元。因此，20×8年度應補提的壞帳準備金額為7,200－4,400＝2,800元。

借：信用減值損失　　　　　　　　　　　　　　2,800
　　貸：壞帳準備　　　　　　　　　　　　　　　　2,800

（4）20×9年6月接銀行通知，興華公司20×8年度已衝銷的1,600元壞帳又收回，款項已存入銀行。興華公司帳務處理如下：

借：應收帳款　　　　　　　　　　　　　　　　1,600
　　貸：壞帳準備　　　　　　　　　　　　　　　　1,600

借：銀行存款　　　　　　　　　　　　　　　　　1,600
　　貸：應收帳款　　　　　　　　　　　　　　　　　1,600

【本章小結】

　　本章主要介紹了貨幣資金、應收帳款、應收票據、預付及其他應收款項、壞帳等的會計處理。

　　貨幣資金是指貨幣形態的資金，是資產負債表的一個流動資產項目，包括庫存現金、銀行存款和其他貨幣資金。應收帳款是指企業在日常的經營過程中因銷售商品、提供勞務等，應向購貨單位收取的款項，主要包括企業銷售商品或提供勞務等應向有關債務人收取的價款及代購貨單位墊付的包裝費、運雜費等。應收票據是指企業因銷售商品、提供勞務等而收到的商業匯票。商業匯票是一種由出票人簽發的，委託付款人在指定日期無條件支付確定金額給收款人或持票人的票據。根據承兌人不同，商業匯票分為商業承兌匯票和銀行承兌匯票。

　　企業對於可能發生的壞帳，有兩種不同的會計處理方法：直接轉銷法和備抵法。直接轉銷法在平時並不對可能發生的壞帳進行預計，而只是到壞帳實際發生時直接衝銷應收帳款。按中國現行會計制度的規定，這種核算方法已被取消。

【主要概念】

　　貨幣資金；應收帳款；應收票據；預付及其他應收款項；壞帳等。

【簡答題】

1. 什麼是貨幣資金？貨幣資金包括哪些內容？
2. 在商業折扣或現金折扣的情況下，應收帳款如何進行核算？
3. 什麼是預付款項？如何進行核算？
4. 其他應收款項包括哪些內容？
5. 對可能發生的壞帳，企業應如何進行核算？

第六章
存貨

【學習目標】

知識目標：熟悉存貨的概念和內容，理解存貨的確認條件與存貨清查，掌握存貨的購進與發出的會計核算，瞭解存貨跌價準備的計提與轉回。

技能目標：存貨是企業一項重要的流動資產，能夠對企業的存貨進行合理的分類，並進行準確的會計核算。

能力目標：熟悉並理解存貨在企業整個週轉過程，包括存貨的購進、領用和期末清查各階段的價值變動情況。

【知識點】

存貨購進的核算、存貨發出的先進先出、一次加權平均、移動加權平均、個別計價方法的核算、存貨的盤存制度、存貨清查的會計核算等。

【篇頭案例】

假如你是一家會計師事務所的業務助理人員，正在協助審查南方某市一家裝備製造企業的存貨。你通過監督盤點和檢查相關資料，發現該企業的存貨堆放混亂，倉庫與財務部門沒有保存應有的帳簿資料，企業具體有多少類存貨，每類存貨的最高存量與最低存量是多少，存貨的成本為多少尤其是每一種產品的單位成本為多少，生產一件產品需要多少原材料等相關資料無從知曉。但每月企業都要投入大量的現金用於存貨購進，車間總強調材料供應不及時，而銷售部門認為生產調度出了問題，大批即將完工的產品遍布各生產車間，企業交貨不及時，目前已經陷入資金緊張的困境。你認為該企業的關鍵問題何在？如何盡快扭轉被動的局面？存貨核算能提供哪些信息？企業存貨核算不實，會帶來何種潛在問題？存貨的期末餘額對當期銷貨成本有何影響？期末存貨質量如何影響當期損益？要回答這些問題，你必須認真學習本章的相關內容。

第一節　存貨概述

企業之所以持有存貨，是由於採購、生產和銷售等環節存在時間差。存貨是企業的一項重要的流動資產，可以說存貨是企業利潤產生的源泉。通常，存貨的價值占企業流動資產的比重較大。存貨核算不僅是計算和確定企業生產成本和銷售成本、

確定期末結存存貨成本的重要內容，而且也是恰當地反應企業財務狀況、正確地計算企業經營成果的主要依據。為了加強存貨的會計核算和管理，進一步提高存貨信息的真實性，中國《企業會計準則第 1 號——存貨》主要規範了存貨的確認、計量，發出存貨成本的確定以及存貨信息的披露等內容。

一、存貨的概念、特徵及種類

存貨在企業資產中佔有極為重要的地位，與其他資產相比具有較強的流動性和一定的時效性。存貨在企業的生產經營過程中，始終處於不斷地耗用、銷售和重置中。如果存貨長期不能耗用或銷售，就有可能變為積壓物資或需要降價銷售，從而給企業帶來損失，因此對存貨進行全面的核算尤為重要。

（一）存貨的概念

存貨是指企業在日常活動中持有以備出售的產品或商品、處在生產過程中的在產品、準備在生產過程或提供勞務過程中耗用的材料和物料等。這個定義強調企業持有存貨的目的是生產耗用或出售，而不是自用，這一特點明顯區別於固定資產、無形資產等非流動資產。

（二）存貨的特徵

（1）存貨是一種具有物質實體的有形資產。存貨包括了原材料、在產品、產成品及商品、週轉材料等各類具有物質實體的材料物資，因此有別於金融資產、無形資產等沒有實物形態的資產。

（2）存貨屬於流動資產，具有較強的流動性。存貨通常在一年或超過一年的一個營業週期內被銷售或耗用，並不斷地被週轉，因此屬於一項流動資產。

（3）存貨持有的目的是銷售或生產耗用。企業持有為了出售的存貨主要是指企業生產的產品或商品，企業持有的原材料是為了生產產品而耗用。企業在判斷一個資產項目是否屬於存貨時，應考慮持有資產的目的。例如，對生產銷售機器設備的企業來說，機器設備屬於存貨；而對使用機器設備進行產品生產的企業來說，機器設備屬於固定資產。

（4）存貨屬於非貨幣性資產，存在價值減損的可能性。存貨通常能夠在正常的生產經營過程中被銷售或耗用，並最終轉化為貨幣資金。但由於存貨的價值易受市場價格以及其他因素變動的影響，其能夠轉換的貨幣資金數額不是固定的，具有較大的不確定性。存貨也可能長期不能銷售或耗用，導致存貨積壓，給企業帶來損失。

（三）存貨的種類

存貨分佈於企業生產經營的各個環節，而且種類繁多、用途各異。不同行業的企業，由於經濟業務的具體內容各不相同，因此存貨的構成也不盡相同。例如，服務性企業的主要業務是提供勞務，其存貨以辦公用品、家具用具以及少量消耗性物料為主；商業企業的主要業務是商品購銷，其存貨以待銷售的商品為主，也包括少量週轉材料和其他物品；工業企業的主要業務是生產銷售產品，其存貨構成比較複雜，不僅包括各種將在生產經營過程中耗用的原材料、週轉材料，也包括仍然處於在生產過程中的在產品，還包括準備出售的產成品。以工業企業為例，存貨主要包括如下內容：

（1）原材料。原材料是指在生產過程中經加工改變其形態或性質並構成產品主要實體的各種原料及主要材料、輔助材料、外購半成品、修理用備件（備品備件）、包裝材料、燃料等。

（2）在產品。在產品是指仍處於生產過程中、尚未完工入庫的生產物，包括正處於各個生產工序尚未製造完成的在產品以及雖已製造完成但尚未辦理檢驗入庫的產成品。

（3）自制半成品。自制半成品是指在本企業已經過一定生產過程的加工並檢驗合格交付半成品倉庫保管，但尚未最終製造完成，仍需進一步加工的中間產品。

（4）產成品。產成品是指企業已經完成全部生產過程並驗收入庫，可以按照合同規定的條件送交訂貨單位，或者可以作為商品對外銷售的產品。

（5）外購商品。外購商品是指企業購入的不需要任何加工就可以對外銷售的商品。

（6）週轉材料。週轉材料是指企業能夠多次使用但不符合固定資產定義，不能確認為固定資產的各種材料，主要包括包裝物和低值易耗品。包裝物是指為了包裝本企業產品而儲備的各種包裝容器，如桶、箱、瓶、壇等，其主要作用是盛裝、裝潢產品。低值易耗品是指在使用過程中基本保持原有實務形態不變但單位價值相對較低、使用期限相對較短，因此不能確認為固定資產的各種用具物品。

二、存貨的確認條件與範圍

企業要把存貨錄入會計系統進行披露時，首先要確認存貨，在此前提下，應當同時滿足存貨確認的以下兩個條件，才能加以確認：

（一）與該存貨有關的經濟利益很可能流入企業

我們知道，資產最重要的特徵就是預期會給企業帶來經濟利益，而存貨作為企業的一項重要的流動資產，其確認的關鍵就是判斷存貨是否很可能給企業帶來經濟利益。通常存貨確認的一個重要標誌，就是企業是否擁有某項存貨的所有權，也就是說存貨所有權上的主要風險和報酬是否轉移。對銷售方來說，存貨所有權轉出一般可以表明其所包含的經濟利益已經流出企業；對購貨方而言，存貨所有權的轉入一般可以表明其所包含的經濟利益能夠流入企業。因此，確定企業存貨所應包括的範圍依據的一條基本原則就是凡是在盤存日期，其法定所有權屬於企業的一切存貨，不管其存放地點如何都屬於企業的存貨。

（二）存貨的成本能夠可靠計量

存貨作為資產的重要組成部分，在確認時必須符合資產確認的基本條件，即成本能夠可靠計量。成本能夠可靠計量是指成本的計量必須以取得確鑿、可靠的證據為依據，並且具有可驗證性。如果存貨成本不能可靠計量，存貨的價值就無法衡量，則存貨不能予以確認。

凡是符合存貨的定義並同時具備上述兩個條件的存貨，才可以在資產負債表上作為存貨項目加以列示。關於存貨範圍的確認需要說明以下幾點：

第一，關於代銷商品的歸屬。代銷商品（也稱委託銷售商品）是指一方委託另一方代其銷售的商品。從商品所有權的轉移來分析，代銷商品在售出以前，所有權

屬於委託方，受託方只是代對方銷售商品。因此，代銷商品應作為委託方的存貨處理。但是為了使受託方加強對代銷商品的核算和管理，《企業會計準則第1號——存貨》也要求受託方將其受託代銷商品納入帳內核算。

第二，關於在途商品等項目的處理。銷售方按銷售合同、協議規定已確認銷售（如已收到貨款等），而尚未發運給購貨方的商品，應作為購貨方的存貨而不應該再作為銷售方的存貨。購貨方已收到商品但尚未收到銷貨方結算發票等的商品，購貨方應作為其存貨處理。購貨方已經確認為購進（如已經付款）而尚未到達入庫的在途商品，購貨方應將其作為存貨處理。

第三，關於購貨約定問題。約定未來購入的商品，由於企業並沒有實際的購貨行為發生，因此不作為企業的存貨，也不確認有關的負債和費用。

第二節　存貨購進

存貨入帳價值的準確確定是存貨初始核算的一個重要內容，其確定的準確與否直接影響企業財務狀況和經營成果。按照《企業會計準則第1號——存貨》的規定，企業的各種存貨都應當將取得時實際投入或實際支付的現金等作為入帳價值，也就是存貨應當按照成本進行初始計量。存貨成本包括採購成本、加工成本和其他成本等。

不同的方式（途徑）形成的存貨，其入帳價值包括的內容不同。企業取得存貨的方式主要有購買、自制、接受投資者投入、盤盈、非貨幣性資產交換、債務重組等。存貨的會計處理方法有實際成本和計劃成本兩種方法，計劃成本通過企業管理當局按預先制定的成本對存貨的收發進行核算，計劃成本和實際成本的差異通過「材料成本差異」帳戶進行匯集和分配。鑒於對非會計專業教學的考慮，這裡我們只介紹實際成本下存貨的核算。

一、外購存貨的成本的確定

外購存貨的成本是指存貨從採購到入庫前所發生的全部支出，即採購成本，一般包括購買價款、相關稅費、保險費、運輸費、裝卸費、運輸途中的合理損耗、入庫前的整理挑選費用以及其他可歸屬於存貨採購成本的費用。

（1）購買價款是指企業購入的材料或商品的發票帳單上列明的金額，但不包括專用發票上註明的可以抵扣的增值稅稅額。

（2）相關稅費是指企業購買、自制或委託加工存貨發生的進口關稅和其他稅費。進口關稅是指從中華人民共和國境外購入的貨物和物品，根據稅法規定所繳的進口關稅；其他稅費是指企業購買原材料發生的消費稅、資源稅和不能從銷項稅額中抵扣的增值稅等。

（3）保險費是指企業在存貨的購買過程中發生的財產保險費等。

（4）運輸途中的合理損耗是指企業與供應或運輸部門簽訂的合同中規定的合理損耗或必要的自然損耗。

（5）入庫前的整理挑選費用是指購入的材料在入庫前需要挑選整理而發生的費

用，包括挑選過程中所發生的工資、費用支出和必要的損耗，但要扣除下腳料、殘料的價值。

（6）其他費用是指除了上述各項內容之外，可直接歸屬於材料採購成本的各種費用，如材料在採購過程中發生的倉儲費、包裝費等。

以上各種費用若能由某種材料負擔，可以直接計入該種材料的採購成本，不能分清的，應按材料的重量、買價等比例，採用一定的方法分配計入各種材料的採購成本。

應當注意的是，市內零星貨物運雜費、採購人員的差旅費、採購機構的經費以及供應部門經費等，一般不應當包括在存貨的採購成本中。

二、外購存貨的會計處理

企業原材料按實際成本核算應設置的主要帳戶有「原材料」帳戶、「在途物資」帳戶、「應付帳款」帳戶、「預付帳款」帳戶和「應付票據」帳戶等。其中，「原材料」帳戶是用來核算企業庫存材料實際成本的增減變動及結存情況的帳戶。其借方登記外購、自製、委託加工、盤盈等途徑取得的原材料實際成本的增加，貸方登記發出、領用、銷售、盤虧等方式減少的原材料實際成本，期末餘額在借方，表示庫存材料實際成本的期末結餘額。「原材料」帳戶應按照材料的保管地點或類別設置明細帳戶，進行明細核算。「在途物資」帳戶是用來核算企業已經購入但尚未到達或尚未驗收入庫材料實際成本的增減變動及其結餘情況，其借方登記已經購入但未到達或未入庫材料的買價和採購費用，貸方登記結轉驗收入庫材料的實際成本，期末餘額在借方，表示尚未驗收入庫材料的實際成本，即在途材料的實際成本。「在途物資」帳戶應按照供應單位名稱設置明細帳戶，進行明細核算。

企業從外部購入材料時，由於採用的結算方式和採購地點等不同，經常會出現收料和付款時間不一致的情況。此外，外購存貨還可能採用預付款購貨方式、賒購方式等。因此，企業外購存貨的帳務處理也有所區別，具體說明如下：

（一）存貨驗收入庫和貨款結算同時完成

材料和有關的結算憑證同時到達，企業應根據結算憑證、購貨發票、運費收據、收料單等憑證，對買價及採購費用等借記「原材料」帳戶，對購入材料的增值稅進項稅按照增值稅專用發票上的稅額借記「應交稅費——應交增值稅（進項稅額）」帳戶，按實際支付的貨款貸記「銀行存款」「其他貨幣資金」「應付票據」等帳戶。

【例6-1】興華公司20×8年6月向A公司購入一批原材料，增值稅專用發票上註明的材料價款為50,000元，增值稅進項稅額為6,500元。貨款已通過銀行轉帳支付，材料已驗收入庫。興華公司帳務處理如下：

借：原材料　　　　　　　　　　　　　　　　　　　　　50,000
　　應交稅費——應交增值稅（進項稅額）　　　　　　　 6,500
　貸：銀行存款　　　　　　　　　　　　　　　　　　　 56,500

（二）貨款已結算但存貨尚在運輸途中

在已經支付貨款或開出承兌商業匯票，但存貨尚在運輸途中或雖已運達但尚未驗收入庫的情況下，企業應於支付貨款或開出承兌商業匯票時，按發票帳單等結算憑證確定的存貨成本，借記「在途物資」科目，按增值稅專用發票上註明的增值稅

進項稅額，借記「應交稅費——應交增值稅（進項稅額）」科目，按實際支付的款項或應付票據的面值，貸記「銀行存款」「應付票據」等科目。待存貨運達企業並驗收入庫後，企業再根據有關驗貨憑證，借記「原材料」「週轉材料」「庫存商品」等存貨科目，貸記「在途物資」科目。

【例6-2】興華公司20×8年6月向B公司購入一批原材料，增值稅專用發票上註明的材料價款為30,000元，增值稅進項稅額為3,900元；同時，收到銷貨方代墊運雜費的發票，增值稅專用發票上註明金額2,000元，稅額180元。發票上貨款已通過銀行轉帳支付，材料尚在運輸途中。

(1) 支付貨款時，材料尚在運輸途中，興華公司帳務處理如下：
增值稅進項稅額＝3,900+180＝4,080（元）
原材料採購成本＝30,000+2,000＝32,000（元）

借：在途物資　　　　　　　　　　　　　　　　32,000
　　應交稅費——應交增值稅（進項稅額）　　　 4,080
　　貸：銀行存款　　　　　　　　　　　　　　　　　36,080

(2) 原材料運達企業，驗收入庫，興華公司帳務處理如下：
借：原材料　　　　　　　　　　　　　　　　　32,000
　　貸：在途物資　　　　　　　　　　　　　　　　　32,000

(三) 存貨已驗收入庫但貨款尚未結算

材料到達企業，但有關結算憑證等未到，對這種情況，企業在月內一般暫不入帳，待憑證到達之後再按前述情況入帳。如果到了月末，有關憑證仍未到達，為了使得帳實相符，全面反應企業的資產和負債，企業應按暫估價或按合同價借記「原材料」「庫存商品」等科目，貸記「應付帳款——暫估應付款」科目，下個月月初再編製相同的紅字憑證予以衝回。待有關結算憑證到達之後，再按當月收付款處理。

【例6-3】興華公司20×8年6月向C公司購入一批原材料並已驗收入庫，直到月末有關發票帳單等也未到達公司。該批材料的估計價款為310,000元。

由於材料已到達但發票帳單未到，因此興華公司在月末應按估價入帳，下個月月初再用紅字衝回。興華公司帳務處理如下：

(1) 驗收入庫不做處理，6月末估價入庫。
借：原材料　　　　　　　　　　　　　　　　　310,000
　　貸：應付帳款——暫估應付帳款　　　　　　　　　310,000

(2) 下月月初紅字衝回。
借：原材料　　　　　　　　　　　　　　　　　310,000
　　貸：應付帳款——暫估應付帳款　　　　　　　　　310,000

(3) 待發票帳單到達時結算並付款（發票上註明金額為320,000元，稅額41,600元）。
借：原材料　　　　　　　　　　　　　　　　　320,000
　　應交稅費——應交增值稅（進項稅額）　　　　41,600
　　貸：銀行存款　　　　　　　　　　　　　　　　　361,600

(四) 採用預付帳款方式購入存貨

企業在採用預付貨款方式購入存貨情況下，先預付貨款時，按照實際預付的金額，借記「預付帳款」科目，貸記「銀行存款」科目。預付貨款的材料到達企業時，企業根據供貨單位發來材料附帶的有關憑證，將材料的價款、稅款等與原預付款進行比較。如果原預付款大於材料的價款和稅款，企業收到材料時應借記「原材料」「應交稅費——應交增值稅（進項稅額）」科目，貸記「預付帳款」科目；收到供貨方退回來的貨款時，借記「銀行存款」科目，貸記「預付帳款」科目。如果原預付款小於材料的價款、稅款，企業收到材料時借記「原材料」「應交稅費——應交增值稅（進項稅額）」科目，貸記「預付帳款」科目。企業補付貨款時，借記「預付帳款」科目，貸記「銀行存款」科目。

【例6-4】興華公司20×8年6月向D公司採購原材料一批，6月10日預付D公司貨款50,000元。D公司於6月20日向興華公司交付所購材料，並開具了增值稅專用發票，材料價款為100,000元，增值稅進項稅為13,000元。6月25日，興華公司將應補付的貨款63,000元通過銀行轉帳支付。興華公司帳務處理如下：

(1) 6月10日，預付貨款時。

借：預付帳款　　　　　　　　　　　　　　　　　　50,000
　　貸：銀行存款　　　　　　　　　　　　　　　　　　50,000

(2) 6月20日，收到材料驗收入庫時。

借：原材料　　　　　　　　　　　　　　　　　　　100,000
　　應交稅費——應交增值稅（進項稅額）　　　　　　13,000
　　貸：預付帳款　　　　　　　　　　　　　　　　　113,000

(3) 6月25日，補付貨款時。

借：預付帳款　　　　　　　　　　　　　　　　　　63,000
　　貸：銀行存款　　　　　　　　　　　　　　　　　63,000

(五) 採用賒購方式購入存貨

企業在採用賒購方式購入存貨的情況下，應於存貨驗收入庫後，按照發票帳單等結算憑證確定的存貨成本，借記「原材料」「庫存商品」等科目，按增值稅專用發票上註明的增值稅進項稅額，借記「應交稅費——應交增值稅（進項稅額）」科目，按應付未付的貨款，貸記「應付帳款」科目；待支付款項或開出商業匯票後，再根據實際支付的貨款金額或應付票據面值，借記「應付帳款」科目，貸記「銀行存款」「應付票據」等科目。

【例6-5】興華公司20×8年6月向E公司採購原材料一批，取得對方開具的增值稅專用發票，上面註明材料價款為20,000元，增值稅進項稅額為2,600元。根據合同約定，興華公司下個月付款。興華公司帳務處理如下：

(1) 賒購材料，驗收入庫時。

借：原材料　　　　　　　　　　　　　　　　　　　20,000
　　應交稅費——應交增值稅（進項稅額）　　　　　　2,600
　　貸：應付帳款　　　　　　　　　　　　　　　　　22,600

(2) 下個月支付貨款時。
借：應付帳款　　　　　　　　　　　　　　　　22,600
　　貸：銀行存款　　　　　　　　　　　　　　　　22,600

三、外購存貨發生短缺的會計處理

企業在存貨採購過程中，如果發生了存貨短缺、毀損等情況，應及時查明原因，區別情況進行處理。

(1) 屬於運輸途中的合理損耗，企業應計入有關存貨的採購成本。

(2) 屬於供貨單位或運輸單位的責任造成的存貨短缺，企業應由責任人補足存貨或賠償貨款，不計入存貨的採購成本。

(3) 屬於自然災害或意外事故等非常原因造成的存貨毀損，企業在報經批准處理後，將扣除保險公司和過失人賠償後的淨損失，計入營業外支出。

尚待查明原因的短缺存貨，企業先將其成本轉入「待處理財產損溢」科目核算。待查明原因後，企業再按上述要求進行會計處理。上述短缺存貨涉及增值稅的，企業應進行相應處理。

第三節　存貨發出

企業的各種存貨形成之後，根據需要會陸續從倉庫發出，用於銷售或消耗，處於不斷的流轉過程中。因此，存貨的計量不僅包括形成存貨時入帳價值的確定問題，而且還涉及發出存貨的計價及會計期末結存存貨的計價問題。

一、存貨成本流轉假設

存貨流轉包括實物流轉和成本流轉兩個方面。從理論上說，存貨的成本流轉應當與實物流轉相一致，即取得存貨時確定的各項存貨入帳成本應當隨著該存貨的銷售或耗用而同步結轉。在會計實務中，由於存貨品種繁多，流進流出數量很大，而且同一存貨因不同時間、不同地點、不同方式取得而單位成本各有差異，很難保證存貨的成本流轉與實物流轉完全一致。因此，會計上可行的處理方法是，按照一個假定的成本流轉方式來確定發出存貨的成本，而不強求存貨的成本流轉與實物流轉相一致，這就是存貨成本流轉假設。

採用不同的存貨成本流轉假設在期末結存存貨與本期發出存貨之間分配存貨成本，就產生了不同的存貨計價方法，如個別計價法、先進先出法、月末一次加權平均法、移動加權平均法、後進先出法等。由於不同的存貨計價方法得出的計價結果各不相同，因此存貨計價方法的選擇將對企業的財務狀況和經營成果產生一定的影響。其主要體現在以下三個方面：

(1) 存貨計價方法對損益計算有直接影響。如果期末存貨計價過低，就會低估當期收益，反之則會高估當期收益；如果期初存貨計價過低，就會高估當期收益，反之則會低估當期收益。

(2) 存貨計價方法對資產負債表有關項目數額的計算有直接影響，包括流動資產總額、所有者權益等項目。

(3) 存貨計價方法對應交所得稅數額的計算有一定的影響。

二、發出存貨的計價方法

發出存貨的計價實際上是在發出存貨和庫存存貨（未發出存貨）之間分配成本的問題。按照國際慣例，結合中國實際情況，《企業會計準則第 1 號——存貨》規定，對於發出的存貨，按照實際成本核算的，可以採用先進先出法、月末一次加權平均法、移動加權平均法和個別計價法等方法確定其實際成本；當期末結存存貨的實際成本偏離市價時，可以採用成本與市價孰低法對那些成本高於市價的存貨，計提存貨跌價準備。對發出存貨採用計劃成本核算的，企業應在會計期末結轉應負擔的成本差異，從而將發出存貨的計劃成本調整為實際成本。關於存貨按實際成本計價的幾種主要的方法，介紹如下：

（一）先進先出法

先進先出法是指在發出存貨時，根據存貨入庫的先後順序，按照先入庫存貨的單位成本確定發出存貨成本的一種方法，也就是假定最先入庫的存貨最先發出。其具體操作過程是：最先發出存貨的成本按照第一批入庫存貨的成本確定，第一批存貨發完後，再按第二批存貨的成本計價，以此類推。採用先進先出法對存貨進行計價，可以將發出存貨的計價工作分散在平時進行，減輕了月末的計算工作量，既適用於實地盤存制，也適用於永續盤存制，而且可以隨時瞭解儲備資金的佔用情況，期末結存存貨成本比較接近於現行成本水準，更具有財務分析意義。但是，當企業的存貨種類較多，收發次數比較頻繁且單位成本又各不相同時，其計算的工作量就比較大。另外，先進先出法不是以現行成本與現行收入相配比，因此當物價上漲時，該方法會高估企業本期利潤和期末存貨的價值，造成企業虛增利潤，不利於資本的保全，顯然違背了謹慎性原則的要求。先進先出法下計算發出存貨和結存存貨成本的公式如下：

發出存貨成本＝發出存貨數量×先入庫存貨的單位成本

期末結存存貨成本＝期初結存存貨成本＋本期入庫存貨成本－本期發出出貨成本

（二）月末一次加權平均法

月末一次加權平均法是以期初結存存貨成本與本月入庫存貨成本之和除以期初結存存貨數量與本期入庫存貨數量之和確定的存貨平均單位成本為依據計算發出存貨成本的一種方法。採用月末一次加權平均法計算發出存貨的成本，只有在月末才能計算出加權平均單位成本，因此平時的核算工作比較簡單，但月末的核算工作量比較大，可能會影響有關成本計算的及時性，也不能隨時從帳簿中觀察到各種存貨的發出和結存情況，不便於對存貨佔用資金的日常管理。月末一次加權平均法下有關計算公式如下：

加權平均單位成本＝（月初結存存貨成本＋本月收入存貨成本）÷（月初結存存貨數量＋本期收入存貨數量）

發出存貨的實際成本＝發出存貨的數量×存貨加權平均單位成本

期末結存存貨的成本＝期末結存存貨的數量×存貨加權平均單位成本
＝期初結存存貨成本＋本期入庫存貨成本－本期發出存貨成本

（三）移動加權平均法

移動加權平均法，是指平時每入庫一批存貨，就以原有存貨數量和本批入庫存貨數量為權數，計算一個加權平均單位成本，據以對其後發出存貨進行計價的一種方法。此種方法在計算機操作下很容易實現。

（四）個別計價法

個別計價法是指把某批存貨的實際成本作為發出存貨的單位成本，計算發出存貨成本的一種方法。這種方法的成本流轉和實物流轉一致，各種存貨必須是可以具體辨認的，而且各種存貨都要有入庫時的詳細記錄。這種方法一般來說適用於為某一特定項目專門購入並單獨保管的存貨，而不能用於可以互換使用的存貨。

以下舉例說明幾種主要的存貨計價方法的計算過程。

【例6-6】興華公司20×8年4月1日結存甲材料1,700件，單位成本24元；4月5日入庫甲材料1,000件，單位成本26元；4月12日發出甲材料2,000件；4月16日入庫甲材料2,400件，單位成本28元；4月22日發出甲材料1,360件。興華公司分別採用先進先出法、月末一次加權平均法計算4月發出甲材料的成本和4月末結存甲材料的成本。其計算過程及結果如下：

（1）先進先出法。

發出甲材料的成本＝（1,700×24＋300×26）＋（700×26＋660×28）＝85,280（元）

月末結存甲材料的成本＝1,700×24＋（1,000×26＋2,400×28）－85,280＝48,720（元）

（2）月末一次加權平均法。

加權平均單位成本＝$\dfrac{1,700\times24+1,000\times26+2,400\times28}{1,700+1,000+2,400}$＝26.27（元）

發出甲材料成本＝26.27×3,360＝88,267.20（元）

月末結存甲材料的成本＝期初結存存貨成本＋本期收入存貨成本－本期發出存貨成本＝1,700×24＋（1,000×26＋2,400×28）－88,267.2＝45,732.80（元）

三、發出存貨的會計處理

按照上述發出存貨的計價方法和發出存貨數量的確定方法，企業就可以確定發出存貨的成本，並按發出存貨的不同用途，分別在不同的帳戶中進行核算。

企業生產經營領用原材料時，借記「生產成本」「製造費用」「管理費用」等帳戶，貸記「原材料」帳戶；在建工程或福利部門領用原材料時，借記「在建工程」「應付職工薪酬」等帳戶，貸記「原材料」等帳戶。企業出售原材料時，借記「銀行存款」「其他應收款」等帳戶，貸記「其他業務收入」「應交稅費——應交增值稅（銷項稅額）」帳戶；結轉出售原材料成本時，借記「其他業務成本」帳戶，貸記「原材料」帳戶。

企業發出包裝物等週轉材料用於生產、出售、出租、出借時，借記「生產成本」「銷售費用」（隨同產品出售不單獨計價、出借）、「其他業務成本」（隨同產品

出售單獨計價、出租）等科目，貸記「週轉材料」科目。

企業存貨如果按計劃成本核算，在月末時應將計劃成本調整為實際成本，按不同用途存貨的計劃成本結合本月差異率或上月差異率計算確定各自應負擔的差異額，如果是超支差異額，則借記「生產成本」「製造費用」「管理費用」等有關科目，貸記「材料成本差異」科目；如果是節約差異額，則借記「材料成本差異」科目，貸記前述有關科目。

【例6-7】興華公司20×8年6月領用材料情況如下：生產A產品領用原材料925,000元，生產B產品領用原材料160,000元，車間一般性耗用原材料40,000元，原材料按實際成本核算。興華公司帳務處理如下：

借：生產成本——A產品　　　　　　　　　　　925,000
　　生產成本——B產品　　　　　　　　　　　160,000
　　製造費用　　　　　　　　　　　　　　　　 40,000
　貸：原材料　　　　　　　　　　　　　　　 1,125,000

【例6-8】興華公司20×8年6月為進行固定資產機器設備安裝工程領用生產用原材料70,000元。興華公司帳務處理如下：

借：在建工程　　　　　　　　　　　　　　　　70,000
　貸：原材料　　　　　　　　　　　　　　　　70,000

【例6-9】興華公司20×8年6月銷售一批原材料，售價60,000元，增值稅7,800元，款項存入銀行。該批材料的成本為40,000元。興華公司帳務處理如下：

借：銀行存款　　　　　　　　　　　　　　　　67,800
　貸：其他業務收入　　　　　　　　　　　　　60,000
　　　應交稅費——應交增值稅（銷項稅額）　　　7,800
借：其他業務成本　　　　　　　　　　　　　　40,000
　貸：原材料　　　　　　　　　　　　　　　　40,000

第四節　存貨清查

一、存貨結存數量的確定方法

企業在經營過程中，將發出或結存存貨的成本作為一種費用成本或庫存資產進行核算時，其一般的表達式為單位成本乘以發出或結存存貨的數量。該式中單位成本的確定方法在上一節已經做了相應的介紹，因此本節介紹確定發出和結存存貨數量的兩種盤存制度，即永續盤存制和實地盤存制，以便於根據不同的盤存制度採取相應的方法確定發出存貨的數量。

（一）永續盤存制

永續盤存制又稱帳面盤存制，是指在會計核算過程中，對於各種存貨平時根據有關的憑證，按其數量在存貨明細帳中既登記存貨的收入數，又登記存貨的發出數，可以隨時根據帳面記錄確定存貨結存數的制度。在永續盤存制下確定存貨數量的計

算公式是：

期末結存存貨數量＝期初結存存貨數量＋本期入庫存貨數量－本期發出存貨數量

採用永續盤存制確定存貨的數量，要求建立、健全存貨的收入、發出的規章制度，隨時在有關帳面上能夠瞭解到存貨的收入、發出以及結存的信息，並保證這些信息的準確無誤，因此就應該對存貨進行定期或不定期的清查盤點，以確定帳實是否相符。這種盤存制度核算手續比較嚴密，在一定程度上能起到防止差錯、提供全面資料、便於加強管理和保護存貨安全完整的作用。通過存貨明細帳所提供的結存數，企業可以隨時與預定的最高、最低庫存限額進行比較，發出庫存積壓或不足的信號，以便及時處理，加速資金週轉。但是，在這種方法下，存貨明細帳核算工作量較大，同時還可能出現帳面記錄和實際不符的情況，為此就要對存貨進行定期或不定期的核對，以查明存貨帳實是否相符。

（二）實地盤存制

實地盤存制又稱以存計耗制或以存計消制，是指在會計核算過程中，對於各種存貨，平時只登記其收入數，不登記其發出數，會計期末通過實地盤點確定實際盤存數，倒推計算本期發出存貨數量的一種方法。實地盤存制有關的計算公式如下：

期初結存存貨＋本期收入存貨＝本期耗用或銷售存貨＋期末結存存貨

期末結存存貨成本＝實際庫存數量×存貨單位成本

實際庫存數量＝實地盤點數量＋已計提未銷售數量－已銷售未計提數量＋在途數量

本期發出存貨成本＝期初結存存貨成本＋本期收入存貨成本－期末結存存貨成本

企業採用實地盤存制，將期末存貨實地盤存的結果作為計算本期發出存貨數量的依據，平時不需要對發出的存貨進行登記，應該說核算手續比較簡單。但是，採用這種計算方法，無法根據帳面記錄隨時瞭解存貨的發出和結存情況，由於是以存計銷或以存計耗倒算發出存貨成本，必然將非銷售或非生產耗用的損耗、短缺或貪污盜竊造成的損失，全部混進銷售或耗用的成本之中，這顯然是不合理的，也不利於對存貨進行日常的管理和控制。同時，在存貨品種、規格繁多的情況下，對存貨進行實地盤點需要消耗較多的人力、物力，影響正常的生產經營活動，造成浪費，因此這種方法一般適用於存貨品種規格繁多且價值較低的企業，尤其適用於自然損耗大、數量不易準確確定的存貨。

我們可以看出，無論是永續盤存制還是實地盤存制，都要每年至少對存貨進行一次實物盤點，因此在實際工作中一個企業往往不是單一地使用永續盤存制或實地盤存制，更為實際的選擇是在永續盤存制的基礎上對存貨進行定期盤存，把兩種盤存制度結合使用，使之優勢互補。

二、存貨清查結果的會計處理

為了完成企業的正常生產、經營業務，企業需要持有各種各樣的存貨，而且有些存貨的收發還非常頻繁，因此在各種存貨的收發、計量和核算過程中難免發生差錯、自然損耗、丟失、被盜等問題，這些問題會導致存貨的盤盈或盤虧，出現帳實不符。為了保證存貨的真實性、完整性，做到隨時隨地帳實相符，企業就必須對存

貨進行清查。

按照《企業會計準則第 1 號——存貨》的規定，企業的存貨應當定期、不定期地進行盤點，每年至少一次。企業應當採用實地盤點法對存貨進行清查。在具體實地盤點之前，企業應根據存貨的收發憑證將存貨的全部收發業務計入存貨明細帳，經過稽核計算出餘額，並將帳面存貨數量填入存貨盤點表，在盤點時應根據各類存貨的不同性質，分別採用點數、過磅、丈量等方法點清實際結存數，並將其填入存貨盤點表。

存貨的清查結果可能帳存與實存相符，也可能不符。造成帳實不符的原因有兩方面：一是記帳有誤；二是發生盤盈（實存大於帳存）或盤虧（實存小於帳存）。對記帳錯誤，企業可以按照規定的錯帳更正方法進行更正。對存貨的盤盈、盤虧，企業應根據存貨盤存單、存貨盤虧報告單（實存帳存對比表）進行相關的處理，以保證帳實相符，報經有關部門批准後，再進行批准後的會計處理。

對存貨盤盈、盤虧的結果進行處理時，企業需要通過「待處理財產損溢」帳戶下設「待處理流動資產損溢」明細帳戶進行核算。該帳戶的借方登記清查時的盤虧數、毀損數及報經批准後盤盈的轉銷數，貸方登記清查時的盤盈數及報經批准後盤虧的轉銷數。盤盈的存貨，按其重置成本或計劃成本，借記「原材料」等科目，貸記「待處理財產損溢——待處理流動資產損溢」科目；盤虧的存貨，按其實際成本或計劃成本，借記「待處理財產損溢——待處理流動資產損溢」科目，貸記「原材料」等科目（為簡化，這裡沒有考慮增值稅）。

若存貨清查結果與帳面記錄不符，企業應於會計期末前查明原因，並根據企業的管理權限，經企業股東大會、董事會、經理（廠長）會議或類似機構批准後，在期末結帳前處理完畢。盤盈的存貨應衝減當期的管理費用。盤虧的存貨在減去過失人或保險公司等賠償款和殘料價值之後，計入當期的管理費用；屬於非常損失的，計入營業外支出。

企業按照規定程序批准轉銷盤盈存貨價值時，應借記「待處理財產損溢——待處理流動資產損溢」科目，貸記「管理費用」科目；按規定程序批准轉銷盤虧存貨價值時，根據導致存貨盤虧的不同原因，分別借記「管理費用」科目（自然損耗、管理不善、收發計量不準確等）、「其他應收款」科目（責任人賠償或保險賠償）、「營業外支出」科目（非常損失）等，貸記「待處理財產損溢——待處理流動資產損溢」科目。

盤盈或盤虧的存貨如果在會計期末結帳前尚未報經批准的，應在對外提供財務會計報告時先按規定進行處理，並在財務報表附註中做出說明；如果其後批准處理的金額與已處理的金額不一致，應按其差額調整財務報表相關項目的年初數。

以下我們以實際成本核算為例，說明存貨清查結果的處理過程。

【例 6-10】興華公司在財產清查中發現一批帳外原材料 4,360 千克，實際總成本為 65,200 元。其批准前後的帳務處理如下：

（1）批准前的帳務處理。

借：原材料　　　　　　　　　　　　　　　　　　　　　65,200
　　貸：待處理財產損溢——待處理流動資產損溢　　　　　　　65,200

(2) 批准後的帳務處理。
借：待處理財產損溢——待處理流動資產損溢 65,200
　貸：管理費用 65,200

【例題6-11】興華公司在財產清查中發現一批原材料盤虧，其帳面計量的實際成本為140,000元，增值稅為18,200元。經查造成盤虧的原因是收發計量不準確。其批准前後的帳務處理如下：

(1) 批准前的帳務處理。
借：待處理財產損溢——待處理流動資產損溢 158,200
　貸：原材料 140,000
　　　應交稅費——應交增值稅（進項稅額轉出） 18,200

(2) 批准後的帳務處理。
借：管理費用 158,200
　貸：待處理財產損溢——待處理流動資產損溢 158,200

【例6-12】興華公司在財產清查過程中發現一批原材料盤虧（不考慮增值稅），價值52,000元。經查是由於自然災害造成的，保險公司應給予的賠償款核定為30,000元。其批准前後的帳務處理如下：

(1) 批准前的帳務處理。
借：待處理財產損溢——待處理流動資產損溢 520,000
　貸：原材料 520,000

(2) 批准後的帳務處理。
借：營業外支出 22,000
　　其他應收款 30,000
　貸：待處理財產損溢——待處理流動資產損溢 52,000

【例6-13】興華公司在清查過程中發現一批原材料盤虧，價值3,000元。經查是保管人員工作失職造成的。其批准前後的帳務處理如下：

(1) 批准前的帳務處理。
借：待處理財產損溢——待處理流動資產損溢 3,390
　貸：原材料 3,000
　　　應交稅費——應交增值稅（進項稅額轉出） 390

(2) 批准後的帳務處理。
借：其他應收款——保管員 3,390
　貸：待處理財產損溢——待處理流動資產損溢 3,390

【本章小結】

本章主要介紹了存貨的概念、特徵及種類，存貨的確認條件與範圍；存貨購進；存貨發出；存貨清查。

【主要概念】

存貨；實際成本法；永續盤存制；實地盤存制；先進先出法；加權平均法。

【簡答題】

　　1. 什麼是存貨？存貨有哪些特徵？試以你所瞭解的某個企業為例，具體說明哪些內容構成該企業的存貨。

　　2. 企業外購存貨的採購成本包括哪些內容？

　　3. 什麼是永續盤存制？永續盤存制下如何確定發出存貨和結存存貨的成本？

　　4. 什麼是實地盤存制？實地盤存制下如何確定發出存貨和結存存貨的成本？

　　5. 企業發出存貨可以採用哪些不同的計價方法？不同的計價方法對企業的財務狀況和經營成果有哪些影響？

第七章
金融資產與投資

【學習目標】

知識目標：理解交易性金融資產、以攤餘成本計量的金融資產、以公允價值計量且其變動計入其他綜合收益的金融資產以及長期股權投資的概念。

技能目標：能對各類金融資產和投資進行會計核算，包括初始確認和後續確認計量。

能力目標：能區分各類金融資產，對金融資產進行合理分類。

【知識點】

交易性金融資產、債權投資、可供出售金融資產、長期股權投資、權益法、成本法等。

【篇頭案例】

天海公司是一家綜合性商貿集團公司，公司註冊資本為人民幣4,500萬元，資產總值為8,000萬元，下屬有一個控股的電器銷售公司和一個大型超市，投資比例均在50%以上。2020年年初在投資顧問的建議下，天海公司以一部分閒置資金購買二級市場上的股票，該股票可以隨時在證券市場上進行交易；購入某公司發行的可轉換3年期債券；購入國家發行的3年期國債。以上投入，每年都可以獲得相應回報。

從該案例我們知道，天海公司為了合理地使用資金，使其發揮最大的效用，除了加強資金的有效管理外，還將閒置資金投資在其他單位的經營活動中，以獲得最大經濟效益。

思考：作為一名財務人員，你認為天海公司所進行的以上活動屬於什麼活動？該項活動有什麼特點？對企業經濟活動有什麼影響？為什麼？

第一節 投資及其分類

一、投資的內容

企業除了從事自身的生產經營活動外，還可以通過對外投資獲得利益，以實現

其經營目標。對外投資是指企業為通過分配來增加財富，或者為謀求其他利益而將資產讓渡給其他單位獲得的另一項資產。

企業對外投資可以按不同的標準進行分類，如按照投資方式可以分為直接投資和間接投資，按照投資期限可以分為短期投資和長期投資，按照投資性質可以分為股權投資和債權投資。

企業的對外投資形成的資產屬於金融資產的範疇。在企業會計準則中，規範對外投資形成的金融資產的會計準則主要有《企業會計準則第22號——金融工具確認和計量》和《企業會計準則第2號——長期股權投資》。本章有關對外投資的內容，主要以上述兩個會計準則為依據，分別介紹《企業會計準則第22號——金融工具確認和計量》所規範的金融資產（本章以下所稱的金融資產）和《企業會計準則第2號——長期股權投資》所規範的長期股權投資。

二、金融資產的分類

企業應當根據其管理金融資產的業務模式和金融資產的合同現金流量特徵，將取得的金融資產在初始確認時劃分為以攤餘成本計量的金融資產、以公允價值計量且其變動計入其他綜合收益的金融資產和以公允價值計量且其變動計入當期損益的金融資產三類。

（一）以攤餘成本計量的金融資產

金融資產同時符合下列條件的，應當分類為以攤餘成本計量的金融資產：

（1）企業管理該金融資產的業務模式是以收取合同現金流量為目標。

（2）該金融資產的合同條款規定，在特定日期產生的現金流量，僅為對本金和以未償付本金金額為基礎的利息的支付。

例如，企業持有的公司債券、政府債券等金融資產，其合同現金流量特徵一般僅為對本金和以未償付本金金額為基礎的利息的支付，如果企業管理這些金融資產的業務模式是以收取合同現金流量為目標，則應分類為以攤餘成本計量的金融資產。此外，企業的應收款項、應收票據等金融資產通常也都能夠同時滿足分類為以攤餘成本計量的金融資產的條件。

在會計處理上，以攤餘成本計量的金融資產具體可以劃分為債權投資和應收款項兩部分。其中，債權投資應當通過「債權投資」帳戶進行核算，應收款項應當分別通過「應收帳款」「應收票據」「其他應收款」等帳戶進行核算。由於應收款項並不屬於對外投資的範疇，並且在前面已經做了專門介紹，因此本章以下所述以攤餘成本計量的金融資產只包括債權投資。

（二）以公允價值計量且其變動計入其他綜合收益的金融資產

金融資產同時符合下列條件的，應當分類為以公允價值計量且其變動計入其他綜合收益的金融資產：

（1）企業管理該金融資產的業務模式既以收取合同現金流量為目標又以出售該金融資產為目標。

（2）該金融資產的合同條款規定，在特定日期產生的現金流量，僅為對本金和以未償付本金金額為基礎的利息的支付。

企業分類為以公允價值計量且其變動計入其他綜合收益的金融資產和分類為以攤餘成本計量的金融資產所要求的合同現金流量特徵是相同的,兩者的區別僅在於企業管理金融資產的業務模式不盡相同。例如,企業持有的公司債券、政府債券等金融資產,如果企業管理這些金融資產的業務模式既以收取合同現金流量為目標又以出售該金融資產為目標,則應分類為以公允價值計量且其變動計入其他綜合收益的金融資產。

企業持有的權益工具投資,通常只能分類為以公允價值計量且其變動計入當期損益的金融資產。但企業持有的非交易性權益工具投資,在初始確認時可以指定為以公允價值計量且其變動計入其他綜合收益的金融資產。該指定一經做出,不得撤銷。

在會計處理上,以公允價值計量且其變動計入其他綜合收益的金融資產,應當通過「其他債權投資」帳戶進行核算;指定為以公允價值計量且其變動計入其他綜合收益的非交易性權益工具投資,應當通過「其他權益工具投資」帳戶進行核算。

(三) 以公允價值計量且其變動計入當期損益的金融資產

企業持有的分類為以攤餘成本計量的金融資產和以公允價值計量且其變動計入其他綜合收益的金融資產之外的金融資產,應當分類為以公允價值計量且其變動計入當期損益的金融資產,主要包括交易性金融資產和指定為以公允價值計量且其變動計入當期損益的金融資產。

1. 交易性金融資產

金融資產滿足下列條件之一的,表明企業持有該金融資產的目的是交易性的:

(1) 取得相關金融資產的目的主要是近期出售。

(2) 相關金融資產在初始確認時屬於集中管理的可辨認金融工具組合的一部分,且有客觀證據表明近期實際存在短期獲利模式。

(3) 相關金融資產屬於衍生工具,但符合財務擔保合同定義的衍生工具以及被指定為有效套期工具的衍生工具除外。

2. 指定為以公允價值計量且其變動計入當期損益的金融資產

在初始確認時,如果能夠消除或顯著減少會計錯配,企業可以將金融資產指定為以公允價值計量且其變動計入當期損益的金融資產。該指定一經做出,不得撤銷。

在會計處理上,交易性金融資產和指定為以公允價值計量且其變動計入當期損益的金融資產,應當通過「交易性金融資產」帳戶進行核算。

三、長期股權資的分類

長期股權投資是指投資方對被投資方能夠實施控制或具有重大影響的權益性投資以及對其合營企業的權益性投資。因此,長期股權投資按照對被投資方施加影響的程度,可以分為能夠實施控制的權益性投資、具有重大影響的權益性投資和對合營企業的權益性投資。

1. 能夠實施控制的權益性投資

控制是指投資方擁有對被投資方的權力,通過參與被投資方的相關活動而享有可變回報,並且有能力運用對被投資方的權力影響其回報金額。

投資方能夠對被投資方實施控制的，被投資方為其子公司，投資方應當將其子公司納入合併財務報表的範圍。

2. 具有重大影響的權益性投資

重大影響是指投資方對被投資方的財務和經營政策有參與決策的權力，但並不能夠控制或與其他方一起共同控制這些政策的制定。

投資方能夠對被投資方施加重大影響的，被投資方為其聯營企業。

3. 對合營企業的權益性投資

合營安排是指一項由兩個或兩個以上的參與方共同控制的安排。共同控制是指按照相關約定對某項安排所共有的控制，並且該安排的相關活動必須經過分享控制權的參與方一致同意後才能決策。

合營安排可以分為共同經營和合營企業。共同經營是指合營方享有該安排相關資產且承擔該安排相關負債的合營安排；合營企業是指合營方僅對該安排的淨資產享有權利的合營安排。

長期股權投資僅指對合營安排享有共同控制的參與方（合營方）對其合營企業的權益性投資，不包括對合營安排不享有共同控制的參與方的權益性投資，也不包括共同經營。

第二節　交易性金融資產

一、交易性金融資產的含義

交易性金融資產主要是指企業為了近期內出售而持有的金融資產，如企業以賺取差價為目的從二級市場上購買的股票、債券、基金等。

另外，指定為以公允價值計量且其變動計入當期損益的金融資產，一般是指該金融資產不滿足確認為交易性金融資產的條件時，企業仍可以在符合某些特定條件的情況下將其指定為按公允價值計量，並將公允價值變動計入當期損益。通常情況下，只有直接指定能夠產生更相關的會計信息時企業才能將某項金融資產指定為以公允價值計量且其變動計入當期損益的金融資產。

企業應設置「交易性金融資產」帳戶，核算以交易為目的而持有的股票投資、債券投資、基金投資等交易性金融資產的公允價值，並按照交易性金融資產的類別和品種設置「成本」「公允價值變動」進行明細核算。其中，「成本」明細帳戶反應交易性金融資產的初始入帳金額；「公允價值變動」明細帳戶反應交易性金融資產在持有期間的公允價值變動金額。需要注意的是，企業持有的指定為以公允價值計量且其變動計入當期損益的金融資產，也通過「交易性金融資產」帳戶核算，不單獨設置會計帳戶核算。

二、交易性金融資產的取得

交易性金融資產應當把取得時的公允價值作為初始入帳金額，相關的交易費用

在發生時直接計入當期損益。其中，交易費用是指可直接歸屬於購買、發行或處置金融工具新增的外部費用，主要包括支付給代理機構、諮詢公司、券商等的手續費和佣金及其他必要支出，但不包括債券溢價、折價、融資費用、內部管理成本以及其他與交易不直接相關的費用。企業為發行金融工具所發生的差旅費等，不屬於交易費用。

企業取得交易性金融資產所支付的價款中，如果包含已宣告但尚未發放的現金股利或已到付息期但尚未領取的債券利息，性質上屬於暫付應收款，應單獨確認為應收項目，不計入交易性金融資產的初始入帳金額。

【例7-1】2×18年1月10日，興華公司按每股6.50元的價格從二級市場上購入A公司每股面值為1元的股票50,000股作為交易性金融資產，並支付交易費用1,200元。興華公司財務處理如下：

初始入帳金額＝6.50×50,000＝325,000（元）

借：交易性金融資產——A公司股票（成本）　　　　　325,000
　　投資收益　　　　　　　　　　　　　　　　　　　　1,200
　　貸：銀行存款　　　　　　　　　　　　　　　　　　326,200

【例7-2】2×18年3月25日，興華公司按每股8.6元的價格從二級市場購入B公司每股面值1元的股票30,000股作為交易性金融資產，並支付交易費用1,000元。股票購買價格中包含每股0.20元已宣告但尚未發放的現金股利，該現金股利於2×18年4月20日發放。興華公司財務處理如下：

（1）2×18年3月25日，購入B公司股票。

初始入帳金額＝（8.60-0.20）×30,000＝252,000（元）
應收現金股利＝0.20×30,000＝6,000（元）

借：交易性金融資產——B公司股票（成本）　　　　　252,000
　　應收股利　　　　　　　　　　　　　　　　　　　6,000
　　投資收益　　　　　　　　　　　　　　　　　　　1,000
　　貸：銀行存款　　　　　　　　　　　　　　　　　259,000

（2）2×18年4月20日，收到發放的現金股利。興華公司財務處理如下：

借：銀行存款　　　　　　　　　　　　　　　　　　　6,000
　　貸：應收股利　　　　　　　　　　　　　　　　　6,000

【例7-3】2×18年7月1日，興華公司支付價款86,800元，從二級市場購入甲公司於2×18年7月1日發行的面值80,000元、期限5年、票面利率6%、每年6月30日付息、到期還本的債券作為交易性金融資產，並支付交易費用300元。債券購買價格中包含已到付息期但尚未領取的利息4,800元。

（1）2×18年7月1日，購入甲公司債券。

初始入帳金額＝86,800-4,800＝82,000（元）

借：交易性金融資產——甲公司債券（成本）　　　　　82,000
　　應收利息　　　　　　　　　　　　　　　　　　　4,800
　　投資收益　　　　　　　　　　　　　　　　　　　300
　　貸：銀行存款　　　　　　　　　　　　　　　　　87,100

（2）收到甲公司支付的債券利息。
借：銀行存款　　　　　　　　　　　　　　　4,800
　　貸：應收利息　　　　　　　　　　　　　　　　　4,800

三、交易性金融資產持有期間的會計處理

（一）現金股利或債券利息收益的確認

企業取得債券並分類為以公允價值計量且其變動計入當期損益的金融資產，在持有期間，應於每一資產負債表日或付息日計提債券利息，計入當期投資收益。企業取得股票並分類為以公允價值計量且其變動計入當期損益的金融資產，在持有期間，只有在同時符合下列條件時才能確認股利收入並計入當期投資收益：

（1）企業收取股利的權利已經確立。
（2）與股利相關的經濟利益很可能流入企業。
（3）股利的金額能夠可靠計量。

【例7-4】接【例7-1】，興華公司持有 A 公司股票 50,000 股。2×18 年 3 月 20 日，A 公司宣告 2×17 年度利潤分配方案，每股分派現金股利 0.3 元，並於 2×18 年 4 月 15 日發放。興華公司帳務處理如下：

（1）2×18 年 3 月 20 日，A 公司宣告分派現金股利。
應收現金股利 = 0.30×50,000 = 15,000（元）
借：應收股利　　　　　　　　　　　　　　　15,000
　　貸：投資收益　　　　　　　　　　　　　　　　15,000

（2）2×18 年 4 月 15 日，興華公司收到 A 公司派發的現金股利。
借：銀行存款　　　　　　　　　　　　　　　15,000
　　貸：應收股利　　　　　　　　　　　　　　　　15,000

【例7-5】接【例7-3】，2×18 年 12 月 31 日，興華公司對持有的面值 80,000 元、期限 5 年、票面利率 6%、每年 6 月 30 日付息的甲公司債券計提利息。興華公司帳務處理如下：

應收債券利息 = 80,000×6%×1/2 = 2,400（元）
借：應收利息　　　　　　　　　　　　　　　2,400
　　貸：投資收益　　　　　　　　　　　　　　　　2,400

（二）交易性金融資產的期末計量

交易性金融資產取得時，是按公允價值入帳的，反應了企業取得交易性金融資產的實際成本，但交易性金融資產的公允價值是不斷變化的，會計期末的公允價值則代表了交易性金融資產的現時價值。根據企業會計準則的規定，資產負債表日交易性金融資產應按公允價值反應，公允價值的變動計入當期損益。

資產負債表日交易性金融資產的公允價值高於其帳面餘額時，應按兩者之間的差額，調增交易性金融資產的帳面餘額，同時確認公允價值上升的收益；交易性金融資產的公允價值低於其帳面餘額時，應按兩者之間的差額，調減交易性金融資產的帳面餘額，同時確認公允價值下跌的損失。

【例7-6】興華公司每年 12 月 31 日對持有的交易性金融資產按公允價值進行後

續計量,確認公允價值變動損益。2×18年12月31日,興華公司持有的交易性金融資產帳面餘額和當日公允價值資料,如表7-1所示。

表7-1 交易性金融資產帳面餘額和公允價值表

2×18年12月31日　　　　　　　　　　　　　單位:元

交易性金融資產項目	調整前帳面餘額	期末公允價值	公允價值變動損益	調整後帳面餘額
A公司股票	325,000	260,000	-65,000	260,000
B公司債券	252,000	297,000	45,000	297,000
甲公司債券	82,000	85,000	3,000	85,000

根據表7-1的資料,興華公司2×18年12月31日確認公允價值變動損益的帳務處理如下:

借:公允價值變動損益　　　　　　　　　　　　　　　65,000
　　貸:交易性金融資產——A公司股票(公允價值變動)　　65,000
借:交易性金融資產——B公司股票(公允價值變動)　　45,000
　　貸:公允價值變動損益　　　　　　　　　　　　　　　45,000
借:交易性金融資產——甲公司債券(公允價值變動)　　3,000
　　貸:公允價值變動損益　　　　　　　　　　　　　　　3,000

四、交易性金融資產的處置

企業處置交易性金融資產的主要會計問題是正確確認處置損益。交易性金融資產的處置損益是指處置交易性金融資產實際收到的價款,減去所處置交易性金融資產帳面餘額後的差額。其中,交易性金融資產的帳面餘額是指交易性金融資產的初始入帳金額加上或減去資產負債表日累計公允價值變動後的金額。如果在處置交易性金融資產時,企業已計入應收項目的現金股利或債券利息尚未收回,還應從處置價款中扣除該部分現金股利或債券利息之後,確認處置損益。

【例7-7】接【例7-1】和【例7-6】,2×19年2月20日,興華公司將持有的A公司股票售出,實際收到出售價款266,000元。股票出售日A公司股票帳面價值為260,000元,其中成本為325,000元,已確認公允價值變動損失65,000元。興華公司帳務處理如下:

處置損益=266,000-260,000=6,000(元)

借:銀行存款　　　　　　　　　　　　　　　　　　266,000
　　交易性金融資產——A公司股票(公允價值變動)　　65,000
　　貸:交易性金融資產——A公司股票(成本)　　　　325,000
　　　　投資收益　　　　　　　　　　　　　　　　　6,000

【例7-8】接【例7-2】和【例7-6】,興華公司持有B公司股票30,000股,2×19年3月5日,B公司宣告2×18年度利潤分配方案,每股分派現金股利0.10元,並擬於2×19年4月15日發放;2×19年4月1日,大華公司將持有的B公司的股票售出,實際收到出售價款298,000元。股票出售日,B公司股票帳面價值為297,000

元，其中成本為 252,000 元，已確認公允價值變動收益 45,000 元。興華公司帳務處理如下：

(1) 2×19 年 3 月 5 日，B 公司宣告分配現金股利。
應收現金股利＝0.10×30,000＝3,000（元）
借：應收股利　　　　　　　　　　　　　　　　　3,000
　　貸：投資收益　　　　　　　　　　　　　　　　　3,000

(2) 2×19 年 4 月 1 日，興華公司將 B 公司股票售出。
借：銀行存款　　　　　　　　　　　　　　　　　298,000
　　投資收益　　　　　　　　　　　　　　　　　　2,000
　　貸：交易性金融資產——B 公司股票（成本）　　　252,000
　　　　　　　　　——B 公司股票（公允價值變動）　　45,000
　　　　應收股利　　　　　　　　　　　　　　　　　3,000

【例 7-9】接【例 7-3】、【例 7-5】和【例 7-6】，2×19 年 5 月 10 日，興華公司將甲公司債券售出，實際收到出售價款 88,600 元。債券出售日，甲公司債券已計提但尚未收到的利息為 2,400 元，帳面價值為 85,000 元，其中成本為 82,000 元，已確認公允價值變動收益 3,000 元。興華公司帳務處理如下：

處置損益＝88,600－85,000－2,400＝1,200（元）
借：銀行存款　　　　　　　　　　　　　　　　　88,600
　　貸：交易性金融資產——甲公司債券（成本）　　　82,000
　　　　　　　　　——甲公司債券（公允價值變動）　　3,000
　　　　應收利息　　　　　　　　　　　　　　　　　2,400
　　　　投資收益　　　　　　　　　　　　　　　　　1,200

第三節　債權投資

一、債權投資的含義

金融資產同時符合下列條件的，應當分類為以攤餘成本計量的金融資產：

(1) 企業管理該金融資產的業務模式是以收取合同現金流量為目標。

(2) 該金融資產的合同條款規定，在特定日期產生的現金流量，僅為對本金和以未償付本金額為基礎的利息的支付。以攤餘成本計量的金融資產本章會計核算用「債權投資」科目核算，即企業長期持有的債務類金融資產。

企業應設置「債權投資」帳戶，核算持有的以攤餘成本計量的金融資產，並按照債權投資的類別和品種，分別按「成本」「利息調整」「應計利息」等進行明細核算。其中，「成本」明細帳戶反應債權投資的面值；「利息調整」明細帳戶反應債權投資的初始入帳金額與面值的差額以及按照實際利率法分期攤銷後該差額的攤餘金額。「應計利息」明細帳戶反應企業計提的到期一次還本付息、債權投資應計未收的利息。

二、債權投資的取得

債權投資應當將取得時的公允價值與相關交易費用之和作為初始入帳金額。如果實際支付的價款中包含已到付息期但尚未領取的債券利息，企業應單獨確認為應收項目，不構成持債權投資的初始入帳金額。

【例7-10】2×18年1月1日，興華公司從活躍市場上購入甲公司當日發行的面值500,000元、期限5年、票面利率6%、每年12月31日付息、到期還本的債券並分類為以攤餘成本計量的金融資產。實際支付的購買價款（包括交易費用）為528,000元。興華公司帳務處理如下：

借：債權投資——甲公司債券（成本）　　　　　　500,000
　　　　——甲公司債券（利息調整）　　　　　　28,000
　貸：銀行存款　　　　　　　　　　　　　　　　528,000

【例7-11】2×18年1月1日，興華公司購入乙公司當日發行的面值1,000,000元、期限5年、票面利率5%、到期一次還本付息（利息不計複利）的債券並分類為以攤餘成本計量的金融資產。實際支付的購買價款（包括交易費用）為912,650元。興華公司帳務處理如下：

借：債權投資——乙公司債券（成本）　　　　　　1,000,000
　貸：銀行存款　　　　　　　　　　　　　　　　912,650
　　　債權投資——乙公司債券（利息調整）　　　87,350

三、債權投資利息收入的確認

（一）債權投資利息收入的確認

（1）債權投資的帳面餘額與攤餘成本。以攤餘成本計量的債權投資的帳面餘額是指「債權投資」帳戶的帳面實際餘額，即債權投資的初始入帳金額加上（初始入帳金額低於面值時）或減去（初始入帳金額高於面值時）利息調整的累計攤銷額後的餘額，或者債權投資的面值加上（初始入帳金額高於面值時）或減去（初始入帳金額低於面值時）利息調整的攤餘金額。其公式表示如下：

帳面餘額＝初始入帳金額±利息調整累計攤銷額
　　　　＝面值±利息調整的攤餘金額

需要注意的是，如果金融資產為到期一次還本付息的債券，其帳面餘額還應當包括應計未付的債券利息；如果金融資產提前收回了部分本金（面值），其帳面餘額還應當扣除已償還的本金。

債權投資的攤餘成本是指該債權投資的初始入帳金額經下列調整後的結果：
①扣除已償還的本金。
②加上或減去採用實際利率法將該初始入帳金額與到期日金額之間的差額進行攤銷形成的累計攤銷額（利息調整的累計攤銷額）。
③扣除累計計提的損失準備。

在會計處理上，以攤餘成本計量的債權投資計提的損失準備是通過專門設置的備抵調整帳戶單獨核算的。從會計帳戶之間的關係來看，債權投資的攤餘成本也可

用下式來表示：

攤餘成本＝「債權投資」帳戶的帳面餘額－「債權投資減值準備」帳戶的帳面餘額

因此，如果債權投資沒有計提損失準備，其攤餘成本等於帳面餘額。

(2) 實際利率法。實際利率法是指以實際利率為基礎計算債權投資的攤餘成本以及將利息收入分攤計入各會計期間的方法。實際利率是指將債權投資在預期存續期內估計未來現金流量，折現為該債權投資帳面餘額所使用的利率。例如，企業購入債券作為債權投資，實際利率就是將該債券未來收回的利息和本金折算為現值恰好等於債權投資初始入帳金額的折現率。

對於沒有發生信用減值的債權投資，採用實際利率法確認利息收入並確定債權投資帳面餘額的程序如下：

①以債權投資的面值乘以票面利率計算確定應收利息。
②以債權投資的期初帳面餘額乘以實際利率計算確定利息收入。
③以應收利息與利息收入的差額作為當期利息調整攤銷額。
④以債權投資期初帳面餘額加上（初始入帳金額低於面值時）或減去（初始入帳金額高於面值時）當期利息調整攤銷額作為期末帳面餘額。

已發生信用減值的債權投資應當以債權投資的攤餘成本乘以實際利率（或經信用調整的實際利率）計算確定其利息收入。本章不涉及發生信用減值的債權投資的會計處理。

(二) 分期付息債券利息收入的確認

債權投資如為分期付息、一次還本的債券，企業應當於付息日或資產負債表日計提債券利息，同時按攤餘成本和實際利率計算確認當期利息收入並攤銷利息調整。

【例7-12】接【例7-10】，興華公司於20×8年1月1日購入的面值500,000元、期限5年、票面利率6％、每年12月31日付息、初始入帳金額為528,000元的甲公司債券，在持有期間採用實際利率法確認利息收入並攤銷利息調整的帳務處理如下：

(1) 計算債券的實際利率。由於甲公司債券的初始入帳金額高於面值，因此實際利率一定低於票面利率，先按5％作為折現率進行測算。查年金現值系數表和複利現值系數表可知，5期、5％的年金現值系數和複利現值系數分別為4.329,5和0.783,5。甲公司債券的利息和本金按5％作為折現率計算的現值如下：

債券每年應收利息＝500,000×6％＝30,000（元）

利息和本金的現值＝30,000×4.329,5＋500,000×0.783,5＝521,635（元）

上式計算結果小於甲公司債券的初始入帳金額，說明實際利率小於5％，再按4％作為折現率進行測算。查年金現值系數表和複利現值系數表可知，5期、4％的年金現值系數和複利現值系數分別為4.451,8和0.821,9。甲公司債券的利息和本金按4％作為折現率計算的現值如下：

利息和本金的現值＝30,000×4.451,8＋500,000×0.821,9＝544,504（元）

上式計算結果大於甲公司債券的初始入帳金額，說明實際利率大於4％。因此，實際利率介於4％～5％。使用插值法估算實際利率如下：

實際利率＝4%＋（5%-4%）×$\frac{544,504-528,000}{544,504-521,635}$＝4.72%

（2）採用實際利率法編製利息收入與攤餘成本計算表。興華公司採用實際利率法編製的利息收入與攤餘成本計算表如表 7-2 所示。

表 7-2　利息收入與攤餘成本計算表（實際利率法）

日期	應收利息（元）	實際利率（%）	利息收入（元）	利息調整攤銷（元）	攤餘成本（元）
2×18-01-01					528,000
2×18-12-31	30,000	4.72	24,922	5,078	522,922
2×19-12-31	30,000	4.72	24,682	5,318	517,604
2×20-12-31	30,000	4.72	24,431	5,569	512,035
2×21-12-31	30,000	4.72	24,168	5,832	506,203
2×22-12-31	30,000	4.72	23,797	6,203	500,000
合計	150,000	—	122,000	28,000	—

（3）編製各年確認利息收入並攤銷利息調整的會計分錄（各年收到債券利息的會計處理略）。

①2×18 年 12 月 31 日。

借：應收利息　　　　　　　　　　　　　　　　　30,000
　　貸：投資收益　　　　　　　　　　　　　　　　24,922
　　　　債權投資——甲公司債券（利息調整）　　　　5,078

②2×19 年 12 月 31 日。

借：應收利息　　　　　　　　　　　　　　　　　30,000
　　貸：投資收益　　　　　　　　　　　　　　　　24,682
　　　　債權投資——甲公司債券（利息調整）　　　　5,318

③2×20 年 12 月 31 日。

借：應收利息　　　　　　　　　　　　　　　　　30,000
　　貸：投資收益　　　　　　　　　　　　　　　　24,431
　　　　債權投資——甲公司債券（利息調整）　　　　5,569

④2×21 年 12 月 31 日。

借：應收利息　　　　　　　　　　　　　　　　　30,000
　　貸：投資收益　　　　　　　　　　　　　　　　24,168
　　　　債權投資——甲公司債券（利息調整）　　　　5,832

⑤2×22 年 12 月 31 日。

借：應收利息　　　　　　　　　　　　　　　　　30,000
　　貸：投資收益　　　　　　　　　　　　　　　　24,682
　　　　債權投資——甲公司債券（利息調整）　　　　5,318

（4）編製債券到期，收回債券本金的會計分錄。

借：銀行存款　　　　　　　　　　　　　　　　　　　500,000
　　貸：債權投資——甲公司債券（成本）　　　　　　　500,000

（三）到期一次還本付息債券利息收入的確認

債權投資如為到期一次還本付息的債券，企業應當於資產負債表日計提債券利息，計提的利息通過「債權投資——應計利息」帳戶核算，同時按攤餘成本和實際利率計算當期利息收入並攤銷利息調整。

【例7-13】接【例7-11】，興華公司於2×18年1月1日購入的面值1,000,000元、期限5年、票面利率5%、到期一次還本付息、初始入帳金額為912,650元的乙公司債券，在持有期間採用實際利率法確認利息收入並攤銷利息調整的帳務處理如下：

（1）計算債券的實際利率。由於乙公司債券的初始入帳金額低於面值，因此實際利率一定高於票面利率，先按6%作為折現率進行測算。查複利現值系數表可知，5期、6%的複利現值系數為0.747,3。乙公司債券的利息和本金按6%作為折現率計算的現值如下：

債券每年應計利息=1,000,000×5%=50,000（元）

利息和本金的現值=（50,000×5+1,000,000）×0.747,3=934,125（元）

由於計算結果大於乙公司債券的初始入帳金額，說明實際利率大於6%，再按7%作為折現率進行測算。查複利現值系數表可知，5期、7%的複利現值系數為0.713,0。乙公司債券的利息和本金按7%作為折現率計算的現值如下：

利息和本金的現值=（50,000×5+1,000,000）×0.713,0=891,250（元）

計算結果小於乙公司債券的初始入帳金額，說明實際利率小於7%。因此，實際利率介於6%~7%。使用插值法估算實際利率如下：

$$實際利率=6\%+（7\%-6\%）\times \frac{934,125-912,650}{934,125-891,250}=6.5\%$$

（2）採用實際利率法編製利息收入與攤餘成本計算表。興華公司採用實際利率法編製的利息收入與攤餘成本計算表如表7-3所示。

表7-3 利息收入與攤餘成本計算表（實際利率法）

日期	應收利息（元）	實際利率（%）	利息收入（元）	利息調整攤銷（元）	攤餘成本（元）
2×18-01-01					912,650
2×18-12-31	50,000	6.5	59,322	9,322	971,972
2×19-12-31	50,000	6.5	63,178	13,178	1,035,150
2×20-12-31	50,000	6.5	67,285	17,285	1,102,435
2×21-12-31	50,000	6.5	71,658	21,658	1,174,093
2×22-12-31	50,000	6.5	75,907	25,907	1,250,000
合計	250,000	—	337,350	87,350	—

(3) 編製各年確認利息收入並攤銷利息調整的會計分錄。

①2×18 年 12 月 31 日。

借：債權投資——乙公司債券（應計利息） 50,000
　　　　　　——乙公司債券（利息調整） 9,322
　貸：投資收益 59,322

②2×19 年 12 月 31 日。

借：債權投資——乙公司債券（應計利息） 50,000
　　　　　　——乙公司債券（利息調整） 13,178
　貸：投資收益 63,178

③2×20 年 12 月 31 日。

借：債權投資——乙公司債券（應計利息） 50,000
　　　　　　——乙公司債券（利息調整） 17,285
　貸：投資收益 67,285

④2×21 年 12 月 31 日。

借：債權投資——乙公司債券（應計利息） 50,000
　　　　　　——乙公司債券（利息調整） 21,658
　貸：投資收益 71,658

⑤2×22 年 12 月 31 日。

借：債權投資——乙公司債券（應計利息） 50,000
　　　　　　——乙公司債券（利息調整） 25,907
　貸：投資收益 75,907

(4) 編製債券到期，收回債券本息的會計分錄。

借：銀行存款 1,250,000
　貸：債權投資——乙公司債券（成本） 1,000,000
　　　　　　——乙公司債券（應計利息） 250,000

四、債權投資的處置

企業處置債權投資時，應將取得的價款與所處置投資帳面價值之間的差額計入處置當期投資收益。其中，投資的帳面價值是指投資的帳面餘額減除已計提的減值準備後的差額，即攤餘成本。如果在處置債權投資時，企業已計入應收項目的債權利息尚未收回，還應從處置價款中扣除該部分債權利息，確認處置損益。

【例7-14】興華公司因持有意圖發生改變，於 2×18 年 9 月 1 日將 2×18 年 1 月 1 日購入的面值 200,000 元、期限 5 年、票面利率 5%、每年 12 月 31 日付息的丙公司債券全部出售，實際收到出售價款 206,000 元。丙公司債券的初始入帳金額為 200,000元。興華公司帳務處理如下：

借：銀行存款 206,000
　貸：債權投資——丙公司債券（成本） 200,000
　　　投資收益 6,000

第四節　其他金融工具投資

一、其他債權投資

(一) 其他債權投資的取得

企業應當設置「其他債權投資」帳戶核算持有的以公允價值計量且其變動計入其他綜合收益的金融資產，並按照其他債權投資的類別和品種，分別以「成本」「利息調整」「應計利息」「公允價值變動」等進行明細核算。其中，「成本」明細帳戶反應其他債權投資的面值；「利息調整」明細帳戶反應其他債權投資的初始入帳金額與其面值的差額以及按照實際利率法分期攤銷後該差額的攤餘金額；「應計利息」明細帳戶反應企業計提的到期一次還本付息其他債權投資應計未收的利息；「公允價值變動」明細帳戶反應其他債權投資的公允價值變動金額。

其他債權投資應當把取得該金融資產的公允價值和相關交易費用之和作為初始入帳金額。如果支付的價款中包含已到付息期但尚未領取的利息，應單獨確認為應收項目，不構成其他債權投資的初始入帳金額。

【例7-15】2×17年1月1日，興華公司購入B公司當日發行的面值600,000元、期限3年、票面利率8%、每年12月31日付息、到期還本的債券，分類為以公允價值計量且其變動計入其他綜合收益的金融資產，實際支付購買價款（包括交易費用）620,000元。興華公司帳務處理如下：

借：其他債權投資——B公司債券（成本）　　　　　　600,000
　　　　　　　　——B公司債券（利息調整）　　　　　20,000
　　貸：銀行存款　　　　　　　　　　　　　　　　　620,000

(二) 其他債權投資持有收益的確認

其他債權投資在持有期間確認利息收入的方法與按攤餘成本計量的債權投資相同，即採用實際利率法確認當期利息收入，計入投資收益。需要注意的是，企業在採用實際利率法確認其他債權投資的利息收入時，應當以不包括「公允價值變動」明細帳戶餘額的其他債權投資帳面餘額和實際利率計算確定利息收入。

【例7-16】接【例7-15】，興華公司2×17年1月1日購入的面值600,000元、期限3年、票面利率8%、每年12月31日付息、到期還本、初始入帳金額為620,000元的B公司債券，在持有期間採用實際利率法確認利息收入的帳務處理如下：

(1) 計算實際利率。由於B公司債券的初始入帳金額高於面值，因此實際利率一定低於票面利率，先按7%作為折現率進行測算。查年金現值系數表和複利現值系數表可知，3期、7%的年金現值系數和複利現值系數分別為2.624,3和0.816,3。B公司債券的利息和本金按7%作為折現率計算的現值如下：

債券每年應收利息＝600,000×8%＝48,000（元）
利息和本金的現值＝48,000×2.624,3+600,000×0.816,3＝615,746（元）
計算結果小於B公司債券的初始入帳金額，說明實際利率小於7%。再按6%作

為折現率進行測算。查年金現值系數表和複利現值系數表可知，3期、6%的年金現值系數和複利現值系數分別為2.673和0.839,6。B公司債券的利息和本金按6%作為折現率計算的現值如下：

利息和本金的現值＝48,000×2.673+600,000×0.839,6＝632,064（元）

計算結果大於B公司債券的初始入帳金額，說明實際利率大於6%。因此，實際利率介於6%~7%。使用插值法估算實際利率如下：

實際利率＝6%+（7%-6%）× $\dfrac{632,064-620,000}{632,064-615,746}$ ＝6.74%

（2）採用實際利率法編製利息收入與帳面餘額（不包括「公允價值變動」明細帳戶的餘額）計算表。興華公司在購買日採用實際利率法編製的利息收入與帳面餘額計算表如表7-4所示。

表7-4 利息收入與帳面餘額計算表（實際利率法）

日期	應收利息（元）	實際利率（%）	利息收入（元）	利息調整攤銷（元）	攤餘成本（元）
2×17-01-01					620,000
2×17-12-31	48,000	6.74	41,788	6,212	613,788
2×18-12-31	48,000	6.74	41,369	6,631	607,157
2×19-12-31	48,000	6.74	40,843	7,157	600,000
合計	144,000	—	124,000	20,000	—

（3）編製各年確認利息收入並攤銷利息調整的會計分錄（各年收到債券利息的會計處理略）。

①2×17年12月31日。

借：應收利息　　　　　　　　　　　　　　　　48,000
　　貸：投資收益　　　　　　　　　　　　　　　　41,788
　　　　其他債權投資——B公司債券（利息調整）　　6,212

②2×18年12月31日。

借：應收利息　　　　　　　　　　　　　　　　48,000
　　貸：投資收益　　　　　　　　　　　　　　　　41,369
　　　　其他債權投資——B公司債券（利息調整）　　6,631

③2×19年12月31日。

借：應收利息　　　　　　　　　　　　　　　　48,000
　　貸：投資收益　　　　　　　　　　　　　　　　40,843
　　　　其他債權投資——B公司債券（利息調整）　　7,157

（三）其他權投資的期末計量

其他債權投資的價值應按資產負債表日的公允價值反應，公允價值的變動計入其他綜合收益。資產負債表日其他債權投資的公允價值高於其帳面餘額時，應按兩者之間的差額調增其他債權投資的帳面餘額，同時將公允價值變動計入其他綜合收

益；其他債權投資的公允價值低於其帳面餘額時，應按兩者之間的差額調減其他債權投資的帳面餘額，同時按公允價值變動減計其他綜合收益。

【例 7-17】接【例 7-15】和【例 7-16】，興華公司持有的面值 600,000 元、期限 3 年、票面利率 8%、每年 12 月 31 日付息的 B 公司債券，2×17 年 12 月 31 日的市價（不包括應計利息）為 615,000 元，2×18 年 12 月 31 日的市價（不包括應計利息）為 608,000 元。興華公司帳務處理如下：

(1) 2×17 年 12 月 31 日，確認公允價值變動。

公允價值變動＝615,000－613,788＝1,212（元）

借：其他債權投資——B 公司債券（公允價值變動） 1,212
　　貸：其他綜合收益——其他債權投資公允價值變動　　 1,212

調整後 B 公司債券帳面價值＝613,788＋1,212＝615,000（元）

(2) 2×18 年 12 月 31 日，確認公允價值變動。

調整前 B 公司債券帳面價值＝615,000－6,631＝608,369（元）

公允價值變動＝608,000－608,369＝－369（元）

借：其他綜合收益——其他債權投資公允價值變動 369
　　貸：其他債權投資——B 公司債券（公允價值變動）　　 369

調整後 B 公司債券帳面價值＝608,369－369＝608,000（元）

（四）其他債權投資的處置

處置其他債權投資時，企業應將取得的處置價款與該金融資產帳面餘額之間的差額計入投資收益；同時將原直接計入其他綜合收益的累計公允價值變動對應處置部分的金額轉出，計入投資收益。

【例 7-18】接【例 7-15】、【例 7-16】和【例 7-17】，2×19 年 3 月 1 日，興華公司將持有的面值 600,000 元、期限 3 年、票面利率 8%、每年 12 月 31 日付息、到期還本的 B 公司債券售出，實際收到出售價款 612,000 元。出售日 B 公司債券帳面餘額為 608,000 元，其中成本 600,000 元，利息調整（借方）7,157 元，公允價值變動（借方）843 元（1,212－369）。興華公司帳務處理如下：

借：銀行存款 612,000
　　貸：其他債權投資——B 公司債券（成本） 600,000
　　　　　　　　　　——B 公司債券（利息調整） 7,157
　　　　　　　　　　——B 公司債券（公允價值變動） 843
　　　　投資收益 4,000
借：其他綜合收益——其他債權投資公允價值變動 843
　　貸：投資收益 843

二、其他權益工具投資

（一）其他權益工具投資的取得

企業應當設置「其他權益工具投資」科目，核算持有的以公允價值計量且其變動計入其他綜合收益的非交易性權益工具投資，並按照非交易性權益工具投資的類

別和品種，分別以「成本」「公允價值變動」等進行明細核算。其中「成本」明細帳戶反應非交易性權益工具投資的初始入帳金額，「公允價值變動」明細帳戶反應非交易性權益工具投資在持有期間公允價值變動金額。

其他權益工具投資應當將取得時的公允價值和相關交易費用之和作為初始入帳金額。如果支付的價款中包含已到付息期但尚未領取的利息或已宣告但尚未發放的現金股利，應單獨確認為應收項目，不構成其他權益工具投資的初始入帳金額。

【例7-19】2×18年4月20日，興華公司按每股7.60元的價格從二級市場購入A公司每股面值1元的股票80,000股並指定為以公允價值計量且其變動計入其他綜合收益的非交易性權益工具投資，支付交易費用1,800元。股票購買價格中包含每股0.20元已宣告但尚未領取的現金股利，該現金股利於2×18年5月10日發放。

(1) 2×18年4月20日，購入A公司股票。

初始入帳金額=(7.60-0.20)×80,000+1,800=593,800（元）

應收現金股利=0.20×80,000=16,000（元）

借：其他權益工具投資——A公司股票（成本）	593,800
應收股利	16,000
貸：銀行存款	609,800

(2) 2×18年5月10日，收到A公司發放的現金股利。

| 借：銀行存款 | 16,000 |
| 貸：應收股利 | 16,000 |

(二) 其他權益工具投資持有收益的確認

其他權益工具投資在持有期間，只有在同時滿足股利收入的確認條件（見交易性金融資產持有收益的確認）時，才能確認為股利收入並計入當期投資收益。

【例7-20】接【例7-19】，2×19年4月15日，A公司宣告每股分派現金股利0.25元（該現金股利已同時滿足股利收入的確認條件），該現金股利於2×19年5月15日發放。興華公司持有A公司股票80,000股。興華公司帳務處理如下：

(1) 2×19年4月15日，A公司宣告分派現金股利。

應收現金股利=0.25×80,000=20,000（元）

| 借：應收股利 | 20,000 |
| 貸：投資收益 | 20,000 |

(2) 2×19年5月15日，收到A公司發放的現金股利。

| 借：銀行存款 | 20,000 |
| 貸：應收股利 | 20,000 |

(三) 其他權益工具投資的期末計量

其他權益工具投資的價值應按資產負債表日的公允價值反應，公允價值的變動計入其他綜合收益。

【例7-21】接【例7-19】，興華公司持有的80,000股A公司股票2×18年12月31日的每股市價為8.20元，2×19年12月31日的每股市價為7.50元。興華公司帳務處理如下：

(1) 2×18年12月31日，調整可供出售金融資產帳面餘額。

公允價值變動＝8.20×80,000－593,800＝62,200（元）
借：其他權益工具投資——A公司股票（公允價值變動）　　62,200
　　貸：其他綜合收益　　　　　　　　　　　　　　　　　62,200
調整後A公司股票帳面餘額＝593,800＋62,200＝8.20×80,000＝656,000（元）
（2）2×19年12月31日，調整可供出售金融資產帳面餘額。
公允價值變動＝7.50×80,000－656,000＝－56,000（元）
借：其他綜合收益　　　　　　　　　　　　　　　　　　56,000
　　貸：其他權益工具投資——A公司股票（公允價值變動）　56,000
調整後A公司股票帳面餘額＝656,000－56,000＝7.50×80,000＝600,000（元）

（四）其他權益工具投資的處置

處置其他權益工具投資時，企業應將取得的處置價款與該金融資產帳面餘額之間的差額計入留存收益；同時，該金融資產原計入其他綜合收益的累計利得或損失對應處置部分的金額應當從其他綜合收益中轉出，計入留存收益。其中，其他權益工具投資的帳面餘額，是指其他權益工具投資的初始入帳金額加上或減去累計公允價值變動後的金額，即出售前最後一個計量日其他權益工具投資的公允價值。如果在處置其他權益工具投資時，已計入應收項目的現金股利尚未收回，還應從處置價款中扣除該部分現金股利，確認處置損益。

【例7-22】接【例7-19】和【例7-21】，2×20年2月20日，興華公司出售持有的80,000股A公司股票，實際收到價款650,000元。出售日，A公司股票帳面餘額為600,000元（593,800＋62,200－56,000），其中，成本593,800元，公允價值變動（借方）6,200元（62,200－56,000）。興華公司按照10%提取法定盈餘公積。興華公司帳務處理如下：

借：銀行存款　　　　　　　　　　　　　　　　　　　　650,000
　　貸：其他權益工具投資——A公司股票（成本）　　　　　593,800
　　　　　　　　　　　　——A公司股票（公允價值變動）　6,200
　　　　盈餘公積　　　　　　　　　　　　　　　　　　　5,000
　　　　利潤分配——未分配利潤　　　　　　　　　　　　45,000
借：其他綜合收益——其他權益工具投資公允價值變動　　　6,200
　　貸：投資收益　　　　　　　　　　　　　　　　　　　620
　　　　利潤分配——未分配利潤　　　　　　　　　　　　5,580

第五節　長期股權投資

一、長期股權投資的內容

長期股權投資是指投資方對被投資方能夠實施控制或具有重大影響的權益性投資以及對其合營企業的權益性投資。

（一）能夠實施控制的權益性投資

控制是指投資方擁有對被投資方的權利，通過參與被投資方的相關活動而享有可變回報，並且有能力運用對被投資方的權利影響其回報金額。

投資方能夠對被投資方實施控制的，被投資方為其子公司，投資方應當將其子公司納入合併報表的合併範圍。

（二）具有重大影響的權益性投資

重大影響是指投資方對被投資方的財務和經營政策有參與決策的權利，但並不能夠控制或與其他方一起共同控制這些政策的制定。

投資方能夠對被投資方施加重大影響的，被投資方為其聯營企業。

（三）對合營企業的權益性投資

合營安排是指一項由兩個或兩個以上的參與方共同控制的安排。共同控制是指按照相關約定對某項安排所共有的控制，並且該安排的相關活動必須經過分享控制權的參與方一致同意後才能決策。

合營安排可以分為共同經營和合營企業。共同經營是指合營方享有該安排相關資產且承擔該安排相關負債的合營安排；合營企業是指合營方僅對該安排的淨資產享有權利的合營安排。

長期股權投資僅指對合營安排享有共同控制的參與方（合營方）對其合營企業的權益性投資，不包括對合營安排不享有共同控制的參與方的權益性投資，也不包括共同經營。

除能夠實施控制的權益性投資、具有重大影響的權益性投資和對合營企業的權益性投資外，企業持有的其他權益性投資，應當按照企業會計準則的規定，在初始確認時劃分為以公允價值計量且其變動計入當期損益的金融資產或可供出售金融資產。

二、長期股權投資的取得

企業在取得長期股權投資時，應按初始投資成本入帳。長期股權投資可以通過企業合併形成，也可以通過企業合併以外的其他方式取得。在不同的取得方式下，初始投資成本的確定方法有所不同。但是，無論企業以何種方式取得長期股權投資，實際支付的價款或對價中包含已宣告但尚未發放的現金股利或利潤，應作為應收項目單獨入帳，不構成長期股權投資的初始投資成本。

（一）企業合併形成的長期股權投資

企業合併是指將兩個或兩個以上單獨的企業合併形成一個報告主體的交易或事項。企業合併通常包括吸收合併、新設合併和控股合併三種形式。其中，吸收合併和新設合併均不形成投資關係，只有控股合併形成投資關係。因此，企業合併形成的長期股權投資是指控股合併所形成的投資方（合併後的母公司）對被投資方（合併後的子公司）的股權投資。企業合併形成的長期股權投資應當區分同一控制下的企業合併和非同一控制下的企業合併分別確定初始投資成本。

1. 同一控制下的企業合併形成的長期股權投資

參與合併的企業在合併前後受同一方或相同多方最終控制且該控制並非暫時性的，為同一控制下的企業合併。對同一控制下的企業合併，從能夠對參與合併各方

在合併前及合併後均實施最終控制的一方來看，其能夠控制的資產在合併前及合併後並沒有發生變化，合併方通過企業合併形成的對被合併方的長期股權投資，其成本代表的是在被合併方所有者權益帳面價值中按持股比例享有的份額。因此，同一控制下企業合併形成的長期股權投資，應當將合併日取得的被合併方所有者權益在最終控制方合併財務報表中的帳面價值份額作為初始投資成本。

合併方支付合併對價的方式主要有支付現金、轉讓非現金資產、承擔債務、發行權益性證券等。如果初始投資成本大於支付的合併對價的帳面價值（或權益性證券的面值），則其差額應當計入資本公積（資本溢價或股本溢價）；如果初始投資成本小於支付的合併對價的帳面價值（或權益性證券的面值），則其差額應當首先衝減資本公積（僅限於資本溢價或股本溢價），資本公積餘額不足衝減的，應依次衝減盈餘公積、未分配利潤。

合併方為進行企業合併而發行債券或權益性證券支付的手續費、佣金等，應當計入所發行債券或權益性證券的初始確認金額；合併方為進行企業合併而發生的各項直接相關費用，如審計費用、評估費用、法律服務費用等，應當於發生時計入當期管理費用。

【例 7-23】興華公司和 A 公司是同為甲公司控制的兩個子公司。2×18 年 2 月 20 日，興華公司和 A 公司達成合併協議，約定興華公司以 3,800 萬元的銀行存款作為合併對價，取得 A 公司 80%的股份。A 公司 80%的股份系甲公司於 2×16 年 1 月 1 日從本集團外部購入（屬於非同一控制下的企業合併）。購買日，A 公司可辨認淨資產公允價值為 3,500 萬元。2×16 年 1 月 1 日—2×18 年 3 月 1 日，A 公司以購買日可辨認淨資產的公允價值為基礎計算的淨利潤為 1,000 萬元，無其他所有者權益變動。2×18 年 3 月 1 日，興華公司實際取得 A 公司的控制權。當日，A 公司所有者權益在最終控制方合併財務報表中的帳面價值總額為 4,500 萬元（3,500+1,000），興華公司「資本公積——股本溢價」帳戶餘額為 150 萬元。在與 A 公司的合併中，興華公司以銀行存款支付審計費用、評估費用、法律服務費用等共計 65 萬元。興華公司帳務處理如下：

初始投資成本＝4,500×80%＝3,600（萬元）

借：長期股權投資——A 公司　　　　　　　　　　36,000,000
　　資本公積——股本溢價　　　　　　　　　　　 1,500,000
　　盈餘公積　　　　　　　　　　　　　　　　　　 500,000
　貸：銀行存款　　　　　　　　　　　　　　　　38,000,000
借：管理費用　　　　　　　　　　　　　　　　　　 650,000
　貸：銀行存款　　　　　　　　　　　　　　　　　 650,000

【例 7-24】興華公司和 B 公司是同為甲公司控制的兩個子公司。根據興華公司和 B 公司達成的合併協議，2×18 年 4 月 1 日，興華公司以增發的權益性證券作為合併對價，取得 B 公司 90%的股份。興華公司增發的權益性證券為每股面值 1 元的普通股股票，共增發 2,500 萬股，支付手續費及佣金等發行費用 80 萬元。2×18 年 4 月 1 日，興華公司實際取得對 B 公司的控制權。當日，B 公司所有者權益在最終控制方甲公司合併財務報表中的帳面價值總額為 5,000 萬元。興華公司帳務處理如下：

初始投資成本＝5,000×90%＝4,500（萬元）

借：長期股權投資——B公司 45,000,000
　　貸：股本 25,000,000
　　　　資本公積——股本溢價 20,000,000
借：資本公積——股本溢價 800,000
　　貸：銀行存款 800,000

2. 非同一控制下的企業合併形成的長期股權投資

參與合併的各方在合併前後不受同一方或相同的多方最終控制，為非同一控制下的企業合併。非同一控制下的企業合併，購買方應將企業合併視為一項購買交易，合理確定合併成本，作為長期股權投資的初始投資成本。合併成本為購買方在購買日為取得對被購買方的控制權而付出的資產、發生或承擔的負債以及發行的權益性證券的公允價值。

購買方作為合併對價付出的資產，應當按照以公允價值處置該資產的方式進行會計處理。其中，付出資產為固定資產、無形資產的，付出資產的公允價值與其帳面價值的差額，計入營業外收入或營業外支出；付出資產為金融資產的，付出資產的公允價值與其帳面價值的差額，計入投資收益；付出資產為存貨的，按其公允價值確認收入，同時按其帳面價值結轉成本。

購買方為進行企業合併而發行債券或權益性證券支付的手續費、佣金等，應當計入發行債券或權益性證券的初始確認金額；購買方為進行企業合併而發生的各項直接相關費用，如審計費用、評估費用、法律服務費用等，應當於發生時計入當期管理費用。

【例7-25】興華公司和C公司為兩個獨立的法人企業，合併之前不存在任何關聯方關係。2×18年1月10日，興華公司和C公司達成合併協議，約定興華公司以庫存商品和銀行存款作為合併對價，取得C公司70%的股份。興華公司付出庫存商品的帳面價值為3,200萬元，購買日公允價值為4,000萬元，增值稅稅額為520萬元；付出銀行存款的金額為5,000萬元。2×18年2月1日，興華公司實際取得對C公司的控制權。在與C公司的合併中，興華公司以銀行存款支付審計費用、評估費用、法律服務費用等共計90萬元。興華公司帳務處理如下：

合併成本 = 4,000+520+5,000 = 9,520（萬元）

借：長期股權投資——C公司 95,200,000
　　貸：主營業務收入 40,000,000
　　　　應交稅費——應交增值稅（銷項稅額） 5,200,000
　　　　銀行存款 50,000,000
借：主營業務成本 32,000,000
　　貸：庫存商品 32,000,000
借：管理費用 900,000
　　貸：銀行存款 900,000

【例7-26】興華公司和D公司為兩個獨立的法人企業，合併之前不存在任何關聯方關係。興華公司和D公司達成合併協議，約定興華公司以發行的權益性證券作為合併對價，取得D公司80%的股份。興華公司擬增發的權益性證券為每股面值1元的普通股股票，共增發1,600萬股，每股公允價值3.50元。2×18年7月1日，興華公司完成了權益性證券的增發，發生手續費及佣金等發行費用120萬元。在興

華公司和 D 公司的合併中，興華公司另以銀行存款支付審計費用、評估費用、法律服務費用等共計 80 萬元。興華公司帳務處理如下：

合併成本＝3.50×1,600＝5,600（萬元）
借：長期股權投資——D 公司　　　　　　　　　　56,000,000
　　貸：股本　　　　　　　　　　　　　　　　　16,000,000
　　　　資本公積——股本溢價　　　　　　　　　40,000,000
借：資本公積——股本溢價　　　　　　　　　　　1,200,000
　　貸：銀行存款　　　　　　　　　　　　　　　1,200,000
借：管理費用　　　　　　　　　　　　　　　　　800,000
　　貸：銀行存款　　　　　　　　　　　　　　　800,000

（二）非企業合併方式取得的長期股權投資

除企業合併形成的對子公司的長期股權投資外，企業支付現金、發行權益性證券等方式取得的對被投資方不具有控制的長期股權投資，為非企業合併方式取得的長期股權投資，如取得的對合營企業、聯營企業的長期股權投資。企業通過非企業合併方式取得的長期股權投資，應當將實際支付的價款、發行權益性證券的公允價值等作為初始投資成本。

【例7-27】興華公司以支付現金的方式取得 E 公司 25%的股份，實際支付的買價為 3,200 萬元，在購買過程中另支付手續費等相關費用 12 萬元。股份購買價款中包含 E 公司已宣告但尚未發放的現金股利 100 萬元。興華公司在取得 E 公司股份後，派人員參與了 E 公司的生產經營決策，能夠對 E 公司施加重大影響，興華公司將其劃分為長期股權投資。興華公司帳務處理如下：

（1）購入 E 公司 25%的股份。
初始投資成本＝3,200+12-100＝3,112（萬元）
借：長期股權投資——E 公司（投資成本）　　　　31,120,000
　　應收股利　　　　　　　　　　　　　　　　　1,000,000
　　貸：銀行存款　　　　　　　　　　　　　　　32,120,000
（2）收到 E 公司派發的現金股利。
借：銀行存款　　　　　　　　　　　　　　　　　1,000,000
　　貸：應收股利　　　　　　　　　　　　　　　1,000,000

三、長期股權投資的後續計量

企業取得的長期股權投資在持有期間，要根據對被投資方是否能夠實施控制，分別採用成本法和權益法進行核算。

（一）長期股權投資的成本法

1. 成本法的適用範圍

根據《企業會計準則第 2 號——長期股權投資》的規定，長期股權投資按成本法核算適用於投資企業能夠對被投資單位實施控制的長期股權投資，即對子公司的投資。

2. 成本法的核算

成本法是指長期股權投資按成本計價的方法。在成本法下，長期股權投資的核算應當按照初始投資成本計價，追加或收回投資應當調整長期股權投資的成本。同一控制下的企業合併形成的長期股權投資，其初始成本為合併日取得被合併方所有者權益帳面價值的份額。

被投資單位宣告分配的現金股利或利潤，投資企業按享有的部分確認為當期投資收益，借記「應收股利」科目，貸記「投資收益」科目；實際收到現金股利或利潤時，借記「銀行存款」科目，貸記「應收股利」科目。投資企業在確認被投資單位應分得的現金股利或利潤後，應當考慮長期股權投資是否發生減值。在判斷該類長期股權投資是否存在減值跡象時，企業應當關注長期股權投資的帳面價值是否大於被投資單位淨資產帳面價值的份額等情況。

【例7-28】2×18年1月1日，興華公司以5,000萬元的價格購入F公司60%的股權，購買過程中另支付相關稅費50萬元。股權購入後，興華公司能夠控制F公司的生產經營和財務決策。2×18年3月1日，F公司宣告分配現金利潤500萬元；2×18年3月10日，F公司實際分派了利潤。假定興華公司確認投資收益後，其對F公司的長期股權投資未發生減值。興華公司帳務處理如下：

(1) 2×18年1月1日，購入長期股權投資。

長期股權投資的入帳價值＝5,000+50＝5,050（萬元）

借：長期股權投資——F公司　　　　　　　　50,500,000
　　貸：銀行存款　　　　　　　　　　　　　　　　50,500,000

(2) 2×18年3月1日，F公司宣告分配利潤。

借：應收股利　　　　　　　　　　　　　　　3,000,000
　　貸：投資收益　　　　　　　　　　　　　　　　3,000,000

(3) 2×18年3月10日，收到F公司利潤。

借：銀行存款　　　　　　　　　　　　　　　3,000,000
　　貸：應收股利　　　　　　　　　　　　　　　　3,000,000

(二) 長期股權投資的權益法

權益法是指在取得長期股權投資時以投資成本計量，在投資持有期間則要根據投資方應享有被投資方所有者權益份額的變動，對長期股權投資的帳面價值進行相應調整的一種會計處理方法。投資方對被投資方具有共同控制或重大影響的長期股權投資，即對合營企業或聯營企業的長期股權投資，應當採用權益法核算。

企業採用權益法核算，在「長期股權投資」帳戶下應當設置「投資成本」「損益調整」「其他綜合收益」「其他權益變動」明細帳戶，分別反應長期股權投資的初始投資成本、被投資方發生淨損益及利潤分配引起的所有者權益變動、被投資方確認其他綜合收益引起的所有者權益變動以及被投資方除上述原因以外的其他原因引起的所有者權益變動而對長期股權投資帳面價值進行調整的金額。

1. 取得長期股權投資的會計處理

企業在取得長期股權投資時，按照確定的初始投資成本入帳。初始投資成本與應享有被投資方可辨認淨資產公允價值份額之間的差額，應區別情況處理。

(1) 如果長期股權投資的初始投資成本大於取得投資時應享有被投資方可辨認淨資產公允價值的份額，不調整已確認的初始投資成本。

(2) 如果長期股權投資的初始投資成本小於取得投資時應享有被投資方可辨認淨資產公允價值的份額，應按兩者之間的差額調整長期股權投資的帳面價值，同時計入當期營業外收入。

【例7-29】2×18年7月1日，興華公司購入G公司股票1,600萬股，實際支付購買價款2,450萬元（包括交易稅費）。該股份占G公司普通股股份的25%，興華公司在取得股份後，派人參與了G公司的生產經營決策，因為能對G公司施加重大影響，興華公司採用權益法核算。

(1) 假定投資當時，G公司可辨認淨資產公允價值為9,000萬元。

應享有G公司可辨認淨資產公允價值的份額＝9,000×25%＝2,250（萬元）

由於長期股權投資的初始投資成本大於投資時應享有G公司可辨認淨資產公允價值的份額，因此企業不調整長期股權投資的初始投資成本。興華公司帳務處理如下：

借：長期股權投資——G公司（投資成本） 24,500,000
　　貸：銀行存款 24,500,000

(2) 假定投資當時，G公司可辨認淨資產公允價值為10,000萬元。

應享有G公司可辨認淨資產公允價值的份額＝10,000×25%＝2,500（萬元）

由於長期股權投資的初始投資成本小於投資時應享有G公司可辨認淨資產公允價值的份額，因此興華公司應按兩者之間的差額調整長期股權投資的初始投資成本，同時計入當期營業外收入。興華公司帳務處理如下：

初始投資成本調整額＝2,500－2,450＝50（萬元）

借：長期股權投資——G公司（投資成本） 24,500,000
　　貸：銀行存款 24,500,000
借：長期股權投資——G公司（投資成本） 500,000
　　貸：營業外收入 500,000

調整後的投資成本＝2,450+50＝2,500（萬元）

2. 確認投資損益及取得現金股利或利潤的會計處理

投資方取得長期股權投資後，應當按照在被投資方實現的淨利潤或發生的淨虧損中，投資方應享有或應分擔的份額確認投資損益，同時相應調整長期股權投資的帳面價值。投資方應當在被投資方帳面淨損益的基礎上，考慮以下因素對被投資方淨損益的影響並進行適當調整後，作為確認投資損益的依據：

(1) 被投資方採用的會計政策及會計期間與投資方不一致的，應當按照投資方的會計政策及會計期間對被投資方的財務報表進行調整。

(2) 以取得投資時被投資方各項可辨認資產等的公允價值為基礎，對被投資方的淨損益進行調整，但應考慮重要性原則，不具有重要性的項目可不予調整。

(3) 投資方與聯營企業及合營企業之間進行商品交易形成的未實現內部交易損益按照持股比例計算的歸屬於投資方的部分，應當予以抵銷。

當被投資方宣告分配現金股利或利潤時，投資方按應獲得的現金股利或利潤確

認應收股利，同時抵減長期股權投資的帳面價值；被投資方分派股票股利，投資方不進行帳務處理，但應於除權日在備查簿中登記增加的股份。

【例7-30】2×18年7月1日，興華公司購入G公司股票1,600萬股，占G公司普通股股份的25%，能夠對G公司施加重大影響，興華公司對該項股權投資採用權益法核算。假定興華公司與G公司的會計年度及採用的會計政策相同，投資時G公司各項可辨認資產、負債的公允價值與帳面價值相同，雙方未發生任何內部交易。G公司2×18—2×21年各年取得的淨收益及其分配情況和興華公司相應的帳務處理如下：

(1) 2×18年度，G公司報告淨收益1,500萬元；2×19年3月10日，G公司宣告2×18年度利潤分配方案，每股分配現金股利0.10元。

①確認投資收益。

應確認投資收益 = $1,500 \times 25\% \times \dfrac{6}{12}$ = 187.5（萬元）

借：長期股權投資——G公司（損益調整）	1,875,000
貸：投資收益	1,875,000

②確認應收股利。

應收現金股利 = $0.10 \times 1,600$ = 160（萬元）

借：應收股利	1,600,000
貸：長期股權投資——G公司（損益調整）	1,600,000

③收到現金股利。

借：銀行存款	1,600,000
貸：應收股利	1,600,000

(2) 2×19年度，G公司報告淨收益1,250萬元；2×20年4月15日，G公司宣告2×19年度利潤分配方案，每股派送股票股利0.3股，除權日為2×20年5月10日。

①確認投資收益。

應確認投資收益 = $1,250 \times 25\%$ = 312.5（萬元）

借：長期股權投資——G公司（損益調整）	3,125,000
貸：投資收益	3,125,000

②除權日，在備查簿中登記增加的股份。

股票股利 = $0.30 \times 1,600$ = 480（萬股）

持有股票總數 = $1,600 + 480$ = 2,080（萬股）

(3) 2×20年度，G公司報告淨損益1,000萬元，未進行利潤分配。

應確認投資收益 = $1,000 \times 25\%$ = 250（萬元）

借：長期股權投資——G公司（損益調整）	2,500,000
貸：投資收益	2,500,000

(4) 2×21年度，G公司發生虧損500萬元，未進行利潤分配。

應確認投資損失 = $500 \times 25\%$ = 125（萬元）

| 借：投資收益 | 1,250,000 |

貸：長期股權投資——G公司（損益調整）　　　　　　　　　1,250,000
　　3. 確認其他綜合收益的會計處理
　　被投資方因確認其他綜合收益而導致其所有者權益發生變動時，投資方應按照持股比例計算應享有或承擔的份額，一方面調整長期股權投資的帳面價值，另一方面計入其他綜合收益。
　　【例7-31】興華公司持有G公司25%的股份，能夠對G公司施加重大有限，採用權益法核算。2×18年12月31日，G公司持有的一項成本為1,500萬元的可供出售金融資產的公允價值升至2,000萬元，G公司按公允價值超過成本的差額500萬元調增該項可供出售金融資產的帳面價值，並計入其他綜合收益，導致其所有者權益發生變動。興華公司帳務處理如下：
　　應享有其他綜合收益份額=5,000×25%=1,250（萬元）
　　借：長期股權投資——G公司（其他綜合收益）　　　　　　12,500,000
　　　　貸：其他綜合收益　　　　　　　　　　　　　　　　　12,500,000
　　4. 確認其他權益變動的會計處理
　　其他權益變動是指被投資方除實現淨損益及進行利潤分配、確認其他綜合收益以外的其他原因導致的所有者權益變動，如被投資方接受股東資本性投入、確認以權益結算的股份支付等導致的所有者權益變動。投資方對於按照持股比例計算的應享有或承擔的被投資方其他權益變動份額，應調整長期股權投資的帳面價值，同時計入資本公積（其他資本公積）。
　　【例7-32】興華公司持有H公司30%的股份，能夠對H公司施加重大影響，採用權益法核算。2×18年度，H公司接受其母公司實質上屬於資本性投入的現金捐贈，金額為600萬元。H公司將其計入資本公積，導致所有者權益發生變動。興華公司帳務處理如下：
　　應享有其他權益變動份額=600×30%=180（萬元）
　　借：長期股權投資——G公司（其他權益變動）　　　　　　1,800,000
　　　　貸：資本公積——其他資本公積　　　　　　　　　　　1,800,000

四、長期股權投資的處置

　　企業處置長期股權投資時，應當按照取得的處置收入扣除長期股權投資帳面價值和已宣告確認但尚未收到的現金股利之後的差額確認處置損益。採用權益法核算的長期股權投資，處置時還應將其與所處置的長期股權投資相對應的原計入其他綜合收益（不能結轉損益的除外）或資本公積項目的金額轉出，計入處置當期投資損益。
　　【例7-33】興華公司對持有H公司股份採用權益法核算。2×18年4月5日，興華公司將持有的H公司股份全部轉讓，收到轉讓價款3,500萬元。轉讓日，該項長期股權投資的帳面餘額為3,300萬元，其中投資成本2,500萬元，損益調整（借方）500萬元，其他綜合收益（借方）200萬元，其他權益變動（借方）100萬元。興華公司帳務處理如下：
　　轉讓損益=3,500-3,300=200（萬元）
　　借：銀行存款　　　　　　　　　　　　　　　　　　　　　35,000,000

貸：長期股權投資——H公司（投資成本）	25,000,000	
——H公司（損益調整）	5,000,000	
——H公司（其他綜合收益）	2,000,000	
——H公司（其他權益變動）	1,000,000	
投資收益	2,000,000	
借：其他綜合收益	2,000,000	
資本公積——其他資本公積	1,000,000	
貸：投資收益	3,000,000	

【本章小結】

本章主要介紹了投資及其分類、交易性金融資產、債權投資、其他金融工具投資、長期股權投資的概念及相關帳務處理。

【主要概念】

金融資產；交易性金融資產；債權投資；其他債權投資；其他權益工具投資；長期股權投資；成本法；權益法；攤餘成本。

【簡答題】

1. 什麼是交易性金融資產？資產負債表日，交易性金融資產的價值應如何反應？
2. 什麼是債權投資？如何確認債權投資的利息收益？
3. 什麼是其他權益工具投資？資產負債表日，其他權益工具投資的價值應如何反應？
4. 企業持有的哪些權益性投資應劃分為長期股權投資？
5. 什麼是成本法？什麼是權益法？兩者的適用範圍分別是什麼？
6. 如何確認長期股權投資的處置損益？

第八章
固定資產與投資性房地產

【學習目標】

知識目標：理解並掌握固定資產與投資性房地產的基本概念與基本理論，包括固定資產初始計量及後續支出、固定資產折舊的計算、投資性房地產的概念、投資性房地產的初始及後續計量。

技能目標：能夠熟練掌握固定資產、投資性房地產相關帳務處理。

能力目標：理解固定資產、投資性房地產的概念。

【知識點】

固定資產、折舊、初始計量、後續計量、投資性房地產等。

【篇頭案例】

程鑫剛剛畢業於某大學財務管理專業，在華宇公司財務部門謀得了一份薪水比較理想的財務工作。華宇公司的總會計師安排程鑫負責固定資產的核算工作。在程鑫從事該項工作的第一個月，恰逢華宇公司新近購入一批筆記本電腦，共10臺，總值為8.8萬元。華宇公司的經理吳亮要求程鑫將購買的筆記本電腦的成本借記「管理費用」科目。以自己掌握的財務知識，程鑫知道這是違背會計原則的，但是吳亮堅持這樣做，程鑫感覺有些為難。

這樣做合規矩嗎？實質上，程鑫遇到的帳務問題是關於固定資產的財務問題。要評價吳亮的做法是否符合相關規定，幫助程鑫分析其這麼做的可能原因，就必須掌握本章的知識。

第一節　固定資產

固定資產是指企業為生產商品、提供勞務、出租或經營管理而持有的，使用壽命超過一個會計年度的有形資產。

一、固定資產的特徵及確認條件

固定資產是指同時具有下列特徵的有形資產：
（1）為生產商品、提供勞務、出租或經營管理而持有的。

(2) 使用壽命超過一個會計年度。

固定資產同時滿足下列條件的，才能予以確認：

(1) 與該固定資產有關的經濟利益很可能流入企業。

(2) 該固定資產的成本能夠可靠計量。

符合上述固定資產特徵和確認條件的有形資產，應當確認為固定資產；不符合的確認為存貨。

需要注意的是出租不包括作為投資性房地產以經營租賃方式租出的建築物。備品備件和維修設備通常確認為存貨，但某些備品備件和維修設備需要與相關固定資產組合發揮效用，如民用航空運輸企業的高價週轉件，應當確認為固定資產。

固定資產的各組成部分具有不同使用壽命或以不同方式為企業提供經濟利益，適用不同折舊率或折舊方法的，應當分別將各組成部分確認為單項固定資產。

二、固定資產的初始計量

固定資產應當按照成本進行初始計量。由於固定資產的來源渠道不同，其成本構成的具體內容也有所差異。

固定資產的初始計量是指固定資產初始成本的確定。固定資產的成本是指企業構建某項固定資產達到預定可使用狀態前所發生的一切合理、必要的支出。這些支出包括直接發生的價款、運雜費、包裝費和安裝成本等，也包括間接發生的，如應承擔的借款利息、外幣借款折算差額以及應分攤的其他間接費用。特定行業的特定固定資產的成本確定應考慮預計棄置費用等因素。

(一) 外購固定資產

外購固定資產的成本包括購買價款，相關稅費，使固定資產達到預定可使用狀態前發生的可歸屬於該項資產的運輸費、裝卸費、安裝費和專業人員服務費等。

企業購入的固定資產又分為不需要安裝和需要安裝兩種情況。

1. 不需要安裝

企業購入不需要安裝的固定資產，按應計入固定資產成本的金額，借記「固定資產」科目，按增值稅的進項稅額，借記「應交稅費——應交增值稅（進項稅額）」科目，按支付的金額，貸記「銀行存款」等科目。

【例8-1】興華公司購入一臺不需要安裝的新設備，發票價格20,000元，稅額2,600元，款項全部付清。興華公司帳務處理如下：

借：固定資產	20,000
應交稅費——應交增值稅（進項稅額）	2,600
貸：銀行存款	22,600

2. 需要安裝

企業購入需要安裝的固定資產，先記入「在建工程」科目，安裝完畢交付使用時再轉入「固定資產」科目。企業購入的固定資產超過正常信用條件延期支付價款（如分期付款購買固定資產），實質上具有融資性質的，應按所購固定資產購買價款的現值，借記「固定資產」科目或「在建工程」科目，按增值稅的進項稅額，借記「應交稅費——應交增值稅（進項稅額）」科目，按應支付的金額，貸記「長期應付款」科目，按其差額，借記「未確認融資費用」科目。

【例8-2】興華公司購入一臺需要安裝的設備，發票價格100,000元，稅額13,000元，安裝費用4,000元，款項全部付清。興華公司帳務處理如下：
（1）購入該項設備。
借：在建工程　　　　　　　　　　　　　　　　100,000
　　應交稅費——應交增值稅（進項稅額）　　　　13,000
　　貸：銀行存款　　　　　　　　　　　　　　　113,000
（2）發生安裝費用。
借：在建工程　　　　　　　　　　　　　　　　4,000
　　貸：銀行存款　　　　　　　　　　　　　　　4,000
（3）該項設備安裝完畢交付使用。
借：固定資產　　　　　　　　　　　　　　　　104,000
　　貸：在建工程　　　　　　　　　　　　　　　104,000

（二）自行建造固定資產

自行建造固定資產的成本將建造該項固定資產達到預定可使用狀態前發生的必要支出作為入帳價值。其中，建造該項固定資產達到預定可使用狀態前發生的必要支出包括工程物資成本、人工成本、繳納的相關稅費、應予以資本化的借款費用以及應分攤的間接費用等。企業為在建工程準備的各種物資，應將實際支付的購買價款、運輸費、保險費等相關稅費作為實際成本核算。

【例8-3】興華公司採用自營方式建造廠房一幢，為工程購置物資234,000元，全部用於工程建設，為工程支付的建設人員工資50,000元，為工程借款而發生的利息16,000元，工程完工驗收交付使用。興華公司帳務處理如下：
（1）購買工程物資。
借：工程物資　　　　　　　　　　　　　　　　234,000
　　貸：銀行存款　　　　　　　　　　　　　　　234,000
（2）領用工程物資。
借：在建工程——廠房建築工程　　　　　　　　234,000
　　貸：工程物資　　　　　　　　　　　　　　　234,000
（3）支付建造人員工資。
借：在建工程——廠房建築工程　　　　　　　　50,000
　　貸：應付職工薪酬　　　　　　　　　　　　　50,000
（4）計算利息。
借：在建工程　　　　　　　　　　　　　　　　16,000
　　貸：應付利息　　　　　　　　　　　　　　　16,000
（5）工程達到預定可使用狀態，結轉在建工程成本。
借：固定資產——廠房　　　　　　　　　　　　300,000
　　貸：在建工程——廠房建築工程　　　　　　　300,000

（三）投資者投入固定資產

投資者投入固定資產的成本應當將投資合同或協議約定的價值加上相關稅費作為固定資產的入帳價值，但合同或協議約定價值不公允的除外。

【例8-4】興華公司收到A企業投入的生產設備一臺，A企業記錄的該設備的帳面價值為100,000元，雙方投資合同約定該設備價值為50,000元。興華公司帳務處理如下：

　　借：固定資產　　　　　　　　　　　　　　　　　50,000
　　　貸：實收資本　　　　　　　　　　　　　　　　　500,000

（四）存在棄置義務的固定資產

　　對於特殊行業的特定固定資產來說，其初始成本確定時，還應考慮棄置費用。棄置費用通常是指根據國家法律和行政法規、國際公約等的規定，企業承擔的生態環境保護和生態恢復等義務所確定的支出，如核電站核設施等的棄置和恢復環境義務。

　　棄置費用的金額與現值通常相差較大，需要考慮貨幣時間價值，對於這些特殊行業的特定固定資產，企業應當根據《企業會計準則第13號——或有事項》的規定，按照現值計算確定應計入固定資產成本的金額和相應的預計負債。企業在固定資產的使用壽命內按照預計負債的攤餘成本和實際利率計算確定的利息費用計入財務費用。

【例8-5】經國家有關部門審批同意，興華公司計劃建造一個核電站，其主體設備核反應堆將會對當地的生態環境產生一定的影響。根據相關法律的規定，興華公司應在該項設備使用期滿後將其拆除，並對造成的污染進行整治。20×8年1月1日，該項設備建造完成並交付使用，建造成本共80,000,000元。預計使用壽命10年，預計棄置費用為1,000,000元。假定折現率（實際利率）為10%。興華公司帳務處理如下：

（1）計算已完工的固定資產成本。

　　核反應堆屬於特殊行業的特定固定資產，確定其成本時應考慮棄置費用。20×8年1月1日，棄置費用的現值＝1,000,000×（P/F，10%，10）

　　　　　　　　　　　　　　＝1,000,000×0.385,5＝385,500（元）

　　固定資產入帳價值＝80,000,000+385,500＝80,385,500（元）

　　借：固定資產　　　　　　　　　　　　　　　　　80,385,500
　　　貸：在建工程　　　　　　　　　　　　　　　　　80,000,000
　　　　　預計負債　　　　　　　　　　　　　　　　　385,500

（2）計算第1年應負擔的利息。

　　借：財務費用　　　　　　　　　　　　　　　　　38,550
　　　貸：預計負債　　　　　　　　　　　　　　　　　38,550

三、固定資產折舊

（一）固定資產折舊的概念

　　固定資產折舊是指固定資產在使用過程中逐漸損耗而轉移到商品或費用中去的那部分價值，也是企業在生產經營過程中由於使用固定資產而在其使用年限內分攤的固定資產耗費。

(二) 固定資產折舊的計算

1. 年限平均法

年限平均法又稱直線法，是將固定資產的折舊額均衡地分攤到各期的一種方法。採用這種方法計算的每期折舊額都是等額的。其計算公式如下：

$$年折舊額 = \frac{固定資產原值 - 預計淨殘值}{預計使用年限}$$

月折舊額＝年折舊額÷12

在實際工作中，企業按照固定資產原值乘以月固定資產折舊率，按月計算固定資產折舊額。其計算公式如下：

$$年折舊率 = \frac{1 - 預計淨殘值率}{預計使用年限} \times 100\%$$

月折舊率＝年折舊率÷12

月折舊率＝固定資產原值×月折舊率

年限平均法是計算折舊的最基本的方法，也是運用最為廣泛的一種方法。

【例8-6】興華公司有一臺生產用設備，原價100,000元，預計可使用5年，預計淨殘值率為10%。該設備的折舊率和折舊額計算如下：

$$年折舊率 = \frac{1-10\%}{5} \times 100\% = 18\%$$

月折舊率＝18%÷12＝1.5%

月折舊率＝100,000×1.5%＝1,500（元）

2. 工作量法

工作量法是根據實際工作量計提折舊額的一種方法。其計算公式如下：

$$單位工作量折舊額 = \frac{固定資產原值 \times (1 - 淨殘值率)}{預計總工作量}$$

某項固定資產月折舊額＝該項固定資產當月工作量×單位工作量折舊額

【例8-7】興華公司一輛小汽車原價100,000元，預計可行駛50萬千米，預計報廢時的淨殘值率為2%，本月該小汽車行駛了3,000千米。本月該小汽車應計提的折舊計算如下：

$$每千米折舊額 = \frac{100,000 \times (1-2\%)}{500,000} = 0.196（元）$$

本月折舊額＝0.196×3,000＝588（元）

工作量法實際上也是直線法，只不過是按照固定資產完成的工作量計算每期的折舊額。

3. 雙倍餘額遞減法

雙倍餘額遞減法是在不考慮固定資產淨殘值的情況下，根據每期期初固定資產帳面餘額和雙倍的直線法折舊率計算固定資產折舊的一種方法。其計算公式如下：

$$年折舊率 = \frac{2}{預計使用年限} \times 100\%$$

年折舊額＝年初固定資產帳面淨值×年折舊率

月折舊額＝年折舊額÷12

實行雙倍餘額遞減法計提折舊的固定資產，應當在其折舊年限到期以前兩年內，將固定資產淨值扣除預計淨殘值後的淨額平均攤銷。

【例8-8】興華公司某項固定資產原值為30,000元，預計淨殘值率為4%，預計使用年限為5年，採用雙倍餘額遞減法計提折舊。年折舊率為40%（2/5×100%），各年折舊額計算如表8-1所示。每年各月折舊額根據年折舊額除以12來計算。

表8-1　折舊計算表（雙倍餘額遞減法）

年份	年初帳面淨值（元）	折舊率（%）	折舊計算	折舊額（元）	年末帳面淨值（元）
第1年	30,000	40	30,000×40%	12,000	18,000
第2年	18,000	40	18,000×40%	7,200	10,800
第3年	10,800	40	10,800×40%	4,320	6,480
第4年	6,480		(6,480-1,200)/2	2,640	3,840
第5年	3,840		(6,480-1,200)/2	2,640	1,200
合計				28,800	

4. 年數總和法

年數總和法又稱合計年限法，是將固定資產的原值減去淨殘值後的淨額乘以一個逐年遞減的分數計算每年的折舊額。這個分數的分子代表年初固定資產尚可使用的年數，分母代表使用年數的逐年數字總和。其計算公式如下：

年折舊率＝$\dfrac{尚可使用年數}{預計使用年限的年數總和}$

年折舊額＝(固定資產原值−預計淨殘值)×年折舊率

月折舊額＝年折舊額÷12

【例8-9】興華公司某項固定資產的原值為60,000元，預計淨殘值率為5%，預計使用年限為5年。興華公司採用年數總和法計算的各年折舊額如表8-2所示。每年各月折舊額根據年折舊額除以12來計算。

表8-2　折舊計算表（年數總和法）

年份	尚可使用年數（年）	原值-淨殘值（元）	年折舊率	每年折舊額（元）
第1年	5	57,000	5/15	19,000
第2年	4	57,000	4/15	15,200
第3年	3	57,000	3/15	11,400
第4年	2	57,000	2/15	7,600
第5年	1	57,000	1/15	3,800
合計				57,000

上述幾種固定資產的折舊方法中，雙倍餘額遞減法和年數總和法屬於加速折舊法。企業採用加速折舊法後，在固定資產使用的早期多提折舊，後期少提折舊，其遞減的速度逐年加快。加快折舊速度，目的是使固定資產成本在估計耐用年限內加快得到補償。

5. 固定資產折舊的核算

為核算固定資產折舊，企業應設置「累計折舊」科目。「累計折舊」科目核算企業對固定資產計提的累計折舊。該科目應當按照固定資產的類別或項目進行明細核算。該科目期末為貸方餘額，反應企業固定資產累計折舊額。

企業一般應當按月提取折舊。固定資產計提折舊時，應以月初可提取折舊的固定資產帳面原值為依據。當月增加的固定資產，當月不提折舊，從下月起計提折舊；當月減少的固定資產，當月照提折舊，從下月起不計提折舊。因此，在採用直線法情況下，企業各月計算提取折舊時，可以在上月計提折舊的基礎上，對上月固定資產增減情況進行調整後計算當月應計提的折舊額。當月固定資產應計提的折舊額＝上月固定資產計提的折舊額＋上月增加固定資產應計提的折舊額－上月減少固定資產應計提的折舊額。計提折舊的會計分錄為：借記「製造費用」「銷售費用」「管理費用」「其他業務成本」「研發支出」等科目，貸記「累計折舊」科目。

【例8-10】興華公司20×8年8月的固定資產折舊計算如下：車間房屋建築物、機器設備等折舊額為62,000元，管理部門房屋建築物、運輸工具等折舊額為18,000元，銷售部門房屋建築物等折舊額為4,000元，租出固定資產折舊額為6,000元。興華公司計提折舊的會計分錄如下：

借：製造費用　　　　　　　　　　　　　　　　　　62,000
　　管理費用　　　　　　　　　　　　　　　　　　18,000
　　銷售費用　　　　　　　　　　　　　　　　　　4,000
　　其他業務成本　　　　　　　　　　　　　　　　6,000
貸：累計折舊　　　　　　　　　　　　　　　　　　90,000

四、固定資產的後續支出、處置與清查

固定資產的後續支出通常包括固定資產在使用過程中發生的日常修理費、大修理費用、更新改造支出、房屋裝修費用等。

固定資產發生的更新改造支出、房屋裝修費用等，符合固定資產的確認條件的，應當計入固定資產成本，同時將被替換部分的帳面價值扣除；不符合固定資產的確認條件的，應當在發生時計入當期有關費用。

固定資產的大修理費用和日常修理費用，通常不符合固定資產的確認條件，應當在發生時計入當期有關費用，不得採用預提或待攤方式處理。

(一)資本化的後續支出

資本化的後續支出是指與固定資產的更新改造等有關、符合固定資產確認條件的，應當計入固定資產成本，同時將被替換部分的帳面價值扣除，以避免將替換部分的成本和被替換部分的帳面價值同時計入固定資產成本。如果企業不能確定被替換部分的帳面價值，可以將替換部分的成本視為被替換部分的帳面價值。

企業固定資產發生資本化的後續支出時,首先應將相關固定資產的原價、已計提的累計折舊和減值準備轉銷,將固定資產的帳面價值轉入在建工程,並停止計提折舊,發生的支出通過「在建工程」科目核算,待工程完工並達到預定可使用狀態時,再從在建工程轉為固定資產,並按重新確定的使用壽命、預計淨殘值和折舊方法計提折舊。

【例8-11】興華公司20×8年12月自行建成了一條生產線,建造成本為600,000元;採用年限平均法計提折舊;預計淨殘值率為固定資產原價的3%,預計使用年限為6年。20×9年1月1日,興華公司決定對現有生產線進行改擴建,以提高其生產能力。20×9年1月1日—3月31日,興華公司發生改擴建支出280,000元,全部以銀行存款支付。

生產線改擴建後興華公司的生產能力將大大提高,能夠為興華公司帶來更多的經濟利益,改擴建的支出金額也能可靠計量,因此該後續支出符合固定資產的確認條件,應計入固定資產成本,按資本化的後續支出處理方法進行帳務處理。興華公司帳務處理如下:

(1) 20×8年12月31日,該公司有關帳戶的餘額計算如下:
生產線的年折舊額 = 600,000×(1-3%)÷6 = 97,000(元)
累計折舊的帳面價值 = 97,000×2 = 194,000(元)
固定資產的帳面淨值 = 600,000-194,000 = 406,000(元)

(2) 20×9年1月1日,固定資產轉入改擴建。

借:在建工程　　　　　　　　　　　　　　　　406,000
　　累計折舊　　　　　　　　　　　　　　　　194,000
　貸:固定資產　　　　　　　　　　　　　　　　　600,000

(3) 20×9年1月1日—3月31日,發生改擴建工程支出。

借:在建工程　　　　　　　　　　　　　　　　280,000
　貸:銀行存款　　　　　　　　　　　　　　　　　280,000

(4) 20×9年3月31日,生產線改擴建工程達到預定可使用狀態。
固定資產的入帳價值 = 406,000+280,000 = 686,000(元)

借:固定資產　　　　　　　　　　　　　　　　686,000
　貸:在建工程　　　　　　　　　　　　　　　　　686,000

(二) 費用化的後續支出

費用化的後續支出是指與固定資產有關的修理費用等後續支出,不符合固定資產確認條件的,應當根據不同情況分別在發生時計入當期管理費用或銷售費用等。

固定資產修理是指固定資產投入使用之後,由於固定資產磨損、各組成部分耐用程度不同,可能導致固定資產的局部損壞。為了維護固定資產的正常運轉和使用,充分發揮其使用效能,企業將對固定資產進行必要的維護和修理。固定資產的日常修理、大修理等只是確保固定資產的正常工作狀況,這類維修一般範圍較小、間隔時間較短、一次修理費用較少,不能改變固定資產的性能,不能增加固定資產的未來經濟利益,不符合固定資產的確認條件,在發生時應直接計入當期損益。

企業生產車間發生的固定資產修理費用等後續支出計入「製造費用」帳戶;行

政管理部門發生的固定資產修理費用等後續支出計入「管理費用」帳戶；企業專設銷售機構的，其發生的與專設銷售機構相關的固定資產修理費用等後續支出計入「銷售費用」帳戶。

【例8-12】興華公司對現有的一臺生產用設備進行修理維護，修理過程中發生如下支出：領用庫存原材料一批，價值5,000元；為購買該原材料支付的增值稅進項稅額為650元；維修人員工資2,000元。不考慮其他因素，興華公司帳務處理如下：

借：製造費用　　　　　　　　　　　　　　　　7,000
　　貸：原材料　　　　　　　　　　　　　　　　5,000
　　　　應付職工薪酬——工資　　　　　　　　　2,000

(三) 固定資產終止確認和處置

1. 固定資產終止確認的條件

固定資產滿足下列條件之一的，應當予以終止確認：

(1) 該固定資產處於處置狀態。處於處置狀態的固定資產不再用於生產商品、提供勞務、出租或經營管理，因此不再符合固定資產的定義，應予以終止確認。

(2) 該固定資產預期通過使用或處置不能產生經濟利益。固定資產的確認條件之一是與該固定資產有關的經濟利益很可能流入企業，如果一項固定資產預期通過使用或處置不能產生經濟利益，就不再符合固定資產的定義和確認條件，應予以終止確認。

2. 固定資產處置

企業出售、轉讓、報廢固定資產和發生固定資產毀損，應當將處置收入扣除帳面價值和相關稅費後的金額計入當期損益。固定資產處置一般通過「固定資產清理」科目核算。其帳務處理一般需要經過以下幾個步驟：

(1) 固定資產轉入清理。企業應借記「固定資產清理」「累計折舊」「固定資產減值準備」科目，按帳面原值貸記「固定資產」科目。

(2) 發生的清理費用等。企業對固定資產清理過程中應支付的相關稅費及其他費用，借記「固定資產清理」科目，貸記「銀行存款」「應交稅費——應交增值稅」等科目。

(3) 收回出售的固定資產的價款、殘料價值和變價收入等。企業應借記「銀行存款」「原材料」等科目，貸記「固定資產清理」科目。

(4) 保險賠償等的處理。對應由保險公司或過失人賠償的損失，企業借記「其他應收款」等科目，貸記「固定資產清理」科目。

(5) 結轉淨損益的處理。對淨損失，企業應借記「營業外支出」「資產處置損益」科目，貸記「固定資產清理」科目；對淨收益，企業應借記「固定資產清理」科目，貸記「營業外收入」「資產處置損益」科目。

【例8-13】興華公司將一棟廠房出售。該廠房帳面原值800,000元，已計提累計折舊200,000元，已計提減值準備100,000元，出售所得收入600,000元，並存入銀行。興華公司以現金支付清理費5,000元。興華公司帳務處理如下：

(1) 轉入清理。
借：固定資產清理　　　　　　　　　　　　　　500,000
　　累計折舊　　　　　　　　　　　　　　　　200,000
　　固定資產減值準備　　　　　　　　　　　　100,000
　　貸：固定資產　　　　　　　　　　　　　　　　800,000
(2) 收到收入。
借：銀行存款　　　　　　　　　　　　　　　　600,000
　　貸：固定資產清理　　　　　　　　　　　　　　600,000
(3) 核算清理費用。
借：固定資產清理　　　　　　　　　　　　　　　5,000
　　貸：庫存現金　　　　　　　　　　　　　　　　5,000
(4) 結轉清理淨損失。
借：固定資產清理　　　　　　　　　　　　　　　95,000
　　貸：資產處置損益　　　　　　　　　　　　　　95,000
(四) 固定資產的清查

【例8-14】興華公司報廢設備一臺，該設備帳面原值200,000元，已計提累計折舊180,000元，已計提減值準備10,000元；在清理過程中，殘料變價收入3,000元，並存入銀行。興華公司另以銀行存款支付清理費用2,000元。興華公司帳務處理如下：

(1) 轉出報廢固定資產的原值、累計折舊、減值準備。
借：固定資產清理　　　　　　　　　　　　　　　10,000
　　累計折舊　　　　　　　　　　　　　　　　180,000
　　固定資產減值準備　　　　　　　　　　　　　10,000
　　貸：固定資產　　　　　　　　　　　　　　　　200,000
(2) 收到殘料變價收入。
借：銀行存款　　　　　　　　　　　　　　　　　3,000
　　貸：固定資產清理　　　　　　　　　　　　　　3,000
(3) 支付清理費用。
借：固定資產清理　　　　　　　　　　　　　　　2,000
　　貸：銀行存款　　　　　　　　　　　　　　　　2,000
(4) 報廢清理淨損失轉入「營業外支出」。
借：營業外支出——處置非流動資產損失　　　　　9,000
　　貸：固定資產清理　　　　　　　　　　　　　　9,000
(五) 固定資產的毀損

【例8-15】興華公司一批設備由於洪水泛濫被毀壞，其原價為400,000元，已計提累計折舊130,000元，已計提減值準備20,000元。該項固定資產在報廢清理時，發生清理費用5,000元，以銀行存款支付。已毀損固定資產殘料變價收入90,000元，應收保險公司賠款120,000元。興華公司帳務處理如下：

(1) 固定資產轉入清理。
借：固定資產清理　　　　　　　　　　　　　　　250,000
　　累計折舊　　　　　　　　　　　　　　　　　130,000
　　固定資產減值準備　　　　　　　　　　　　　 20,000
　貸：固定資產　　　　　　　　　　　　　　　　 400,000
(2) 支付清理費用。
借：固定資產清理　　　　　　　　　　　　　　　　5,000
　貸：銀行存款　　　　　　　　　　　　　　　　　5,000
(3) 變賣殘料獲得收入。
借：銀行存款　　　　　　　　　　　　　　　　　 90,000
　貸：固定資產清理　　　　　　　　　　　　　　 90,000
(4) 應收保險公司賠償。
借：其他應收款　　　　　　　　　　　　　　　　120,000
　貸：固定資產清理　　　　　　　　　　　　　　120,000
(5) 結轉固定資產清理的淨損失。
借：營業外支出——非常損失　　　　　　　　　　 45,000
　貸：固定資產清理　　　　　　　　　　　　　　 45,000

五、固定資產減值

為核算固定資產減值，企業應設置「固定資產減值準備」科目。「固定資產減值準備」科目核算企業固定資產發生減值時計提的減值準備。在資產負債表日，企業根據《企業會計準則第 8 號——資產減值》確定固定資產發生減值的，按應減記的金額，借記「資產減值損失」科目，貸記「固定資產減值準備」科目。對已計提減值準備的固定資產，企業應當按照該固定資產的帳面價值（固定資產原值-累計折舊-固定資產減值準備）以及尚可使用壽命重新計算確定折舊率和折舊額。處置固定資產時，企業應同時結轉已計提的固定資產減值準備。「固定資產減值準備」科目期末貸方餘額，反應企業已計提但尚未轉銷的固定資產減值準備。

【例8-16】興華公司有一臺生產用設備，原價 100,000 元，預計可使用 5 年，預計淨殘值率為 10%，按年限平均法計提折舊。第一年計提折舊 18,000 元〔（100,000-10,000）/5〕。因此，第一年年末累計折舊額為 18,000 元，帳面淨值為 82,000元。假設根據《企業會計準則第 8 號——資產減值》確定該設備發生減值 12,000 元，則興華公司計提固定資產減值準備的帳務處理如下：

借：資產減值損失　　　　　　　　　　　　　　　12,000
　貸：固定資產減值準備　　　　　　　　　　　　12,000

計提減值準備後，該設備的帳面價值變為 70,000 元。因此，第二年應計提的折舊額為：

$$年折舊額 = \frac{70,000-10,000}{4} = 15,000（元）$$

第二節　投資性房地產

隨著中國社會主義市場經濟的發展和完善，房地產市場日益活躍，企業持有房地產除了用於自身管理、生產經營活動場所和對外銷售之外，還出現了將房地產用於賺取租金或增值收益的活動，這甚至是個別企業的主營業務。用於出租或增值的房地產就是投資性房地產。投資性房地產在用途、狀態、目的等方面與企業自用的將廠房、辦公樓等作為生產經營場所的房地產和房地產開發企業用於銷售的房地產是不同的。在中國，土地歸國家或集體所有，企業只能取得土地使用權。因此，房地產中的土地是指土地使用權，房屋是指土地上的房屋等建築物及構築物。

一、投資性房地產的定義及特徵

投資性房地產是指為賺取租金或使資本增值，或者兩者兼有而持有的房地產。投資性房地產應當能夠單獨計量和出售。

投資性房地產主要有以下特徵：

（一）投資性房地產是一種經營性活動

投資性房地產的主要形式是建築物使用權、土地使用權。房地產租金就是讓渡資產使用權取得的使用費收入，是企業為完成其經營目標所從事的經營性活動以及與之相關的其他活動形成的經濟利益總流入。投資性房地產的一種形式是持有並準備增值後轉讓的土地使用權，儘管其增值收益通常與市場供求、經濟發展等因素相關，但目的是增值後轉讓以賺取增值收益，通過這種形式取得的收入也是企業為完成其經營目標所從事的經營性活動以及與之相關的其他活動形成的經濟利益的總流入。根據相關法規的規定，企業房地產出租、國有土地使用權增值後轉讓均屬於一種經營活動，其取得的房地產租金收入或國有土地使用權轉讓收益應當繳納增值稅等。按照國家有關規定認定的閒置土地，不屬於持有並準備增值後轉讓的土地使用權。在中國，持有並準備增值後轉讓的土地使用權這種形式較少。

（二）投資性房地產在用途、狀態、目的等方面區別於作為生產經營場所的房地產和用於銷售的房地產

企業持有的房地產除了用於自身管理、生產經營活動場所和對外銷售之外，還用於賺取租金或增值收益的活動，這類活動甚至是個別企業的主營業務。這就需要將投資性房地產單獨作為一項資產來核算和反應，與自用的廠房、辦公樓等房地產和作為存貨（已建完工商品房）的房地產加以區別，從而更加清晰地反應企業所持有房地產的構成情況和盈利能力。企業在首次執行《企業會計準則第 3 號——投資性房地產》時，應當根據投資性房地產的定義對資產進行重新分類，凡是符合投資性房地產定義和確認條件的建築物和土地使用權，應當歸為投資性房地產。

（三）投資性房地產有兩種後續計量模式

企業通常應當採用成本模式對投資性房地產進行後續計量，在滿足特定條件的情況下，即有確鑿證據表明其所有投資性房地產的公允價值能夠持續可靠取得的，

也可以採用公允價值模式進行後續計量。也就是說，《企業會計準則第 3 號——投資性房地產》適當引入公允價值模式，在滿足特定條件的情況下，企業可以對投資性房地產採用公允價值模式進行後續計量。但是，同一企業只能採用一種模式對所有投資性房地產進行後續計量，不得同時採用兩種計量模式。

二、投資性房地產的範圍

投資性房地產的範圍包括已出租的土地使用權、持有並準備增值後轉讓的土地使用權以及已出租的建築物。

（一）已出租的土地使用權

已出租的土地使用權是指企業通過出讓或轉讓方式取得的，以經營租賃方式出租的土地使用權。企業取得的土地使用權通常包括在一級市場上以繳納土地出讓金的方式取得土地使用權，也包括在二級市場上接受其他單位轉讓的土地使用權。

【例 8-17】興華公司與 A 公司簽署了土地使用權租賃協議，興華公司以年租金 720 萬元租賃使用 A 公司擁有的 40 萬平方米土地使用權。那麼，自租賃協議約定的租賃期開始日起，這項土地使用權屬於 A 公司的投資性房地產。

對於以經營租賃方式租入土地使用權再轉租給其他單位的，不能將其確認為投資性房地產。

（二）持有並準備增值後轉讓的土地使用權

持有並準備增值後轉讓的土地使用權是指企業通過出讓或轉讓方式取得並準備增值後轉讓的土地使用權。這類土地使用權很可能給企業帶來資本增值收益，符合投資性房地產的定義。例如，企業發生轉產或廠址搬遷，部分土地使用權停止自用，管理層決定繼續持有這部分土地使用權，待其增值後轉讓以賺取增值收益。

企業依法取得土地使用權後，應當按照國有土地有償使用合同或建設用地批准書規定的期限動工開發建設。根據 1999 年 4 月 26 日國土資源部發布的《閒置土地處置辦法》的規定，土地使用者依法取得土地使用權後，未經原批准地人民政府的同意，超過規定的期限未動工開發建設的建設用地屬於閒置土地。具有下列情形之一的，也可以認定為閒置土地：國有土地有償使用合同或建設用地批准書未規定動工開發建設日期，自國有土地有償使用合同生效或土地行政主管部門建設用地批准書頒發之日起滿 1 年未動工開發建設的；已動工開發建設但開發建設的面積占應動工開發建設總面積不足 1/3 或已投資額占總投資額不足 25% 且未經批准中止開發建設連續滿 1 年的；法律、行政法規規定的其他情形。《閒置土地處置辦法》還規定，經法定程序批准，對閒置土地可以選擇延長開發建設時間（不超過 1 年）、改變土地用途、辦理有關手續後繼續開發建設等處置方案。

按照國家有關規定認定的閒置土地不屬於持有並準備增值後轉讓的土地使用權，也就不屬於投資性房地產。

（三）已出租的建築物

已出租的建築物是指企業擁有產權並以經營租賃方式出租的房屋等建築物，包括自行建造或開發活動完成後用於出租的建築物。例如，興華公司將其擁有的某棟廠房整體出租給 A 公司，租賃期 2 年，對於興華公司而言，自租賃期開始日起，這

棟廠房屬於其投資性房地產。企業在判斷和確認已出租的建築物時，應當把握以下要點：

（1）用於出租的建築物是指企業擁有產權的建築物。企業以經營租賃方式租入再轉租的建築物不屬於投資性房地產。

【例8-18】興華公司與A企業簽訂了一項經營租賃合同，A企業將其擁有產權的一棟辦公樓出租給興華公司，為期5年。興華公司一開始將該辦公樓改裝後用於自行經營餐館。2年後，由於連續虧損，興華公司將餐館轉租給丙公司，以賺取租金差價。在這種情況下，對於興華公司而言，該棟樓不屬於其投資性房地產；對於A企業而言，該棟樓屬於其投資性房地產。

（2）已出租的建築物是企業已經與其他方簽訂了租賃協議，約定以經營租賃方式出租的建築物。自租賃協議規定的租賃期開始日起，經營租出的建築物屬於已出租的建築物。對於企業持有以備經營出租的空置建築物，只有企業管理當局（董事會或類似機構）做出正式書面決議，明確表明將其用於經營出租且持有意圖短期內不再發生變化的，才可以將其視為投資性房地產。這裡的「空置建築物」指的是企業新購入、自行建造或開發完工但尚未使用的建築物以及不再用於日常生產經營活動，且經整理後達到可經營出租狀態的建築物。

【例8-19】興華公司在當地房地產交易中心通過競拍取得一塊土地的使用權，興華公司按照合同規定對這塊土地進行了開發，並在這塊土地上建造了一棟商場，擬用於整體出租，但尚未開發完工。該尚未開發完工的商場不屬於空置建築物，不屬於投資性房地產。

（3）企業將建築物出租，按租賃協議向承租人提供的相關輔助服務在整個協議中不重大的，應當將該建築物確認為投資性房地產。

【例8-20】興華公司將其辦公樓出租，同時向承租人提供維護、保安等日常輔助服務，興華公司應當將其確認為投資性房地產。假如興華公司購買了一棟寫字樓，共12層，其中1層經營出租給某家大型超市，2~5層經營出租給A公司，6~12層經營出租給B公司，興華公司同時為該寫字樓提供保安、維修等日常輔助服務。興華公司將寫字樓出租，同時提供的輔助服務不重大。對於興華公司而言，這棟寫字樓屬於興華公司的投資性房地產。

三、不屬於投資性房地產的項目

（一）自用房地產

自用房地產是指為生產商品、提供勞務或經營管理而持有的房地產。企業生產經營用的廠房和辦公樓屬於固定資產，企業生產經營用的土地使用權屬於無形資產。自用房地產的特徵在於其服務於企業自身的生產經營活動，其價值將隨著房地產的使用而逐漸轉移到企業的產品或服務中去，通過銷售商品或提供服務為企業帶來經濟利益，在產生現金流量的過程中與企業持有的其他資產密切相關。例如，企業出租給本企業職工居住的宿舍，企業雖然收取租金，但間接為企業自身的生產經營服務，因此具有自用房地產的性質。

(二) 作為存貨的房地產

作為存貨的房地產通常是指房地產開發企業在正常經營過程中銷售的或為銷售而正在開發的商品房和土地。這部分房地產屬於房地產開發企業的存貨，其生產、銷售構成企業的主營業務活動，產生的現金流量也與企業的其他資產密切相關。因此，具有存貨性質的房地產不屬於投資性房地產。

從事房地產經營開發的企業依法取得的，用於開發後出售的土地使用權屬於房地產開發企業的存貨，即使是房地產開發企業決定待增值後再轉讓其開發的土地，也不得將其確認為投資性房地產。

在實務中，存在某項房地產部分自用或作為存貨出售，部分用於賺取租金或資本增值的情形。如果某項投資性房地產不同用途的部分能夠單獨計量和出售，應當分別將其各部分確認為固定資產、無形資產、存貨和投資性房地產。

【例 8-21】興華公司（房地產開發商）建造了一棟商住兩用樓盤，一層出租給一家大型超市，已簽訂經營租賃合同，其餘樓層都為普通住宅正在公開銷售中。在這種情況下，如果一層商鋪能夠單獨計量和出售，興華公司應當將其確認為投資性房地產，其餘樓層為存貨，即開發產品。

四、投資性房地產的確認

企業將某個項目確認為投資性房地產，首先應當符合投資性房地產的概念，其次要同時滿足投資性房地產的兩個確認條件，才能予以確認。

（1）與該投資性房地產有關的經濟利益很可能流入企業。

（2）該投資性房地產的成本能夠可靠計量。

對於已出租的土地使用權、建築物，其作為投資性房地產的確認時點為租賃期開始日，即土地使用權、建築物進入出租狀態，開始賺取租金的日期。但企業管理當局對企業持有以備經營出租的空置建築物做出正式書面決議，明確表明將其用於經營出租且持有意圖短期內不再發生變化的，可視為投資性房地產。其作為投資性房地產的時點為企業管理當局就該事項做出正式書面決議的日期。對於持有並準備增值後轉讓的土地使用權，其作為投資性房地產的確認時點為企業將自用土地使用權停止自用，準備增值後轉讓的日期。

五、採用成本模式計量的投資性房地產

根據《企業會計準則第 3 號——投資性房地產》的規定，投資性房地產應當按照成本進行初始確認和計量。在後續計量時，企業通常應當採用成本模式，在滿足特定條件的情況下也可以採用公允價值模式。但是，同一企業只能採用一種模式對所有投資性房地產進行後續計量，不得同時採用兩種計量模式。

成本模式的會計處理比較簡單，主要涉及「投資性房地產」「投資性房地產累計舊（攤銷）」「投資性房地產減值準備」等科目，可比照「固定資產」「無形資產」「累計折舊」「累計攤銷」「固定資產減值準備」「無形資產減值準備」等相關科目進行處理。

(一) 外購或自行建造的投資性房地產

1. 外購投資性房地產的確認和初始計量

對於外購的房地產，只有在購入的同時開始出租，企業才能將其作為投資性房地產加以確認。例如，某公司擬購入一棟寫字樓並將其中一層租賃給其他企業使用，在購買過程中，該公司就與其他公司簽訂了租賃協議，約定該層寫字樓購入時開始起租。在這種情況下，該層寫字樓的購入日同時也是租賃期開始日，該公司應當在購入日將其作為投資性房地產加以確認。如果該公司簽訂的租賃協議約定在購入後3個月再出租，則其應當先將該寫字樓作為固定資產加以確認，直至租賃期開始日才能從固定資產轉換為投資性房地產。

對於外購採用成本模式計量的土地使用權和建築物，企業應當按照取得時的實際成本進行初始計量，借記「投資性房地產」科目，貸記「銀行存款」等科目。其成本包括購買價款、相關稅費和可直接歸屬於該資產的其他支出。企業購入的房地產，部分用於出租（或資本增值），部分自用，用於出租（或資本增值）的部分應當予以單獨確認，即按照不同部分的公允價值占公允價值總額的比例將成本在不同部分之間進行合理分配。

【例8-22】20×8年3月，興華公司計劃購入一棟寫字樓用於對外出租。3月15日，興華公司與A企業簽訂了經營租賃合同，約定自寫字樓購買日起將這棟寫字樓出租給A企業，為期5年。4月5日，興華公司實際購入寫字樓，支付價款共計5,000萬元。假設不考慮其他因素，興華公司採用成本模式進行後續計量。興華公司帳務處理如下：

借：投資性房地產——寫字樓　　　　　　　　　　50,000,000
　　貸：銀行存款　　　　　　　　　　　　　　　　　　50,000,000

2. 自行建造投資性房地產的確認和初始計量

企業自行建造或開發活動完成後用於出租的房地產屬於投資性房地產。只有在自行建造或開發活動完成的同時開始出租，企業才能將自行建造或開發完成的房地產確認為投資性房地產。例如，某房地產開發企業擬將開發的商業街出租，在開發活動完成前就已經完成了招租工作，與進駐該商業街的其他企業簽訂了房產租賃合同，約定交付使用的日期為租賃期開始日。在這種情況下，商業街的開發完成日同時也是租賃期開始日，企業應當在當日將該項房地產作為投資性房地產加以確認。如果租賃協議約定竣工後半年才開始起租，或者該公司在竣工後半年才開始招租，則企業應當先將該項房地產作為固定資產、開發產品加以確認，直至租賃期開始日，才能將其從固定資產、存貨轉換為投資性房地產。

自行建造的採用成本模式計量的投資性房地產，其成本由建造該項資產達到預定可使用狀態前發生的必要支出構成，包括土地開發費、建築成本、安裝成本、應予以資本化的借款費用、支付的其他費用和分攤的間接費用等。建造過程中發生的非正常性損失直接計入當期損益，不計入建造成本。企業採用成本模式計量的，應按照確定的成本，借記「投資性房地產」科目，貸記「在建工程」或「開發產品」科目。

【例8-23】20×8年1月，興華公司從其他單位購入一塊土地的使用權，並在這

塊土地上開始自行建造三棟廠房。20×8 年 10 月，興華公司預計廠房即將完工，與 A 公司簽訂了經營租賃合同，將其中的一棟廠房租賃給 A 公司使用。租賃合同約定，該廠房於完工（達到預定可使用狀態）時開始起租。20×8 年 11 月 1 日，三棟廠房同時完工（達到預定可使用狀態）。該塊土地使用權的成本為 900 萬元，三棟廠房的實際造價都為 1,000 萬元，能夠單獨出售。假設興華公司採用成本計量模式。興華公司帳務處理如下：

土地使用權中的對應部分同時轉換為投資性房地產，即 900×(1,000÷3,000) = 300 萬元。

　　借：投資性房地產——廠房　　　　　　　　　　　10,000,000
　　　　貸：在建工程　　　　　　　　　　　　　　　　10,000,000
　　借：投資性房地產——已出租土地使用權　　　　　　3,000,000
　　　　貸：無形資產——土地使用權　　　　　　　　　　3,000,000

（二）非投資性房地產轉換為投資性房地產

非投資性房地產轉換為投資性房地產，實質上是因房地產用途發生改變而對房地產進行的重新分類。這裡所說的房地產轉換是針對房地產用途發生改變而言的，而不是後續計量模式的轉變。企業必須有確鑿證據表明房地產用途發生改變，才能將投資性房地產轉換為非投資性房地產，或者將非投資性房地產轉換為投資性房地產，這裡的確鑿證據包括兩個方面：一是企業管理當局應當就改變房地產用途形成正式的書面決議；二是房地產因用途改變而發生實際狀態上的改變，如從自用狀態改為出租狀態。房地產轉換形式主要包括：作為存貨的房地產改為出租；自用建築物或土地使用權停止自用，改為出租；自用土地使用權停止自用，改用於資本增值；投資性房地產開始自用。

1. 作為存貨的房地產轉換為投資性房地產

作為存貨的房地產轉換為投資性房地產，通常指房地產開發企業將其持有的開發產品以經營租賃的方式出租，存貨相應地轉換為投資性房地產。在這種情況下，轉換日為房地產的租賃期開始日。租賃期開始日是指承租人有權行使其使用租賃資產權利的日期。

企業將作為存貨的房地產轉換為採用成本模式計量的投資性房地產，應當按該項存貨在轉換日的帳面價值，借記「投資性房地產」科目，原已計提跌價準備的，借記「存貨跌價準備」科目，按其帳面餘額，貸記「開發產品」等科目。

【例 8-24】興華公司是從事房地產開發業務的企業。20×8 年 3 月 10 日，興華公司與 A 公司簽訂了租賃協議，將其開發的一棟寫字樓出租給 A 公司使用，租賃期開始日為 20×8 年 4 月 15 日。20×8 年 4 月 15 日，該寫字樓的帳面餘額為 45,000 萬元，未計提存貨跌價準備。

租賃期開始日為 20×8 年 4 月 15 日，當日由存貨轉換為投資性房地產。興華公司帳務處理如下：

　　借：投資性房地產——寫字樓　　　　　　　　　　450,000,000
　　　　貸：開發產品　　　　　　　　　　　　　　　　450,000,000

2. 自用房地產轉換為投資性房地產

自用房地產轉換為投資性房地產，也就是說，企業將原本用於生產商品、提供勞務或經營管理的房地產改用於出租或資本增值。在這種情況下，轉換日為企業停止將該項土地使用權用於生產商品、提供勞務或經營管理且管理當局做出房地產轉換決議的日期。

企業應於轉換日按照固定資產或無形資產的帳面價值，將固定資產或無形資產相應地轉換為投資性房地產。

企業將自用土地使用權或建築物轉換為以成本模式計量的投資性房地產時，應當按該項建築物或土地使用權在轉換日的原價、累計折舊、減值準備等，分別將其轉入「投資性房地產」「投資性房地產累計折舊（攤銷）」「投資性房地產減值準備」科目，按其帳面餘額，借記「投資性房地產」科目，貸記「固定資產」或「無形資產」科目，按已計提的折舊或攤銷，借記「累計折舊」或「累計攤銷」科目，貸記「投資性房地產累計折舊（攤銷）」科目，原已計提減值準備的，借記「固定資產減值準備」或「無形資產減值準備」科目，貸記「投資性房地產減值準備」科目。

【例8-25】興華公司擁有一棟辦公樓，用於本企業總部辦公。20×8年3月10日，興華公司與A公司簽訂了經營租賃協議，將這棟辦公樓整體出租給A公司使用，租賃期開始日為20×8年4月15日，為期5年。20×8年4月15日，這棟辦公樓的帳面餘額為45,000萬元，已計提折舊300萬元。假設興華公司採用成本計量模式。興華公司帳務處理如下：

借：投資性房地產——寫字樓		450,000,000
累計折舊		3,000,000
貸：固定資產		450,000,000
投資性房地產累計折舊		3,000,000

（三）投資性房地產的後續計量

對於採用成本模式進行後續計量的投資性房地產而言，企業應當按照《企業會計準則第4號——固定資產》或《企業會計準則第6號——無形資產》的有關規定，按期（月）計提折舊或攤銷，借記「其他業務成本」等科目，貸記「投資性房地產累計折舊（攤銷）」科目。取得的租金收入，借記「銀行存款」等科目，貸記「其他業務收入」等科目。

投資性房地產存在減值跡象的，企業應當按照《企業會計準則第8號——資產減值》的有關規定，經減值測試後確定發生減值的，應當計提減值準備，借記「資產減值損失」科目，貸記「投資性房地產減值準備」科目。如果已經計提減值準備的投資性房地產的價值又得以恢復，不得轉回。

【例8-26】興華公司將一棟辦公樓出租給A公司使用，已確認為投資性房地產，採用成本模式進行後續計量。假設該棟辦公樓的成本為2,280萬元，按照直線法計提折舊，使用壽命為20年，預計淨殘值為0。按照經營租賃合同約定，A公司每月支付興華公司租金10萬元。當年12月，這棟辦公樓發生減值跡象，經減值調試，其可收回金額為1,700萬元，此時辦公樓的帳面價值為2,000萬元，以前未計提減值準備。興華公司帳務處理如下：

（1）計提折舊。
每月計提折舊 = 2,280÷20÷12 = 9.5（萬元）
借：其他業務成本　　　　　　　　　　　　　　95,000
　　貸：投資性房地產累計折舊　　　　　　　　　　95,000
（2）確認租金。
借：銀行存款　　　　　　　　　　　　　　　　100,000
　　貸：其他業務收入　　　　　　　　　　　　　100,000
（3）計提減值準備。
借：資產減值損失　　　　　　　　　　　　　3,000,000
　　貸：投資性房地產資產減值損失　　　　　　3,000,000
（四）與投資性房地產有關的後續支出
1. 資本化的後續支出
　　與投資性房地產有關的後續支出，滿足投資性房地產確認條件的，應當計入投資性房地產成本。例如，企業為了提高投資性房地產的使用效能，往往需要對投資性房地產進行改建、擴建而使其更加堅固耐用，或者通過裝修而改善其室內裝潢，改擴建或裝修支出滿足確認條件的，應當將其資本化。
　　採用成本模式計量的，投資性房地產進入改良或裝修階段後，企業應當將其帳面價值轉入「投資性房地產——××（在建）」科目，借記「投資性房地產——××（在建）」「投資性房地產累計折舊（攤銷）」等科目，貸記「投資性房地產」科目。發生資本化的改良或裝修支出，企業應通過「投資性房地產——××（在建）」科目歸集，借記「投資性房地產——××（在建）」科目，貸記「銀行存款」「應付帳款」等科目。改良或裝修完成後，繼續用於投資性房地產的，企業應當從在建工程轉入投資性房地產，借記「投資性房地產」科目，貸記「投資性房地產——××（在建）」科目。
　　【例8-27】20×8年3月，興華公司與A公司的一份廠房經營租賃合同即將到期，該廠房按照成本模式進行後續計量，原價為2,000萬元，已計提折舊600萬元。為了增加廠房的租金收入，興華公司決定在租賃期滿後對廠房進行改擴建，並與丙公司簽訂了經營租賃合同，約定自改擴建完工時將廠房出租給丙公司。3月15日，興華公司與A公司的租賃合同到期，廠房隨即進入改擴建工程。12月15日，廠房改擴建工程完工，共發生支出150萬元，即日興華公司按照租賃合同將其出租給丙公司。
　　改擴建支出屬於資本化的後續支出，應當計入投資性房地產的成本。興華公司帳務處理如下：
（1）20×8年3月15日，投資性房地產轉入改擴建工程。
借：投資性房地產——在建　　　　　　　　14,000,000
　　投資性房地產累計折舊　　　　　　　　　6,000,000
　　貸：投資性房地產　　　　　　　　　　　20,000,000
（2）20×8年3月15日—12月15日。
借：投資性房地產——在建　　　　　　　　　1,500,000

貸：銀行存款　　　　　　　　　　　　　　　　　　　　1,500,000
　(3) 20×8年12月15日，改擴建工程完工。
　　　借：投資性房地產——廠房　　　　　　　　　　　　　15,500,000
　　　貸：投資性房地產——在建　　　　　　　　　　　　　15,500,000
　2. 費用化的後續支出
　　與投資性房地產有關的後續支出，不滿足投資性房地產確認條件的應當在發生時計入當期損益。例如，企業對投資性房地產進行日常維護所發生的支出。企業在發生投資性房地產費用化的後續支出時，借記「其他業務成本」等科目，貸記「銀行存款」等科目。
　　【例8-28】興華公司對其某項投資性房地產進行日常維修，發生維修支出5萬元。
　　日常維修支出屬於費用化的後續支出，應當計入當期損益。興華公司帳務處理如下：
　　　借：其他業務成本　　　　　　　　　　　　　　　　　　　50,000
　　　貸：銀行存款　　　　　　　　　　　　　　　　　　　　　50,000
　(五) 投資性房地產轉換為自用房地產
　　企業將原本用於賺取租金或資本增值的房地產改用於生產商品、提供勞務或經營管理時，投資性房地產相應地轉換為固定資產或無形資產。例如，企業將出租的廠房收回，並用於生產本企業的產品。在此種情況下，轉換日為房地產達到自用狀態，企業開始將房地產用於生產商品、提供勞務或經營管理的日期。
　　投資性房地產開始自用，轉換日是指房地產達到自用狀態，企業開始將房地產用於生產商品、提供勞務或經營管理的日期。
　　企業將投資性房地產轉換為自用房地產時，應當按該項投資性房地產在轉換日的帳面餘額、累計折舊或攤銷、減值準備等，分別轉入「固定資產」「累計折舊」「固定資產減值準備」等科目；按投資性房地產的帳面餘額，借記「固定資產」或「無形資產」科目，貸記「投資性房地產」科目；按已計提的折舊或攤銷，借記「投資性房地產累計折舊（攤銷）」科目，貸記「累計折舊」或「累計攤銷」科目；原已計提減值準備的，借記「投資性房地產減值準備」科目，貸記「固定資產減值準備」或「無形資產減值準備」科目。
　　【例8-29】20×8年8月1日，興華公司將出租在外的廠房收回，開始用於本公司生產商品。該項房地產在轉換日前採用成本模式計量，其帳面價值為2,800萬元，其中原價5,000萬元，累計已提折舊2,200萬元。興華公司帳務處理如下：
　　　借：固定資產　　　　　　　　　　　　　　　　　　　50,000,000
　　　　　投資性房地產累計折舊　　　　　　　　　　　　　22,000,000
　　　貸：投資性房地產——廠房　　　　　　　　　　　　　50,000,000
　　　　　累計折舊　　　　　　　　　　　　　　　　　　　22,000,000
　(六) 投資性房地產的處置
　　當投資性房地產被處置或永久退出使用且企業不能從其處置中取得經濟利益時，企業應當終止確認該投資性房地產。

企業可以通過對外出售或轉讓的方式處置投資性房地產，對那些由於使用而不斷磨損直到最終報廢，或者由於遭受自然災害等非正常損失發生毀損的投資性房地產，企業應當及時進行清理。此外，企業因其他原因，如非貨幣性資產交換等而減少投資性房地產也屬於投資性房地產的處置。企業出售、轉讓、報廢投資性房地產或發生投資性房地產毀損，應當將處置收入扣除其帳面價值和相關稅費後的金額計入當期損益。

企業處置採用成本模式計量的投資性房地產時，應當按實際收到的金額，借記「銀行存款」等科目，貸記「其他業務收入」等科目；按該項投資性房地產的帳面價值，借記「其他業務成本」科目，按其帳面餘額，貸記「投資性房地產」科目；按照已計提的折舊或攤銷，借記「投資性房地產累計折舊（攤銷）」科目；原已計提減值準備的，借記「投資性房地產減值準備」科目。

【例8-30】興華公司將其出租的一棟寫字樓確認為投資性房地產，採用成本模式計量。租賃期屆滿後，興華公司將該棟寫字樓出售給A公司，合同價款為30,000萬元，A公司已用銀行存款付清。出售時，該棟寫字樓的成本為28,000萬元，已計提折舊3,000萬元。興華公司帳務處理如下：

借：銀行存款	300,000,000
貸：其他業務收入	300,000,000
借：其他業務成本	250,000,000
投資性房地產累計折舊	30,000,000
貸：投資性房地產——寫字樓	280,000,000

【例8-31】興華公司為了滿足市場需求，擴大再生產，將生產車間從市中心搬遷到郊區。20×6年3月，管理層決定，將原廠區陳舊廠房拆除平整後，持有已備增值後轉讓。土地使用權的帳面餘額為3,000萬元，已計提攤銷900萬元，剩餘使用年限40年，按照直線法攤銷，不考慮殘值。20×9年3月，興華公司將原廠區出售，取得轉讓收入4,000萬元。假設不考慮相關稅費。興華公司帳務處理如下：

（1）轉換日。

借：投資性房地產——土地使用權	30,000,000
累計攤銷	9,000,000
貸：無形資產——土地使用權	30,000,000
投資性房地產累計折舊	9,000,000

（2）計提攤銷（假設按年）。

借：其他業務成本	525,000
貸：投資性房地產累計折舊	525,000

（3）出售。

借：銀行存款	40,000,000
貸：其他業務收入	40,000,000
借：其他業務成本	28,425,000
投資性房地產累計折舊	1,575,000
貸：投資性房地產——土地使用權	30,000,000

六、採用公允價值模式計量的投資性房地產

對於投資性房地產，只有存在確鑿證據表明其公允價值能夠持續可靠取得時，企業才能採用公允價值模式計量。企業一旦選擇公允價值模式，就應當對其所有投資性房地產採用公允價值模式進行後續計量。

採用公允價值模式計量投資性房地產，應當同時滿足以下兩個條件：一是投資性房地產所在地有活躍的房地產交易市場。所在地通常指投資性房地產所在的城市，對於大中型城市，所在地應當為投資性房地產所在的城區。二是企業能夠從房地產交易市場上取得同類或類似房地產的市場價格及其他相關信息，從而對投資性房地產的公允價值做出科學合理的估計。同類或類似的房地產，對於建築物，是指所處地理位置和地理環境相同、性質相同、結構類型相同或相近、新舊程度相同或相近、可使用狀況相同或相近的建築物；對於土地使用權，是指同一位置區域、所處地理環境相同或相近、可使用狀況相同或相近的土地。這兩個條件必須同時具備，缺一不可。

確定投資性房地產的公允價值時，企業可以參照活躍市場上同類或類似房地產的現行市場價格（市場公開報價）來確定投資性房地產的公允價值。無法取得同類或類似房地產現行市場價格的，企業可以參照活躍市場上同類或類似房地產的最近交易價格，並考慮交易情況、交易日期、所在區域等因素予以確定。企業也可以基於預計未來獲得的租金收益和相關現金流量予以計量。企業可以採用具有相關資質和經驗的資產評估師評估確定投資性房地產的公允價值。

（一）外購或自行建造的投資性房地產

外購或自行建造的採用公允價值模式計量的投資性房地產應當按照取得時的成本進行初始計量。其實際成本的確定與外購或自行建造的採用成本模式計量的投資性房地產一致。企業應當在「投資性房地產」科目下設置「成本」和「公允價值變動」兩個明細科目，外購或自行建造時發生的實際成本，計入「投資性房地產（成本）」科目。

【例8-32】20×8年3月，興華公司計劃購入一棟寫字樓用於對外出租。3月15日，興華公司與A公司簽訂了經營租賃合同，約定自寫字樓購買日起將這棟寫字樓出租給A公司，為期5年。4月5日，興華公司實際購入該寫字樓，支付價款共計1,200萬元。假設興華公司擁有的投資性房地產符合採用公允價值模式計量的條件，採用公允價值模式進行後續計量。興華公司帳務處理如下：

借：投資性房地產——寫字樓　　　　　　　　　　12,000,000
　貸：銀行存款　　　　　　　　　　　　　　　　　12,000,000

（二）非投資性房地產轉換為投資性房地產

1. 作為存貨的房地產轉換為投資性房地產

企業將作為存貨的房地產轉換為採用公允價值模式計量的投資性房地產時，應當按該項房地產在轉換日的公允價值，借記「投資性房地產（成本）」科目；原已計提跌價準備的，借記「存貨跌價準備」科目；按其帳面餘額，貸記「開發產品」等科目。同時，轉換日的公允價值小於帳面價值的，企業按其差額，借記「公允價

值變動損益」科目；轉換日的公允價值大於帳面價值的，企業按其差額，貸記「其他綜合收益」科目。待該項投資性房地產處理時，因轉換計入資本公積的部分應轉入當期的其他業務收入，借記「其他綜合收益」科目，貸記「其他業務成本」科目。

【例8-33】20×8年3月10日，興華公司與A公司簽訂了租賃協議，將其開發的一棟寫字樓出租給A公司。租賃期開始日為20×8年4月15日。20×8年4月15日，該寫字樓的帳面餘額為45,000萬元，公允價值為47,000萬元。20×8年12月31日，該項投資性房地產的公允價值為48,000萬元。興華公司帳務處理如下：

(1) 20×8年4月15日。

借：投資性房地產——成本　　　　　　　　　　　　470,000,000
　　貸：開發產品　　　　　　　　　　　　　　　　　450,000,000
　　　　其他綜合收益　　　　　　　　　　　　　　　 20,000,000

(2) 20×8年12月31日。

借：投資性房地產——公允價值變動　　　　　　　　　10,000,000
　　貸：公允價值變動損益　　　　　　　　　　　　　 10,000,000

2. 自用房地產轉換為投資性房地產

企業將自用房地產轉換為採用公允價值模式計量的投資性房地產時，應當按該項土地使用權或建築物在轉換日的公允價值，借記「投資性房地產（成本）」科目；按已計提的累計攤銷或累計折舊，借記「累計攤銷」或「累計折舊」科目；原已計提減值準備的，借記「無形資產減值準備」「固定資產減值準備」科目；按其帳面餘額，貸記「固定資產」或「無形資產」科目。同時，轉換日的公允價值小於帳面價值的，按其差額，借記「公允價值變動損益」科目；轉換日的公允價值大於帳面價值的，按其差額，貸記「其他綜合收益」科目。待該項投資性房地產處置時，因轉換計入其他綜合收益的部分應轉入當期損益，借記「其他綜合收益」科目，貸記「其他業務成本」科目。

【例8-34】20×8年6月，興華公司打算搬遷至新建辦公樓，由於原辦公樓處於商業繁華地段，興華公司準備將其出租，以賺取租金收入。20×8年10月，興華公司完成了搬遷工作，原辦公樓停止自用。20×8年12月，興華公司與A公司簽訂了租賃協議，將其原辦公樓租賃給A公司使用，租賃期開始日為20×8年1月1日，租賃期限為3年。20×8年1月1日，該辦公樓的公允價值為35,000萬元，其原價為50,000萬元，已提折舊14,250萬元。假設興華公司對投資性房地產採用公允價值模式計量。興華公司帳務處理如下：

興華公司應當於租賃期開始日（20×8年1月1日）將自用房地產轉換為投資性房地產。

借：投資性房地產——成本　　　　　　　　　　　　350,000,000
　　公允價值變動損益　　　　　　　　　　　　　　　7,500,000
　　累計折舊　　　　　　　　　　　　　　　　　　142,500,000
　　貸：固定資產　　　　　　　　　　　　　　　　500,000,000

（三）投資性房地產的後續計量

投資性房地產採用公允價值模式進行後續計量的，不計提折舊或攤銷，應當以資產負債表日的公允價值計量。資產負債表日，企業按照投資性房地產的公允價值高於其帳面餘額的差額，借記「投資性房地產——公允價值變動」科目，貸記「公允價值變動損益」科目；按照公允價值低於其帳面餘額的差額做相反的帳務處理。

【例8-35】興華公司為從事房地產經營開發的公司。20×8年8月，興華公司與A公司簽訂租賃協議，約定將興華公司開發的一棟精裝修的寫字樓於開發完成的同時開始租給A公司使用，租賃期為10年。20×8年10月1日，該寫字樓開發完成並開始起租，寫字樓的造價為9,000萬元。20×8年12月31日，該寫字樓的公允價值為9,200萬元。假設興華公司對投資性房地產採用公允價值模式計量。興華公司帳務處理如下：

(1) 20×8年10月1日，興華公司開發完成寫字樓並出租。

借：投資性房地產——成本　　　　　　　　　　　90,000,000
　　貸：開發成本　　　　　　　　　　　　　　　　90,000,000

(2) 20×8年12月31日，以公允價值為基礎調整其帳面價值，公允價值與原帳面價值之間的差額計入當期損益。

借：投資性房地產——公允價值變動　　　　　　　2,000,000
　　貸：公允價值變動損益　　　　　　　　　　　　2,000,000

（四）投資性房地產的後續支出

1. 資本化的後續支出

與投資性房地產有關的後續支出滿足投資性房地產確認條件的應當計入投資性房地產成本。

採用公允價值模式計量的，投資性房地產進入改良或裝修階段，借記「投資性房地產——在建」科目，貸記「投資性房地產——成本」「投資性房地產——公允價值變動」等科目；在改良或裝修完成後，繼續用於投資性房地產的，借記「投資性房地產——成本」科目，貸記「投資性房地產——在建」科目。

【例8-36】20×8年3月，興華公司與A公司的一份廠房經營租賃合同即將到期。為了增加廠房的租金收入，興華公司決定在租賃期滿後對廠房進行改擴建，並與B公司簽訂了經營租賃合同，約定自改擴建完工時將廠房出租給B公司。3月15日，興華公司與A公司的租賃合同到期，廠房隨即進行改擴建。11月10日，廠房改擴建工程完工，共發生支出150萬元，即日興華公司按照租賃合同將廠房出租給B公司。3月15日，廠房帳面餘額為1,200萬元，其中成本1,000萬元，累計公允價值變動200萬元。假設興華公司對投資性房地產採用公允價值模式計量。改擴建支出屬於資本化的後續支出，應當計入投資性房地產的成本。興華公司帳務處理如下：

(1) 20×8年3月15日，投資性房地產轉入改擴建工程。

借：投資性房地產——在建　　　　　　　　　　　12,000,000
　　貸：投資性房地產——成本　　　　　　　　　　10,000,000
　　　　　　　　　　——公允價值變動　　　　　　 2,000,000

(2) 20×8 年 3 月 15 日—11 月 10 日。

借：投資性房地產——在建 1,500,000
　貸：銀行存款 1,500,000

(3) 20×8 年 1 月 10 日，改擴建工程完工。

借：投資性房地產——成本 13,500,000
　貸：投資性房地產——在建 13,500,000

2. 費用化的後續支出

與投資性房地產有關的後續支出不滿足投資性房地產確認條件的應當在發生時計入其他業務成本等當期損益。

(五) 投資性房地產轉換為自用房地產

企業進行房地產開發，由於市場等原因將開發的房地產用於經營出租，開發的房地產從存貨轉換為投資性房地產。企業將用於經營出租的房地產收回且重新用於對外銷售的，用於經營出租的房地產相應地從投資性房地產再轉換為存貨時，應當以其轉換當日的公允價值作為存貨的帳面價值，公允價值與原帳面價值的差額計入當期損益。

企業將採用公允價值模式計量的投資性房地產轉換為自用房地產時，應當以其轉換當日的公允價值作為自用房地產的帳面價值，公允價值與原帳面價值的差額計入當期損益。

轉換日，企業按該項投資性房地產的公允價值，借記「固定資產」或「無形資產」科目；按該項投資性房地產的成本，貸記「投資性房地產——成本」科目；按該項投資性房地產的累計公允價值變動，貸記或借記「投資性房地產——公允價值變動」科目；按其差額，貸記或借記「公允價值變動損益」科目。

【例 8-37】20×8 年 10 月 15 日，興華公司因租賃期滿，將出租的寫字樓收回，準備作為辦公樓用於本公司的行政管理。20×8 年 12 月 1 日，該寫字樓正式開始自用，相應地由投資性房地產轉換為自用房地產，當日的公允價值為 4,800 萬元。該項房地產在轉換前採用公允價值模式計量，原帳面價值為 4,750 萬元，其中成本為 4,500 萬元，公允價值變動為增值 250 萬元。興華公司帳務處理如下：

借：固定資產 48,000,000
　貸：投資性房地產——成本 45,000,000
　　　　　　——公允價值變動 2,500,000
　　公允價值變動損益 500,000

(六) 投資性房地產的處置

企業出售、轉讓採用公允價值模式計量的投資性房地產時，應當按實際收到的金額，借記「銀行存款」等科目，貸記「其他業務收入」科目；按該項投資性房地產的帳面餘額，借記「其他業務成本」科目；按其成本，貸記「投資性房地產——成本」科目；按其累計公允價值變動，貸記或借記「投資性房地產——公允價值變動」科目。同時，企業將投資性房地產累計公允價值變動轉入其他業務成本，借記或貸記「公允價值變動損益」科目，貸記或借記「其他業務成本」科目。若存在原轉換日計入其他綜合收益的金額，也一併轉入其他業務成本，借記「其他綜合收

益」科目，貸記「其他業務成本」科目。

【例8-38】興華公司為一家房地產開發公司。20×8年3月10日，興華公司與A公司簽訂了租賃協議，將其開發的一棟寫字樓出租給A公司使用，租賃期開始日為20×8年4月15日。20×8年4月15日，該寫字樓的帳面餘額為45,000萬元，公允價值為47,000萬元。20×8年12月31日，該項投資性房地產的公允價值為48,000萬元。20×8年6月，租賃期屆滿，興華公司收回該項投資性房地產，並以55,000萬元出售，出售款項已收訖。假設興華公司採用公允價值模式計量。興華公司帳務處理如下：

(1) 20×8年4月15日，存貨轉換為投資性房地產。

借：投資性房地產——成本　　　　　　　　　470,000,000
　　貸：開發產品　　　　　　　　　　　　　　　450,000,000
　　　　其他綜合收益　　　　　　　　　　　　　 20,000,000

(2) 20×8年12月31日，公允價值變動。

借：投資性房地產——公允價值變動　　　　　 10,000,000
　　貸：公允價值變動損益　　　　　　　　　　　 10,000,000

(3) 20×8年6月，收回並出售投資性房地產。

借：銀行存款　　　　　　　　　　　　　　　　550,000,000
　　貸：其他業務收入　　　　　　　　　　　　　550,000,000
借：其他業務成本　　　　　　　　　　　　　　480,000,000
　　貸：投資性房地產——成本　　　　　　　　　470,000,000
　　　　　　　　　　——公允價值變動　　　　　 10,000,000

(4) 投資性房地產累計公允價值變動損益轉入其他業務成本。

借：公允價值變動損益　　　　　　　　　　　　 10,000,000
　　貸：其他業務成本　　　　　　　　　　　　　 10,000,000

(5) 原轉換日計入資本公積的部分轉入其他業務成本。

借：其他綜合收益　　　　　　　　　　　　　　 20,000,000
　　貸：其他業務成本　　　　　　　　　　　　　 20,000,000

七、投資性房地產後續計量模式的變更

為保證會計信息的可比性，企業對投資性房地產的計量模式一經確定，不得隨意變更。只有在存在確鑿證據表明投資性房地產的公允價值能夠持續可靠取得，且能夠滿足採用公允價值模式計量條件的情況下，才允許企業對投資性房地產從成本模式計量變更為公允價值模式計量。但是，同一企業只能採用一種模式對所有投資性房地產進行後續計量，不得同時採用兩種計量模式。

成本模式轉為公允價值模式的企業應當做會計政策變更處理，並按計量模式變更時公允價值與帳面價值的差額，調整期初留存收益。已採用公允價值模式計量的投資性房地產不得從公允價值模式轉為成本模式。

【例8-39】20×8年，興華公司將一棟寫字樓對外出租，採用成本模式進行後續計量。20×9年2月1日，假設興華公司持有的投資性房地產滿足採用公允價值模式

計量的條件，興華公司決定採用公允價值模式對該寫字樓進行後續計量。20×9 年 2 月 1 日，該寫字樓的原價為 9,000 萬元，已計提折舊為 270 萬元，帳面價值為 8,730 萬元，公允價值為 9,500 萬元。興華公司按淨利潤的 10% 計提盈餘公積。興華公司帳務處理如下：

借：投資性房地產——成本	95,000,000
累計折舊	2,700,000
貸：投資性房地產	90,000,000
利潤分配——未分配利潤	6,930,000
盈餘公積	770,000

【本章小結】

本章主要介紹了固定資產的概念及帳務處理、投資性房地產的概念及帳務處理等。

【主要概念】

固定資產；折舊；投資性房地產；資本化；費用化等。

【簡答題】

1. 簡述固定資產的特徵及確認條件。
2. 固定資產折舊方法一般有幾種？各有什麼特點？
3. 確定固定資產使用壽命時，主要應當考慮的因素有哪些？
4. 有可能表明固定資產發生減值的情況有哪些？
5. 投資性房地產的範圍有哪些，不包括哪些？

第九章
無形資產與其他資產

【學習目標】

　　知識目標：理解並掌握無形資產及其他資產的概念、範圍和分類。
　　技能目標：掌握無形資產及其他資產的內容及其帳務處理。
　　能力目標：掌握無形資產入帳價值的確定，無形資產的取得、轉讓和攤銷的帳務處理。

【知識點】

　　無形資產、其他資產、攤銷等。

【篇頭案例】

　　永泰能源公司主要從事煤礦及其他礦山投資、電廠投資等業務，被資本市場譽為「麻雀變鳳凰」的典範。該公司通過三年三增發，資產由2009年年初的8億元增加到2011年年初的366億元，創造了一個神話。神話的背後是潛在的泡沫。該公司總資產中無形資產占了56％，而無形資產由採礦權、探礦權、土地使用權和軟件四部分構成，其中採礦權、探礦權又占無形資產的99.8％，而且大多數採礦權和探礦權恰恰是在煤炭行業景氣指數最高的時候獲得的。煤炭市場處於供大於求且短期內無法改變的局面時，該公司潛藏著巨大風險。採礦權和探礦權的價值都將受市場價格的影響，一旦市場發生變故，無形資產將受到減值的威脅，而該公司並沒有計提減值。該公司對此的解釋為：一是石油行業雖然沒有盈利空間，但煤炭行業仍有一定的盈利空間，只是這部分空間變小了；二是該公司當時在收購時期做盈利評估時非常保守，收購價格和市場價格相比相對偏低。
　　那麼，無形資產究竟應該如何正確核算呢？

第一節　無形資產

一、無形資產的確認

（一）無形資產的概念

　　《企業會計準則第6號——無形資產》規定無形資產是指企業擁有或控制的沒

有實物形態的可辨認非貨幣性資產。資產滿足下列條件之一的,即符合上述無形資產定義中的可辨認性標準:

(1) 能夠從企業中分離或劃分出來,並能單獨或與相關合同、資產、負債一起,用於出售、轉移、授予許可、租賃或交換。

(2) 源自合同性權利或其他法定權利,無論這些權利是否可以從企業或其他權利和義務中轉移與分離。

(二) 無形資產的內容

無形資產主要包括專利權、非專利技術、商標權、著作權、土地使用權、特許權等。

1. 專利權

專利權是指經政府批准有獨家應用某種特定配方、製造工藝、生產程序或生產某種特定產品的專有權利,包括發明專利權、實用新型專利權和外觀設計專利權。

2. 非專利技術

非專利技術又稱技術秘密或技術訣竅,是指生產中實用的、先進的、新穎的不申請專利的技術或資料。非專利技術一般包括為生產某種產品或採用某項工藝流程和工藝技術所需要的知識、經驗與技巧的總和。

3. 商標權

商標權是指使用特定名稱或符號的專有權利,由企業向政府註冊。一經註冊,商標權便歸企業專用,並獲得了法律上的保障,他人不得在同種商品或類似商品上再使用同樣商標。

4. 著作權

著作權又稱版權,是指對文學、藝術、學術、音樂、電影、音像等創作或翻譯的出版、銷售、表演、演唱、廣播等的權利。版權經註冊登記後,法律禁止他人翻印、仿製或其他侵權行為。

5. 土地使用權

土地使用權又稱場地使用權,是指國家准許某一企業在一定期間內對國有土地享有開發、利用、經營的權利。

6. 特許權

特許權也稱經營特許權、專營權,是指政府授予企業的在某一地區經營或銷售某種特定商品的權利,或者是一家企業依照簽訂的合同使用另一家企業的商標、商號、技術秘密等的權利。

(三) 無形資產的分類

無形資產可以按不同的標準進行分類。無形資產按期限劃分,可以分為有期限無形資產和無期限無形資產。有期限無形資產的有效期由法律規定,如專利權、商標權等;無期限無形資產的有效期在法律上並無規定,如非專利技術。無形資產按不同來源劃分,可以分為購入無形資產和自創無形資產。前者如從其他單位購進的專利權,後者如本企業因研製新產品而申請獲得的專利權。

(四) 無形資產的確認條件

無形資產同時滿足下列條件的,才能予以確認:

（1）與該無形資產有關的經濟利益很可能流入企業。
（2）該無形資產的成本能夠可靠計量。
企業在判斷無形資產產生的經濟利益是否很可能流入時，應當對無形資產在預計使用壽命內可能存在的各種經濟因素做出合理估計，並且應當有明確證據支持。

二、研究開發支出

企業內部研究開發支出應當區分研究階段支出與開發階段支出。研究是指為獲取並理解新的科學或技術知識而進行的獨創性的有計劃調查。開發是指在進行商業性生產或使用前，將研究成果或其他知識應用於某項計劃或設計，以生產出新的或具有實質性改進的材料、裝置、產品等。

（一）研究階段與開發階段的區分

企業自行進行的研究開發項目，區分為研究階段與開發階段，企業應當根據研究與開發的實際情況加以判斷。

1. 研究階段

研究階段是探索性的，為進一步的開發活動進行資料及相關方面的準備，已進行的研究活動將來是否會轉入開發、開發後是否會形成無形資產等都具有較大的不確定性。例如，意在獲取知識而進行的活動，研究成果或其他知識的應用研究、評價和最終選擇，材料、設備、產品、工序、系統或服務替代品的研究，新的或經改進的材料、設備、產品、工序、系統或服務的可能替代品的配製、設計、評價和最終選擇等。

2. 開發階段

相對研究階段而言，開發階段應當是已完成研究階段的工作，在很大程度上具備了形成一項新產品或新技術的基本條件。例如，生產前或使用前的原型和模型的設計、建造和測試，不具有商業性生產經濟規模的試生產設施的設計、建造和營運等，都屬於開發活動。

（二）研究階段支出和開發階段支出的處理

企業內部研究開發項目研究階段的支出應當於發生時計入當期損益（管理費用）。企業內部研究開發項目開發階段的支出，同時滿足下列條件的，才能確認為無形資產：

（1）完成該無形資產以使其能夠使用或出售在技術上具有可行性。判斷無形資產的開發在技術上是否具有可行性，應當以目前階段的成果為基礎，並提供相關證據和材料，證明企業進行開發所需的技術條件等已經具備，不存在技術上的障礙或其他不確定性。例如，企業已經完成了全部計劃、設計和測試活動，這些活動是使資產能夠達到設計規劃書中的功能、特徵和技術所必需的活動，或者經過專家鑒定等。

（2）具有完成該無形資產並使用或出售的意圖。企業能夠說明其開發無形資產的目的。

（3）無形資產產生經濟利益的方式包括能夠證明運用該無形資產生產的產品存在市場或無形資產自身存在市場，無形資產將在內部使用的，應當證明其有用性。

無形資產是否能夠為企業帶來未來經濟利益,應當對運用該無形資產生產產品的市場情況進行可靠預計,以證明所生產的產品存在市場並能夠帶來經濟利益,或者能夠證明市場上存在對該無形資產的需求。

(4) 有足夠的技術、財務資源和其他資源支持,以完成該無形資產的開發,並有能力使用或出售該無形資產。企業應能夠證明其可以取得無形資產開發所需的技術、財務和其他資源以及獲得這些資源的相關計劃。企業自有資金不足以提供支持的,企業應能夠證明存在外部其他方面的資金支持,如銀行等金融機構聲明願意為該無形資產的開發提供所需資金等。

(5) 歸屬於該無形資產開發階段的支出能夠可靠計量。企業對研究開發的支出應當單獨核算,如直接發生的研發人員工資、材料費以及相關設備折舊費等。同時,企業從事多項研究開發活動的,所發生的支出應當按照合理的標準在各項研究開發活動之間進行分配;無法合理分配的,應當計入當期損益。

開發階段的支出只有符合上述資本化條件的,才能確認為無形資產;不符合資本化條件的計入當期損益(管理費用)。無法區分研究階段支出和開發階段支出,企業應當將其發生的研發支出全部費用化,計入當期損益(管理費用)。

三、無形資產的初始計量

(一) 有關科目的設置

為了核算無形資產的取得、攤銷和減值情況,企業應設置「無形資產」「累計攤銷」「無形資產減值準備」「研發支出」科目。

「無形資產」科目核算企業持有的無形資產,包括專利權、非專利技術、商標權、著作權、土地使用權等。企業應當按照無形資產項目進行明細核算。該科目期末為借方餘額,反應企業無形資產的成本。

「累計攤銷」科目核算企業對使用壽命有限的無形資產計提的累計攤銷。該科目應按無形資產項目進行明細核算。該科目期末為貸方餘額,反應企業無形資產累計攤銷額。

「無形資產減值準備」科目核算企業無形資產發生減值時計提的減值準備。該科目應按無形資產項目進行明細核算。該科目期末為貸方餘額,反應企業已計提但尚未轉銷的無形資產減值準備。

「研發支出」科目核算企業進行研究與開發無形資產過程中發生的各項支出。企業應當按照研究開發項目,區分費用化支出與資本化支出進行明細核算。該科目期末為借方餘額,反應企業正在進行中的研究開發項目中滿足資本化條件的支出。

(二) 無形資產取得的核算

1. 外購的無形資產

外購的無形資產按應計入無形資產成本的金額,借記「無形資產」科目,貸記「銀行存款」等科目。購入無形資產超過正常信用條件延期支付價款,實質上具有融資性質的,應按所購無形資產購買價款的現值,借記「無形資產」科目;按應支付的金額,貸記「長期應付款」科目;按其差額,借記「未確認融資費用」科目。

【例9-1】興華公司購入一項專利技術,增值稅專用發票註明價款為15萬元,

增值稅為 0.9 萬元，款項 15.9 萬元通過銀行轉帳支付。興華公司帳務處理如下：
借：無形資產——專利技術 150,000
　　應交稅費——應交增值稅（進項稅額） 9,000
　貸：銀行存款 159,000

2. 自行開發的無形資產

企業自行開發無形資產發生的研發支出，不滿足資本化條件的，借記「研發支出——費用化支出」科目，滿足資本化條件的，借記「研發支出——資本化支出」科目，貸記「原材料」「銀行存款」「應付職工薪酬」等科目。研究開發項目達到預定用途形成無形資產的，應按「研發支出——資本化支出」科目的餘額，借記「無形資產」科目，貸記「研發支出——資本化支出」科目。期末，企業應將「研發支出」科目歸集的費用化支出金額轉入「管理費用」科目，借記「管理費用」科目，貸記「研發支出——費用化支出」科目。

內部研發取得的無形資產分為免增值稅項目和非免增值稅項目，根據《財政部國家稅務總局關於全面推開營業稅改徵增值稅試點的通知》（財稅〔2016〕36號）的相關規定，納稅人提供技術轉讓、技術開發和與之相關的技術諮詢、技術服務免徵增值稅。

（1）內部研發取得的非免徵增值稅無形資產的核算。

【例9-2】興華公司開發一項新商標——A商標，20×8年5月已證實該商標必然成功，開始轉入開發階段。20×8年6月1日，興華公司購買原材料10萬元，增值稅1.3萬元，用於該商標研發並交付科研部門，款項已付，支付人工費5萬元。20×8年9月30日，該商標開發完成投入使用。興華公司帳務處理如下：

①購買原材料。
借：原材料 100,000
　　應交稅費——應交增值稅（進項稅額） 13,000
　貸：銀行存款 113,000

②領用原材料、支付人工費。
借：研發支出——資本化支出 150,000
　貸：原材料 100,000
　　　應付職工薪酬 50,000

③商標開發完成投入使用。
借：無形資產——商標權 150,000
　貸：研發支出——資本化支出 150,000

（2）內部研發取得的免徵增值稅無形資產的核算。

【例9-3】接【例9-2】，假定興華公司研發的是一項免徵增值稅的新工藝，則興華公司帳務處理如下：

①購買原材料。
借：原材料 100,000
　　應交稅費——應交增值稅（進項稅額） 13,000
　貸：銀行存款 113,000

②領用原材料、支付人工費。
借：研發支出——資本化支出　　　　　　　　　　163,000
　貸：原材料　　　　　　　　　　　　　　　　　　100,000
　　　應交稅費——應交增值稅（進項稅額轉出）　　13,000
　　　應付職工薪酬　　　　　　　　　　　　　　　50,000
③新工藝開發完成投入使用。
借：無形資產——新工藝　　　　　　　　　　　　163,000
　貸：研發支出——資本化支出　　　　　　　　　　163,000

3. 投資者投入的無形資產

被投資企業接受投資企業作為股本投入的無形資產，按投資企業開具的增值稅專用發票註明的金額，借記「無形資產」「應交稅費——應交增值稅（進項稅額）」科目，貸記「實收資本」或「股本」等科目。

【例9-4】A公司於20×8年6月1日以一項商標權向興華公司投資，興華公司開具的增值稅專用發票註明價款50萬元，增值稅3萬元。雙方約定，總價款53萬元中的50萬元為股本，3萬元為股本溢價。興華公司帳務處理如下：

借：無形資產——商標權　　　　　　　　　　　　500,000
　　應交稅費——應交增值稅（進項稅額）　　　　　30,000
　貸：股本——丙公司　　　　　　　　　　　　　　500,000
　　　資本公積——股本溢價　　　　　　　　　　　30,000

四、無形資產攤銷和減值的核算

（一）無形資產攤銷

企業按月計提無形資產攤銷，借記「管理費用」等科目，貸記「累計攤銷」科目。

【例9-5】興華公司購入了一項商標權，入帳價值為600,000元，合同規定有效期限為5年，每月攤銷額10,000元（600,000/5/12）。每月攤銷時，興華公司帳務處理如下：

借：管理費用　　　　　　　　　　　　　　　　　　10,000
　貸：累計攤銷　　　　　　　　　　　　　　　　　　10,000

（二）無形資產減值

資產負債表日，企業根據《企業會計準則第8號——資產減值》確定無形資產發生減值的，按應減記的金額，借記「資產減值損失」科目，貸記「無形資產減值準備」科目。企業處置無形資產時，應同時結轉已計提的無形資產減值準備。

【例9-6】20×8年1月1日，興華公司購入一項專利權，實際支付的價款為960,000元。根據相關法律的規定，該專利權的有效年限為10年，已使用1年。興華公司估計該專利權的受益年限為8年。20×8年12月31日，與該專利權相關的經濟因素發生不利變化，致使該專利權發生價值減值，興華公司估計其可收回金額為672,000元。興華公司帳務處理如下：

（1）20×8 年 1 月 1 日購入專利權。

借：無形資產——專利權　　　　　　　　　　　　960,000
　　貸：銀行存款　　　　　　　　　　　　　　　　　　　960,000

（2）該無形資產的法定剩餘有效年限為 9 年，受益年限為 8 年，攤銷期根據兩者之中較短者確定為 8 年。該無形資產年攤銷額為 120,000 元（960,000/8），月攤銷額為10,000元（120,000/12）。20×8 年，興華公司按月計提無形資產攤銷時帳務處理如下：

借：管理費用　　　　　　　　　　　　　　　　　10,000
　　貸：累計攤銷　　　　　　　　　　　　　　　　　　　10,000

（3）20×8 年 12 月 31 日，無形資產的帳面價值為 840,000 元（960,000 - 120,000），其估計可收回金額為 672,000 元，因此需要計提 168,000 元減值準備。計提減值準備時，興華公司帳務處理如下：

借：資產減值損失　　　　　　　　　　　　　　　168,000
　　貸：無形資產減值準備　　　　　　　　　　　　　　　168,000

（4）20×9 年 1 月 1 日，無形資產的帳面價值為 672,000 元。20×9 年，該無形資產年攤銷額為 96,000 元（672,000/7），月攤銷額為 8,000 元（96,000/12）。按月計提無形資產攤銷時，興華公司帳務處理如下：

借：管理費用　　　　　　　　　　　　　　　　　8,000
　　貸：累計攤銷　　　　　　　　　　　　　　　　　　　8,000

五、無形資產減少的會計處理

（一）對外轉讓無形資產的核算

企業出售無形資產時，應按實際收到的金額借記「銀行存款」等科目，按已計提的累計攤銷額，借記「累計攤銷」科目，貸記「無形資產」「應交稅費——應交增值稅（銷項稅額）」科目，按其差額，貸記或借記「資產處置損益」科目。

【例9-7】興華公司將一商標權轉讓給 A 公司，開具的增值稅專用發票註明價款 30 萬元，稅款 1.8 萬元，款項已存入銀行。該商標權成本為 18 萬元，出售時已攤銷 3 萬元。興華公司帳務處理如下：

借：銀行存款　　　　　　　　　　　　　　　　　318,000
　　累計攤銷　　　　　　　　　　　　　　　　　　30,000
　　貸：無形資產——商標權　　　　　　　　　　　　　　180,000
　　　　應交稅費——應交增值稅（銷項稅額）　　　　　　18,000
　　　　資產處置損益　　　　　　　　　　　　　　　　　150,000

（二）對外出租無形資產的核算

企業持有無形資產期間，可以讓渡無形資產使用權並收取租金。企業收到租金收入時，借記「銀行存款」等科目，貸記「其他業務收入」「應交稅費——應交增值稅（銷項稅額）」等科目。期末，企業對無形資產成本進行攤銷，借記「其他業務成本」科目，貸記「累計攤銷」科目。

【例 9-8】興華公司將一著作權出租給乙企業使用，租期為 3 年，租金每年 12 萬元（不含稅），每月月初收取當月租金 10,600 元並存入銀行，每月攤銷成本 4,000 元。興華公司帳務處理如下：

　　借：銀行存款　　　　　　　　　　　　　　　　　10,600
　　　　貸：其他業務收入　　　　　　　　　　　　　　　10,000
　　　　　　應交稅費——應交增值稅（銷項稅額）　　　　　600
　　月末，攤銷成本。
　　借：其他業務成本　　　　　　　　　　　　　　　　4,000
　　　　貸：累計攤銷　　　　　　　　　　　　　　　　　4,000

（三）對外投資無形資產的核算

企業以投資者身分對外投資無形資產，按投資合同或協議約定的價值計入投資的實際成本，投資者按視同銷售進行帳務處理。

【例 9-9】興華公司於 20×8 年 1 月 1 日以一商標權向乙公司投資，興華公司提供的增值稅專用發票上註明價款 50 萬元，稅款 3 萬元。該商標的帳面餘額為 40 萬元，累計攤銷 5 萬元。興華公司帳務處理如下：

　　借：長期股權投資　　　　　　　　　　　　　　　530,000
　　　　累計攤銷　　　　　　　　　　　　　　　　　 50,000
　　　　貸：無形資產　　　　　　　　　　　　　　　　400,000
　　　　　　應交稅費——應交增值稅（銷項稅額）　　　 30,000
　　　　　　資產處置損益　　　　　　　　　　　　　　150,000

（四）對外捐贈無形資產的核算

企業將持有的無形資產無償轉讓給其他單位或個人，用於非公益事業，雖不屬於銷售行為，會計上也不確認收入，但要按照視同銷售無形資產計算銷項稅額，繳納增值稅。

【例 9-10】20×8 年 1 月 1 日，興華公司將一項商標權無償贈送給丁企業，用於非公益事業，該商標權的公允價值為 20 萬元（不含稅），帳面餘額為 15 萬元，累計攤銷 20 萬元。興華公司帳務處理如下：

　　借：營業外支出　　　　　　　　　　　　　　　　142,000
　　　　累計攤銷　　　　　　　　　　　　　　　　　 20,000
　　　　貸：無形資產　　　　　　　　　　　　　　　　150,000
　　　　　　應交稅費——應交增值稅（銷項稅額）　　　 12,000

六、無形資產的披露、分析與管理

（一）無形資產的披露

在資產負債表中，「無形資產」項目反應企業期末持有的無形資產的實際價值。該項目應根據「無形資產」科目的期末餘額，減去「累計攤銷」和「無形資產減值準備」科目期末餘額後的金額填列。

在會計報表附註中，企業應當按照無形資產的類別披露與無形資產有關的下列信息：

（1）無形資產的期初和期末帳面餘額、累計攤銷額以及減值準備累計金額。

（2）使用壽命有限的無形資產，其使用壽命的估計情況；使用壽命不確定的無形資產，其使用壽命不確定的判斷依據。

（3）無形資產的攤銷方法。

（二）無形資產的分析與管理

由於無形資產能帶來的未來經濟利益具有不確定性，因此其價值的衡量就帶有很大的不確定性，反應在資產負債表上，就是無形資產是高風險、高收益的資產。因此，對無形資產的價值做出跟蹤分析是必要的，一旦出現價值減損的情況，就應當確認減值，盡量避免虛增資產。為此，企業一是要做明細分析，瞭解無形資產的具體內容。一般來說，土地使用權減值的風險相對較低，其他類型的無形資產減值的風險相對較高。二是要做結構分析，計算除土地使用權以外的無形資產占總資產的比重。因為除土地使用權以外的其他無形資產必須與有形資產相結合才能發揮出這些無形資產的作用，因此一般來說，除土地使用權以外的無形資產占總資產的比重不應超過20%。

第二節 其他資產

一、其他資產的概念與內容

其他資產是指除流動資產、長期投資、固定資產、無形資產等以外的各項資產，主要是長期性質的待攤費用和其他長期資產。

（一）長期待攤費用

長期待攤費用是指企業已經支出，但攤銷期限在一年以上（不含一年）的各項費用。應當由本期負擔的借款利息、租金等，不得作為長期待攤費用處理。長期待攤費用應當單獨核算，在費用項目的受益期限內分期平均攤銷。

除購置和建造固定資產以外，所有籌建期間所發生的費用，先在長期待攤費用中歸集，從企業開始生產經營當月起一次計入開始生產經營當期的損益。

如果長期待攤的費用項目不能使以後會計期間受益的，應當將尚未攤銷的該項目的攤餘價值全部轉入當期損益。

（二）其他長期資產

其他長期資產一般包括國家批准儲備的特種物資、銀行凍結存款以及臨時設施和涉及訴訟中的財產等。其他長期資產可以根據資產的性質及特點單獨設置相關科目進行核算。

二、其他資產的核算

（一）「長期待攤費用」帳戶的設置

「長期待攤費用」帳戶用於核算企業已經支出，但攤銷期限在一年以上（不含一年）的各項費用，包括固定資產修理支出、租入固定資產的改良支出以及攤銷期

限在 1 年以上的其他待攤費用。在「長期待攤費用」帳戶下，企業應按費用的種類設置明細帳，進行明細核算，並在會計報表附註中按照費用項目披露其攤餘價值、攤銷期限、攤銷方式等。

(二) 其他長期資產的帳戶設置

1.「特準儲備物資」帳戶

「特準儲備物資」帳戶用於核算有特準儲備物資的企業（主要是商業企業）中，特準儲備物資的增減變動和結存情況。「特準儲備物資」帳戶下，企業應按特準儲備物資的品種、規格設置明細帳戶。

2.「特準儲備基金」帳戶

「特準儲備基金」帳戶用於核算國家撥給企業的特準儲備基金。在「特準儲備基金」帳戶下，企業應按基金的不同來源設置明細帳戶。

【本章小結】

本章主要介紹了無形資產的入帳價值的確定；無形資產取得與處置的核算等。

【主要概念】

無形資產；攤銷；計價。

【簡答題】

1. 簡述無形資產的概念及內容。
2. 無形資產的入帳價值如何確定？
3. 無形資產如何進行攤銷？
4. 取得無形資產如何進行帳務處理？

第十章
負債

【學習目標】

知識目標：瞭解負債的基本概念、種類。
技能目標：掌握短期借款、應付帳款、應付票據等流動負債的核算方法。
能力目標：掌握長期借款的核算方法。

【知識點】

流動負債、非流動負債、短期借款、應付帳款、應付票據等。

【篇頭案例】

儘管在收購沃爾沃後，負債激增至 700 億元，吉利依然十分自信。面對現金流吃緊、財務狀況惡化的質疑，吉利發布公告稱，歐美大型汽車企業資產負債率一般保持在 70%～80%，有的甚至更高，因此吉利 73% 的負債率仍在合理區間。將吉利從民營企業「收購神壇」拉下馬的，是一次募資。2011 年 6 月，吉利發行 10 億元 7 年期、利率為 6.40% 的公司債券，也因此晉升為國內第一家發行民營企業債券的民營車企。吉利發布的募資說明書中顯示的財務狀況也令外界大跌眼鏡。

2008—2009 年，吉利的總負債從 86.13 億元上升至 160.53 億元，時至 2010 年年末，該項指標增長至 710.71 億元，吉利當年的資產負債率也由 69.99% 上升至 73.47%。在 2009 年 8 月，吉利「蛇吞象」式將沃爾沃收購之後，負債總額在一年內增加了 550 億元，負債的年增長速度也由此前的 86.38% 增長至 343.75%。

更值得注意的是，在吉利 710.71 億元負債中，流動負債 479.72 億元，非流動負債 230.99 億元。流動負債占比達到 67.5%，是吉利手中現金總量的兩倍，流動負債過高顯然會令吉利在短期內面臨巨大的還款壓力。除此之外，流動負債中尚包含著 169.91 億元的應付帳款及 28.15 億元的預收帳款。在中國車市整體增長放緩的情況下，整個汽車產業鏈的資金都在繃緊，償還這部分應付帳款對吉利來說壓力不小。

吉利的公告援引 2010 年年度審計報告：合併沃爾沃後，2010 年吉利合併報表貨幣資產為人民幣 210 多億元；2011 年上半年吉利總貨幣資產持續增加，吉利具備良好的償付能力。

吉利表示，2010 年 12 月 31 日世界 500 強企業上榜的汽車企業的財務信息顯示，歐美大型汽車企業資產負債率一般保持在 70%～80%，有的甚至更高。《中國 500 強企業發展報告 2010》顯示，中國企業 500 強平均資產負債率為 79.8%。

這一解釋並沒有得到普遍的認同。民族證券汽車行業分析師曹鶴認為，雖然通用、大眾等公司的資產負債率超過了70%，但其與吉利面對的市場不同，其生產經營鏈條也截然不同，不具有可類比性。目前，國內車企的資產負債率一般都在60%左右，吉利集團73.47%的資產負債率是明顯偏高的。

曹鶴同時認為，吉利為沃爾沃在大慶、嘉定、成都擬建的三個基地最低投入預計也需要120億元。未來幾年，吉利的負債額度還會大幅提高。

那麼，我們該如何正確處理負債的相關問題呢？

第一節　負債概述

一、負債的概念

負債是指由企業過去的交易或事項形成的，預期會導致經濟利益流出企業的現時義務。

二、負債的特徵

負債具有以下特徵：

（一）負債是一項償還義務

負債是現時存在的債務，是由企業過去或當前的經濟活動所引起的一種經濟義務。企業在生產經營過程中經常會因為獲取資金、商品、勞務而形成負債，如企業從銀行借入資金、賒購商品或勞務等。

（二）負債應當以企業資產或勞務進行償還

在會計上，企業只要被確認為負債，就需要未來以資產或勞務進行清償。企業在未來的債務結算會導致體現經濟利益的企業資源的流出。在特殊情況下，企業也可以通過與債權人協商，按照規定將企業的負債予以資本化，即將債權轉化為股權。

（三）負債一般具有確切的受償人及償還日期

一項負債的成立，一般要有確切的受償人及償還日期。在償還期限內，企業以其資產或勞務進行清償。但在有些情況下，受償人或償付日期可能無法確指，但也可以確認為負債。也就是說，確切的受償人及償付日期並不是確認負債的必然約束條件。

（四）負債是一項權利義務關係

負債是一項由於財產變動而引起的權利義務關係，債務人由於取得了資金、商品、勞務等，按照規定負有償還的經濟義務；而債權人由於讓渡了其商品、資金或勞務等而獲得了索取的經濟權利。負債的確認意味著權利義務關係的形成，負債的償還又表明一項權利義務關係的解除。

三、負債的分類

企業負債按償還期的長短可分為流動負債和非流動負債。

（一）流動負債

流動負債是指將在一年或超過一年的一個營業週期內償還的債務，主要包括短期借款、應付票據、應付帳款、預收貨款、應付職工薪酬、應交稅費、應付股利、其他應付款等。

（二）非流動負債

非流動負債是指償還期在一年或超過一年的一個營業週期以上的債務，包括長期借款、應付債券、長期應付款等。

第二節　流動負債

流動負債又稱短期負債，是指企業將在一年或超過一年的一個營業週期內償還的債務，具體包括短期借款、應付票據、應付帳款、預收帳款、應付職工薪酬、應交稅費、應付股利、其他應付款等。

一、短期借款

短期借款是指企業向銀行或其他金融機構等借入的期限在一年以下（含一年）的各種借款。短期借款通常是為了滿足企業正常生產經營的需要。

企業應設置「短期借款」帳戶對短期借款的借入、利息的發生、本金和利息的償還情況進行會計核算。「短期借款」帳戶貸方登記借入短期借款的本金；借方登記償還的短期借款的本金；期末餘額在貸方，反應企業尚未歸還的短期借款的本金。「短期借款」帳戶應按照借款種類、貸款人進行明細核算。

企業借入各種短期借款時，借記「銀行存款」帳戶，貸記「短期借款」帳戶。

企業發生的短期借款利息應分情況處理。如果短期借款到期連本帶息一起歸還，應採用預提的方法，按月預提計入費用，借記「財務費用」帳戶，貸記「應付利息」帳戶；實際支付利息時，根據已預提的利息，借記「應付利息」帳戶，貸記「銀行存款」帳戶。

如果短期借款利息是按月支付，企業在實際支付或收到銀行的計息通知時，直接計入當期損益，借記「財務費用」帳戶，貸記「銀行存款」帳戶。

企業在短期借款到期償還借款本金時，借記「短期借款」帳戶，貸記「銀行存款」帳戶。

【例10-1】興華公司20×8年向某銀行借入一筆生產經營用借款200,000元，期限為半年，年利率為6%，按月計提利息，到期一次還本付息。興華公司帳務處理如下：

(1) 借入款項。

借：銀行存款　　　　　　　　　　　　　　　　200,000
　　貸：短期借款　　　　　　　　　　　　　　　　　　200,000

(2) 每月月末應計提的借款利息費用（200,000×6%÷12）。

借：財務費用　　　　　　　　　　　　　　　　1,000
　　貸：應付利息　　　　　　　　　　　　　　　　　　1,000

(3) 還本付息（最後一個月應付利息可不預提，直接計入財務費用）。
借：財務費用 1,000
　　應付利息 5,000
　　短期借款 200,000
　貸：銀行借款 206,000

二、應付票據

應付票據是指企業購買材料、商品和接受勞務供應等開出、承兌的商業匯票，包括銀行承兌匯票和商業承兌匯票。

為了核算和管理的需要，企業應設置「應付票據」帳戶。該帳戶貸方登記企業因購買材料、商品等而開出、承兌的商業匯票；借方登記已支付的商業匯票；期末為貸方餘額，反應企業尚未到期的商業匯票的票面金額。

企業應當設置應付票據備查簿，詳細登記每一商業匯票的種類、號數、出票日期、到期日、票面餘額、交易合同號、收款人姓名或單位名稱以及付款日期和金額等資料。應付票據到期結清時，企業應當在應付票據備查簿內逐筆註銷。

企業開出、承兌商業匯票或以承兌商業匯票抵付貨款、應付帳款時，應按開出承兌匯票的面值入帳，借記「原材料」「庫存商品」「應付帳款」「應交稅費——應交增值稅（進項稅額）」等帳戶，貸記「應付票據」帳戶。應付票據到期，企業如無力支付票款，按應付票據的帳面餘額，借記「應付票據」帳戶，貸記「應付帳款」帳戶。

【例10-2】興華公司為增值稅一般納稅人，20×8年4月10日開出一張面值為113,000元、期限為3個月的商業匯票用於採購一批材料，增值稅專用發票上註明的材料價款為100,000元，增值稅為13,000元。材料已驗收入庫。興華公司帳務處理如下：

(1) 取得增值稅專用發票及有關憑證。
借：原材料 100,000
　　應交稅費——應交增值稅（進項稅額） 13,000
　貸：應付票據 113,000
(2) 票據到期用銀行存款支付。
借：應付票據 113,000
　貸：銀行存款 113,000
如果企業到期無力支付票款，應將「應付票據」帳戶轉入「應付帳款」帳戶。
借：應付票據 113,000
　貸：應付帳款 113,000

三、應付帳款和預收帳款

(一) 應付帳款

應付帳款是指企業因購買材料、商品和接受勞務等經營活動應支付的款項。應付帳款的入帳時間，應為所購物資的所有權轉移，或者接受勞務已發生的時間。

為了反應企業發生的應付帳款，企業應設置「應付帳款」帳戶。該帳戶貸方登記企業購買材料、商品和接受勞務等發生的應支付的款項；借方登記已支付、已轉銷或轉作商業匯票結算方式的款項；期末為貸方餘額，反應尚未支付的應付款項。「應付帳款」帳戶應按債權人設置明細帳。

企業購買材料、物資時，借記「原材料」「應交稅費——應交增值稅（進項稅額）」等帳戶，貸記「應付帳款」帳戶。企業支付款項時，借記「應付帳款」帳戶，貸記「銀行存款」等帳戶。

【例10-3】興華公司為增值稅一般納稅人，20×8年4月1日從A公司購入一批材料，增值稅專用發票上註明的材料價款為100,000元，增值稅為13,000元。材料已驗收入庫，款項尚未支付。興華公司帳務處理如下：

（1）材料驗收入庫。

借：原材料 100,000
　　應交稅費——應交增值稅（進項稅額） 13,000
　　貸：應付帳款——A公司 113,000

（2）支付貨款。

借：應付帳款——A公司 113,000
　　貸：銀行存款 113,000

【例10-4】興華公司本月應付電費48,000元，其中生產車間電費32,000元，行政管理部門電費16,000元，款項尚未支付。興華公司帳務處理如下：

借：製造費用 32,000
　　管理費用 16,000
　　貸：應付帳款——供電公司 48,000

（二）預收帳款

預收帳款是指企業按照合同規定預收的款項。為了核算預收帳款的情況，企業應設置「預收帳款」帳戶。該帳戶貸方登記預收的貨款；借方登記銷售產品的收入和餘款退回；期末如為貸方餘額，反應企業預收的款項，期末如為借方餘額，反應企業尚未轉銷的款項。

預收帳款不多的企業，可以不設置「預收帳款」帳戶，發生的預收帳款通過「應收帳款」帳戶進行帳務處理。

【例10-5】興華公司為增值稅一般納稅人，20×8年3月1日與A公司簽訂一項供貨合同，貨款為200,000元。合同規定，A公司先預付貨款的50%，餘款在交貨時結清。興華公司帳務處理如下：

（1）興華公司收到A公司的預付貨款。

借：銀行存款 100,000
　　貸：預收帳款——A公司 100,000

（2）興華公司交貨後，收取餘款及增值稅。

借：銀行存款 126,000
　　預收帳款 100,000

貸：主營業務收入　　　　　　　　　　　　　　　　　　200,000
　　　　應交稅費——應交增值稅（銷項稅額）　　　　　　　 26,000

四、應付職工薪酬

（一）應付職工薪酬的核算內容

　　應付職工薪酬是指企業根據有關規定應付給職工的各種薪酬。職工薪酬是指企業為獲得職工提供的服務而給予職工各種形式的報酬以及其他相關支出，包括職工在職期間和離職後提供給職工的全部貨幣性薪酬和非貨幣性福利。職工薪酬具體包括以下內容：

（1）職工工資、獎金、津貼和補貼。
（2）職工福利費。
（3）醫療保險費、養老保險費（包括基本養老保險費和補充養老保險費）、失業保險費、工傷保險費和生育保險費等社會保險費。
（4）住房公積金。
（5）工會經費和職工教育經費。
（6）非貨幣性福利。
（7）因解除與職工的勞動關係給予的補償（下稱辭退福利）。
（8）股份支付。

　　企業應設置「應付職工薪酬」帳戶，核算企業根據有關規定應付給職工的各種薪酬。該帳戶貸方登記應支付給職工的各種薪酬；借方登記支付給職工的各種薪酬；期末為貸方餘額，反應企業應付未付的職工薪酬。該帳戶可以按「工資」「職工福利」「社會保險費」「住房公積金」「工會經費」「職工教育經費」「非貨幣性福利」「辭退福利」「股份支付」等進行明細核算。

（二）應付職工薪酬的主要帳務處理

　　企業應當在職工為其提供服務的會計期間，根據職工提供服務的受益對象，借記「生產成本」「製造費用」「勞務成本」「在建工程」「研發支出」「管理費用」和「銷售費用」等帳戶，貸記「應付職工薪酬（工資）」帳戶；按照職工工資總額的既定比例計提職工福利費、社會保險費和住房公積金等，借記各種當期損益帳戶，貸記「應付職工薪酬」的各明細帳戶。

　　【例10-6】興華公司20×8年4月工資匯總資料如下：4月應付工資總額118,000元。其中，車間生產工人工資80,000元；車間管理人員工資8,000元；企業管理部門人員工資25,000元；在建工程人員工資5,000元。

　　根據當地政府規定，興華公司分別按照職工工資總額的10%、12%、5%和8%計提醫療保險費、養老保險費、失業保險費和住房公積金。根據本年實際發生的職工福利費情況，興華公司預計下一年應承擔的職工福利費金額為職工工資總額的1.5%。興華公司分別按照職工工資總額的2%和1.5%計提工會經費和職工教育經費。

　　興華公司20×8年4月應付職工薪酬明細項目計算表如表10-1所示。

表 10-1　應付職工薪酬明細項目計算表　　　　　　單位：元

項目	工資/元	職工福利 (1.5%)	社會保險 (27%)	住房公積金 (8%)	工會經費 (2%)	教育經費 (1.5%)	合計
生產成本	80,000	1,200	21,600	6,400	1,600	1,200	112,000
製造費用	8,000	120	2,160	640	160	120	11,200
管理費用	25,000	375	6,750	2,000	500	375	35,000
在建工程	5,000	75	1,350	400	100	75	7,000
合計	118,000	1,770	31,860	9,440	2,360	1,770	165,200

興華公司月末分配工資的帳務處理如下：
借：生產成本　　　　　　　　　　　　　　　112,000
　　製造費用　　　　　　　　　　　　　　　 11,200
　　管理費用　　　　　　　　　　　　　　　 35,000
　　在建工程　　　　　　　　　　　　　　　 7,000
　　貸：應付職工薪酬——工資　　　　　　　118,000
　　　　　　　　　　——職工福利　　　　　 1,770
　　　　　　　　　　——社會保險費　　　　 31,860
　　　　　　　　　　——住房公積金　　　　 9,440
　　　　　　　　　　——工會經費　　　　　 2,360
　　　　　　　　　　——職工教育經費　　　 1,770

各企業應根據勞動工資制度編製工資單和工資匯總表，向職工支付工資，借記「應付職工薪酬（工資）」帳戶，貸記「庫存現金」或「銀行存款」帳戶。對從應付職工薪酬中扣還的各種款項（代墊的家屬藥費、個人所得稅等）等，企業應借記「應付職工薪酬」帳戶，貸記「其他應收款」「應交稅費（應交個人所得稅）」等帳戶。

企業按照國家有關規定繳納社會保險費和住房公積金，借記「應付職工薪酬」帳戶，貸記「銀行存款」帳戶。

【例10-7】接【例10-6】，興華公司20×8年4月按應發工資總額發放工資，同時代扣職工個人所得稅總額8,000元。
借：應付職工薪酬——工資　　　　　　　　　118,000
　　貸：銀行存款　　　　　　　　　　　　　110,000
　　　　應交稅費——應交個人所得稅　　　　 8,000

【例10-8】興華公司20×8年5月繳納社會保險費31,860元和住房公積金9,440元。
借：應付職工薪酬——社會保險費　　　　　　 31,860
　　　　　　　　——住房公積金　　　　　　 9,440
　　貸：銀行存款　　　　　　　　　　　　　 41,300

五、應交稅費

應交稅費是指企業按照稅法等規定計算應繳納的各種稅費，包括增值稅、消費稅、所得稅、資源稅、土地增值稅、城市維護建設稅、房產稅、土地使用稅、車船使用稅、教育費附加、礦產資源補償費等。「應交稅費」帳戶貸方登記企業應繳納的各種稅費；借方登記企業實際繳納的稅費；貸方餘額表示企業尚未繳納的稅費，借方餘額反應企業多繳或尚未抵扣的稅費。「應交稅費」帳戶可以按稅種設置明細帳。企業代扣代交的個人所得稅，也通過「應交稅費」帳戶核算。企業不需要預計應交數的稅金，如印花稅、耕地占用稅等，不在「應交稅費」帳戶核算。

企業計算出應繳納而未繳納的稅費時，借記有關帳戶，貸記「應交稅費」帳戶；實際繳納時，借記「應交稅費」帳戶，貸記「銀行存款」帳戶。

（一）應交增值稅

增值稅是以商品生產、流通和加工、修理修配各個環節的增值額為徵稅對象的一種流轉稅。

「應交稅費——應交增值稅」帳戶應按「進項稅額」「銷項稅額」「進項稅額轉出」「出口退稅」「已交稅金」等設置明細帳戶。

增值稅的納稅義務人分為一般納稅人和小規模納稅人，兩種納稅義務人在計稅方法和會計核算上有所區別。

一般納稅人的當期銷項稅額和當期進項稅額分別按所銷售貨物和購進貨物的價格乘以增值稅稅率計算。

（1）進項稅額的會計核算。一般納稅人在購買貨物、進口貨物，或者接受加工、修理修配勞務時，根據取得增值稅專用發票或完稅證明註明的金額確認應交增值稅的進項稅額，借記「應交稅費——應交增值稅（進項稅額）」帳戶，貸記「銀行存款」等帳戶。進項稅額可以從本月發生的銷項稅額中予以抵扣。

【例10-9】興華公司本月購入原材料一批，增值稅專用發票上註明貨款60,000元，增值稅7,800元，貨物已驗收入庫，貨款已支付。興華公司帳務處理如下：

借：原材料　　　　　　　　　　　　　　　　　　60,000
　　應交稅費——應交增值稅（進項稅額）　　　　 7,800
　貸：銀行存款　　　　　　　　　　　　　　　　　67,800

（2）進項稅額轉出的會計核算。如果企業外購的存貨發生了非常損失、作為非貨幣性福利向職工發放時，按照稅法的規定，其進項稅額應予以轉出，記入「應交稅費——應交增值稅（進項稅額轉出）」帳戶的貸方，同時借記有關成本費用帳戶。

（3）銷項稅額的會計核算。一般納稅人在對外銷售商品或提供勞務時，應向購貨方或接受勞務方開出增值稅專用發票，按照商品或勞務計價價格的13%確認應交所得稅的銷項稅額，借記「銀行存款」等帳戶，貸記「應交稅費——應交增值稅（銷項稅額）」帳戶。

【例10-10】興華公司本月銷售產品一批，增值稅專用發票上註明貨款500,000元，增值稅65,000元，貨款尚未收到。興華公司帳務處理如下：

借：應收帳款　　　　　　　　　　　　　　　　565,000
　　貸：主營業務收入　　　　　　　　　　　　　500,000
　　　　應交稅費——應交增值稅（銷項稅額）　　65,000

（4）繳納增值稅和期末結轉的會計核算。企業在規定時間繳納增值稅時，應按照下列公式計算應交增值稅：

本期應交增值稅＝銷項稅額－進項稅額＋進項稅額轉出

企業繳納本期增值稅時，借記「應交稅費——應交增值稅（已交稅金）」帳戶，貸記「銀行存款」帳戶；繳納上期增值稅時，借記「應交稅費——未交增值稅」帳戶，貸記「銀行存款」帳戶。

【例10-11】興華公司以銀行存款繳納本月增值稅74,800元。

借：應交稅費——應交增值稅（已交稅金）　　　74,800
　　貸：銀行存款　　　　　　　　　　　　　　　74,800

期末，企業應將本期欠交或多交的增值稅轉到「應交稅費——未交增值稅」科目。

（5）不予抵扣的增值稅。下列情況產生的增值稅進項稅額按照稅法的規定不允許從銷項稅中抵扣：

①用於非應稅項目的購進貨物或應稅勞務。
②用於免應稅項目的購進貨物或應稅勞務。
③用於集體福利或個人消費的購進貨物或應稅勞務。
④非正常損失的購進貨物、非正常損失的在產品、庫存商品損耗的購進貨物或應稅勞務。

小規模納稅人在計稅方法和會計核算上採取相對簡化的方法處理。根據中國稅法的規定，符合以下條件之一的納稅人視同小規模納稅人：

①從事貨物生產或以貨物生產為主的納稅人，年應納增值稅額在500萬元以下的。
②從事貨物批發或零售的納稅人，年應納增值稅額在500萬元以下的。
③年應納增值稅額超過規定標準，但會計核算不健全的。
④雖然符合一般納稅人條件，但不申請辦理一般納稅人認定手續的。

小規模納稅人具有如下特點：

①只能開具普通發票，符合規定的可以開具增值稅專用發票。
②按照銷售額的一定比例計算應納稅額。
③應先根據增值稅徵收率將其還原為不含稅的銷售價格，再據以計算本月應交增值稅。

小規模納稅人購買貨物或接受勞務時，所應支付的全部價款計入存貨的入帳價值。其支付的增值稅稅額不確認為增值稅進項稅額。小規模納稅人銷售貨物或提供勞務時，應先按照增值稅徵收率將其還原為不含稅的銷售價格，再計算應交增值稅的金額，貸記「應交稅費——應交增值稅」科目。

具體計算公式為：

不含稅的銷售價格＝含稅的銷售價格÷（1＋徵收率）

應交增值稅＝不含稅的銷售價格×徵收率

小規模納稅人的徵收率通常為 3%。

【例 10-12】某公司為小規模納稅人，購入材料一批，發票上註明價款 100,000 元，增值稅 13,000 元，貨款以銀行存款支付，材料已收到。

借：原材料　　　　　　　　　　　　　　　　113,000
　　貸：銀行存款　　　　　　　　　　　　　　113,000

【例 10-13】某公司為小規模納稅人，銷售商品一批，貨款 20,000 元已收到。

不含稅的銷售價格＝20,000÷（1+3%）＝19,417.5（元）

應交增值稅＝19,417.5×3%＝582.5（元）

借：銀行存款　　　　　　　　　　　　　　　　20,000
　　貸：主營業務收入　　　　　　　　　　　　19,417.5
　　　　應交稅費——應交增值稅　　　　　　　582.5

（二）應交消費稅、城市維護建設稅和教育費附加

消費稅是對在中國境內生產、委託加工和進口應稅特定消費品（如菸酒、珠寶首飾、汽油、柴油、汽車、摩托車等）的企業和個人徵收的一種流轉稅。

消費稅的計徵方法主要有從價定率和從量定額兩種。

從價定率計徵方法，共有 13 個檔次的稅率，最低 3%，最高 56%。應納稅額按以下公式計算：

應納稅額＝銷售額×稅率

從量定額計徵方法應納稅額按以下公式計算：

應納稅額＝銷售數量×單位稅額

城市維護建設稅和教育費附加是一種附加稅費，分別按應納銷售稅額的 7%（或 5%、1%）和 3%繳納。

企業按規定計算應交的消費稅、城市維護建設稅和教育費附加，借記「稅金及附加」帳戶，貸記「應交稅費（應交消費稅、城市維護建設稅、教育費附加）」帳戶。企業實際繳納上述稅費，借記「應交稅費」帳戶，貸記「銀行存款」帳戶。

【例 10-14】興華公司銷售所生產的菸絲，價款 180,000 元，適用的消費稅稅率是 30%。興華公司帳務處理如下：

借：稅金及附加　　　　　　　　　　　　　　54,000
　　貸：應交稅費——應交消費稅　　　　　　54,000

【例 10-15】興華公司根據本月應交增值稅 15,000 元計算應交城市維護建設稅 1,050元，應交教育費附加 450 元。興華公司帳務處理如下：

借：稅金及附加　　　　　　　　　　　　　　1,500
　　貸：應交稅費——應交城市維護建設稅　　1,050
　　　　　　　　——應交教育費附加　　　　450

（三）應交房產稅、土地增值稅和車船使用稅

企業按規定計算應交的房產稅、土地增值稅、車船使用稅，借記「稅金及附加」帳戶，貸記「應交稅費（應交房產稅、土地使用稅、車船使用稅）」帳戶。

【例 10-16】興華公司本年度按照稅法規定計算應交的土地使用稅為200,000元。

借：稅金及附加 200,000
　　貸：應交稅費——應交城鎮土地使用稅 200,000

六、應付股利

應付股利是指企業分配的現金或利潤。企業與其他單位或個人的合作項目，按協議或合同規定，應支付利潤的，也應通過「應付股利」帳戶核算。企業分配的股票股利不通過「應付股利」帳戶核算。「應付股利」帳戶貸方登記應支付的現金股利和利潤，借方登記實際支付的現金股利和利潤，貸方餘額表示應付未付的現金股利或利潤。

企業根據股東大會或類似機構審議批准的利潤分配方案，按應支付的現金股利或利潤，借記「利潤分配——應付股利」帳戶，貸記「應付股利」帳戶；實際支付現金股利或利潤時，借記「應付股利」帳戶，貸記「銀行存款」等帳戶。

【例10-17】興華公司按股東大會批准的利潤分配方案，應付給其他單位投資利潤30,000元。興華公司帳務處理如下：

（1）根據利潤分配方案，結轉應付股利。

借：利潤分配——應付股利 30,000
　　貸：應付股利 30,000

（2）支付股利。

借：應付股利 30,000
　　貸：銀行存款 30,000

七、其他應付款

其他應付款是指企業除應付票據、應付帳款、預收帳款、應付職工薪酬、應付利息、應付股利、應交稅費、長期應付款等以外的其他各項應付和暫收的款項。「其他應付款」帳戶可以按其他應付款的項目和對方單位（或個人）進行明細核算。

企業發生各種應付和暫收款項時，借記「銀行存款」「管理費用」等帳戶，貸記「其他應付款」帳戶；支付時，借記「其他應付款」帳戶，貸記「銀行存款」帳戶。

【例10-18】興華公司對外出租包裝物一批，對方交來保證金30,000元，已存入銀行。興華公司帳務處理如下：

借：銀行存款 30,000
　　貸：其他應付款——存入保證金 30,000

當租入方按期歸還包裝物時，企業應當退回押金。

借：其他應付款——存入保證金 30,000
　　貸：銀行存款 30,000

第三節　非流動負債

非流動負債又稱長期負債，是指償還期在一年或超過一年的一個營業週期以上的債務，包括長期借款、長期債券、長期應付款等。企業的長期資金來源除了所有者權益之外，全部為長期負債，因此長期負債在企業的經營活動中發揮著重要作用。

一、長期借款

長期借款是指企業向銀行或其他金融機構借入的期限在一年以上（不含一年）的各項借款。長期借款帳務處理的基本要求是反應和監督企業長期借款的借入、借款利息的結算和借款本息的歸還情況。

（一）長期借款利息的計算

長期借款的利息通常有單利和複利兩種計算方法。單利計息方法是指只按借款本金計算利息，所生利息不再加入本金重複計算利息。複利計息方法是指將本金經過一定時期所生利息加入本金重複計算利息。

（1）單利的計算公式如下：
利息＝本金×利率×期數
本利和＝本金×（1＋利率×期數）

（2）複利的計算公式如下：
本利和＝本金×（1＋利率）^{期數}

（二）長期借款的核算

為了反應和監督長期借款的借入、應計利息和歸還本息的情況，企業應設置「長期借款」帳戶。該帳戶貸方登記借款本金的增加額，借方登記借款本金的減少額，貸方餘額表示尚未償還的長期借款。「長期借款」帳戶應當按照貸款單位和貸款種類，分別按「本金」「利息調整」「應計利息」等進行明細核算。

企業發生的長期借款利息，可以直接歸屬於符合資本化條件的資產（如固定資產、產品等）的購建和生產的，應直接計入相關資產的成本；其他借款利息應當在發生時確認為費用，計入當期損益。符合資本化條件的資產是指需要經過相當長時間的購建和生產活動才能達到預定可使用或可銷售狀態的固定資產、投資性房地產和存貨等資產。

企業借入長期借款時，應按實際收到的金額，借記「銀行存款」帳戶，貸記「長期借款（本金）」帳戶。企業對長期借款的利息費用，借記「在建工程」「製造費用」「財務費用」等帳戶，貸記「長期借款（應計利息）」帳戶。企業對歸還的長期借款本金，借記「長期借款（本金、應計利息）」帳戶，貸記「銀行存款」帳戶。

【例10-19】興華公司20×8年年初為購建某項固定資產從銀行借款200萬元，期限2年，年利率為8％，按單利計息，每年計息一次，到期一次還本付息，所借款項存入銀行。興華公司所購建固定資產於20×9年6月30日交付使用。興華公司帳務處理如下：

（1）20×8年年初從銀行取得借款。

借：銀行存款　　　　　　　　　　　　　　2,000,000
　　貸：長期借款——本金　　　　　　　　　　　　　2,000,000

（2）20×8年年末計算應付利息。

應付利息＝2,000,000×8%＝160,000（元）

借：財務費用　　　　　　　　　　　　　　　160,000
　　貸：長期借款——應計利息　　　　　　　　　　　160,000

（3）20×9年年末計算應付利息。

借：財務費用　　　　　　　　　　　　　　　160,000
　　貸：長期借款——應計利息　　　　　　　　　　　160,000

（4）20×9年年末償還長期借款。

借：長期借款——本金　　　　　　　　　　2,000,000
　　　　　　——應計利息　　　　　　　　　　320,000
　　貸：銀行存款　　　　　　　　　　　　　　　　2,320,000

二、長期債券

企業由於生產經營的需要，除向銀行或其他金融機構貸款外，還可以通過發行債券來籌集資金。長期債券又稱為公司債券，是指企業為籌集長期資金而依照法定程序發行的，約定在一定期限還本付息的有價證券。公司債券本質上是一種債權債務關係的憑證，通常公司債券應當標明以下主要內容：公司名稱、債券面額、債券利率、還本期限和還本方式、利息的支付方式、債券的發行日期。公司債券由於向社會和公眾發行，因此其籌資的範圍要比從銀行或其他金融機構大得多。公司債券依照規定可以上市交易流通，是一種較為有效的融資手段。

為了反應和監督長期債券的資金收入、歸還和付息情況，企業應設置「應付債券」帳戶。該帳戶貸方登記應付債券的本息，借方登記歸還債券的本息，期末貸方餘額反應尚未償還的長期債券攤餘成本。該帳戶應按「面值」「利息調整」「應計利息」等進行明細核算。

（一）長期債券發行與利息調整的核算

企業發行的公司債券，可能按面值發行，也可能溢價或折價發行。企業發行公司債券時，按實際收到的款項，借記「銀行存款」帳戶；按債券票面價值，貸記「應付債券（面值）」帳戶；按實際收到的款項與票面價值之間的差額，貸記或借記「應付債券（利息調整）」帳戶。

資產負債表日，對分期付息、一次還本的債券，企業應按長期債券的攤餘成本和實際利率計算確定的債券利息費用，借記「在建工程」「製造費用」「財務費用」等帳戶；按票面利率計算確定的應付未付利息，貸記「應付利息」帳戶；按其差額，借記或貸記「應付債券（利息調整）」帳戶。

對一次還本付息的債券，企業應於資產負債表日按攤餘成本和實際利率計算確定的債券利息費用，借記「在建工程」「製造費用」「財務費用」等帳戶；按票面利率計算確定的應付未付利息，貸記「應付債券（應計利息）」帳戶；按其差額，

借記或貸記「應付債券（利息調整）」帳戶。

(1) 公司債券按票面價值發行。

【例10-20】興華公司20×7年1月1日發行3年期的公司債券100萬元，票面利率為年利率6%。每年付息一次，債券到期時一次償還本金。實際收到的款項存入銀行。興華公司帳務處理如下：

①發行債券。

借：銀行存款　　　　　　　　　　　　　　　1,000,000
　　貸：應付債券——面值　　　　　　　　　　　　1,000,000

②每年年末支付利息60,000元（1,000,000×6%）。

借：財務費用　　　　　　　　　　　　　　　　60,000
　　貸：銀行存款　　　　　　　　　　　　　　　　60,000

(2) 公司債券溢價發行。

【例10-21】假設【例10-20】中債券發行時的市場利率小於票面利率，興華公司按1,027,232元價格溢價發行，溢價額為27,232元。興華公司帳務處理如下：

借：銀行存款　　　　　　　　　　　　　　　1,027,232
　　貸：應付債券——面值　　　　　　　　　　　　1,000,000
　　　　　　　——利息調整　　　　　　　　　　　　27,232

公司債券溢價發行時多收入的金額將用於補償自發行至債券到期期間多付的利息，並需將現款支付的利息超過實際利息費用的差額作為溢價的攤銷。

由於債券發行價=本金的貼現值+各期利息的貼現值，因此可以計算得出債券的實際利率（貼現率）為5%（計算過程略）。

興華公司可以通過編製債券溢價攤銷表來計算攤銷過程，如表10-2所示。

表10-2　債券溢價攤銷表　　　　　　　　　　單位：元

付息日期	票面利息（1） 面值×6%	實際利息（2） 攤餘成本×5%	溢價攤銷（3） (1)-(2)	攤餘成本（4） 上期(3)-(4)
20×7.1.1				1,027,232
20×7.12.31	60,000	51,362	8,638	1,018,594
20×8.12.31	60,000	50,930	9,070	1,009,524
20×9.12.31	60,000	50,476	9,524	1,000,000
合計	180,000	152,768	27,232	

下面以20×7年12月31日為例，說明資產負債表日計提利息和攤銷溢價的帳務處理。

借：財務費用　　　　　　　　　　　　　　　51,362
　　應付債券——利息調整　　　　　　　　　　8,638
　　貸：應付利息　　　　　　　　　　　　　　　60,000

債券溢價逐期攤銷，債券溢價逐期減少，當最後一期溢價攤銷完畢後，企業債

券帳面價值和債券面值應相等,「應付債券（利息調整）」帳戶應無餘額。

債券到期時,償還本金和最後一期利息的帳務處理如下:

借:應付債券——面值　　　　　　　　　　　　1,000,000
　　應付利息　　　　　　　　　　　　　　　　　60,000
　貸:銀行存款　　　　　　　　　　　　　　　　1,060,000

(3) 公司債券折價發行（在中國,公司債券不允許折價發行）。

【例10-22】仍用【例10-20】興華公司資料,若債券發行時市場利率大於票面利率,興華公司按948,458元折價發行公司債券,折價額為51,542元。興華公司帳務處理如下:

借:銀行存款　　　　　　　　　　　　　　　　948,458
　　應付債券——利息調整　　　　　　　　　　51,542
　貸:應付債券——面值　　　　　　　　　　　1,000,000

公司債券折價發行時少收入的金額是給予債券持有人少得利息的補償,用同樣原理計算得出實際利率為8%（計算過程略）。

興華公司可以通過編製債券折價攤銷表來計算攤銷過程,如表10-3所示。

表10-3　公司債券折價攤銷表　　　　　　　　　單位:元

付息日期	票面利息 (1) 面值×6%	實際利息 (2) 攤餘成本×8%	折價攤銷 (3) (2) - (1)	攤餘成本 (4) 上期 (4) + (3)
20×7.1.1				948,458
20×7.12.31	60,000	75,877	15,877	964,335
20×8.12.31	60,000	77,147	17,147	981,481
20×9.12.31	60,000	78,519	18,519	1,000,000
合計	180,000	231,542	51,542	

註:尾數有處理,下同。

下面以20×7年12月31日為例,說明資產負債表日計提利息和攤銷折價的帳務處理。

借:財務費用　　　　　　　　　　　　　　　　75,877
　貸:應付利息　　　　　　　　　　　　　　　　60,000
　　　應付債券——利息調整　　　　　　　　　15,877

債券折價逐期攤銷,債券折價逐期減少,當最後一期折價攤銷完畢後,企業債券帳面價值和債券面值應相等,「應付債券（利息調整）」帳戶應無餘額。

(二) 債券到期償還的核算

長期債券無論採用何種方式發行,到期應進行償還。無論是平價、溢價還是折價發行的債券,都應按面值償還。

【例10-23】興華公司20×7年1月1日發行3年期的公司債券100萬元,票面年利率為6%。20×9年12月31日到期,興華公司償還債券本金及最後一年利息的帳務處理如下:

借：應付債券——面值　　　　　　　　　　　　1,000,000
　　應付利息　　　　　　　　　　　　　　　　60,000
　貸：銀行存款　　　　　　　　　　　　　　　1,060,000

三、其他長期負債

（一）長期應付款

長期應付款是指企業採用補償貿易方式引進國外設備或融資租入固定資產，在尚未償還價款或尚未支付租賃費前，形成的一項長期負債。

長期應付款主要包括應付補償貿易引進設備價款、應付融資租入固定資產的租賃費等。

1. 應付補償貿易引進設備價款

補償貿易是指企業從國外引進設備，再用該設備生產的產品歸還設備價款。企業按照補償貿易方式引進設備時，應按設備、工具、零配件等的價款以及國外運雜費的外幣金額和規定的匯率折合為人民幣記帳，借記「在建工程」「原材料」等科目，貸記「長期應付款——應付補償貿易引進設備款」科目。

企業用人民幣借款支付進口關稅、國內運雜費和安裝費時，借記「在建工程」「原材料」等科目，貸記「銀行存款」「長期借款」等科目。

企業按照補償貿易方式引進的國外設備交付驗收使用時，企業應將其全部價值，借記「固定資產」科目，貸記「在建工程」科目。

企業歸還引進設備款時，借記「長期應付款——應付補償貿易引進設備款」科目，貸記「銀行存款」「應收帳款」等科目。

2. 應付融資租入固定資產的租賃費

融資租入的固定資產應在租賃開始日將租賃資產的原帳面價值與最低租賃付款額的現值兩者較低者，作為融資租入固定資產的入帳價值，借記「在建工程」「固定資產」等科目，將最低租賃付款額作為長期應付款的入帳價值，貸記「長期應付款——應付融資租賃款」科目，並將兩者的差額作為未確認融資費用，借記「未確認融資費用」科目。

如果融資租賃資產占企業資產總額的比例等於或低於30%，企業應在租賃開始日將最低租賃付款額作為融資租賃固定資產和長期應付款的入帳價值，借記「在建工程」「固定資產」等科目，貸記「長期應付款——應付融資租賃款」科目。

（二）專項應付款

專項應付款是指企業接受國家撥入的具有專門用途的撥款，如專項用於技術改造、技術研究等的撥款以及從其他來源取得的款項。

企業接受國家撥入的具有專門用途的撥款，如專項用於技術改造、技術研究等的撥款，在為完成承擔的國家專項撥款所指定的研發活動發生實際費用時，應按與企業生產的產品相同的方法進行歸集，並在「生產成本」科目下單列項目核算。

對形成產品並按規定將產品留給企業的，企業應按實際成本，借記「庫存商品」科目，貸記「生產成本」科目，同時借記「專項應付款」科目，貸記「資本公積」科目。

如能確定有關支出最終將形成固定資產，企業應在「在建工程」科目下單列項目歸集所發生的費用。待項目完成後，對形成固定資產並按規定留給企業的，企業應按實際成本，借記「固定資產」科目，貸記「在建工程」科目，同時借記「專項應付款」科目，貸記「資本公積」科目。

　　對未形成資產需核銷的撥款部分，報經批准後，企業借記「專項應付款」科目，貸記「生產成本」「在建工程」等科目；對形成的資產按規定應上繳國家的，企業借記「專項應付款」科目，貸記「生產成本」「在建工程」等科目；對按規定應上繳結餘的專項撥款，企業應在上繳時，借記「專項應付款」科目，貸記「銀行存款」科目。

【本章小結】

　　本章主要介紹了負債的基本概念、種類以及短期借款、應付帳款、應付票據、長期借款等的核算。

【主要概念】

　　負債；短期借款；長期借款。

【簡答題】

1. 會計上負債的含義是什麼？負債有哪些特徵？
2. 什麼是流動負債？流動負債是如何分類、確認和計量的？
3. 什麼是應收帳款？如何確定應收帳款的入帳金額？
4. 非流動負債的含義是什麼？內容包括哪些？
5. 長期借款的利息費用如何處理？

第十一章
所有者權益

【學習目標】

知識目標：掌握所有者權益各個組成部分的核算，熟悉所有者權益的概念，瞭解所有者權益的構成。

技能目標：能夠運用本章所學知識對投入資本、資本公積、盈餘公積和未分配利潤等內容進行正確的帳務處理。

能力目標：理解並掌握所有者權益的概念、構成及其帳務處理。

【知識點】

投入資本、資本公積、盈餘公積和未分配利潤等。

【篇頭案例】

某銀行20×8年度利潤預分配方案為：按當年稅後利潤10%的比例提取法定盈餘公積，共計12.51億元；按當年度稅後利潤20%的比例提取一般任意盈餘公積，共計25.02億元；以20×8年年末總股本5,661,347,506股為基數，向全體股東每10股派送紅股4股、現金股利2.3元（含稅），合計分配35.67億元；根據規定，持社會公眾股的個人股東、境外合格機構投資者（QFII）實際派發現金紅利為每股0.167元，扣稅0.063元；持社會公眾股的機構投資者不代扣所得稅，實際派發現金紅利為每股0.23元。上述分配方案執行後，結餘未分配利潤53.22億元，結轉到下一年度。該銀行總本為5,661,347,506股，全部為無限售條件流通股；本次利潤分配實施送紅股後的總股本為7,925,886,508股。那什麼是股本總額？什麼是盈餘公積和稅後利潤呢？盈餘公積是怎麼形成的？盈餘用到了哪裡？稅後利潤又是怎樣進行分配的？

第一節　所有者權益概述

一、所有者權益的含義

根據《企業會計準則——基本準則》的規定，所有者權益是指企業資產扣除負債後由所有者享有的剩餘權益。企業的所有者權益又稱為股東權益。所有者權益是

所有者對企業資產的剩餘索取權，它是企業資產中扣除債權人權益後應由所有者享有的部分。其在數量上等於企業全部資產減去全部負債後的餘額，可以通過對會計恆等式的變形來表示，即資產－負債＝所有者權益。

企業的負債和所有者權益同屬企業資產的來源，都是對企業資產的要求權，即債權人的權益（企業的負債）和所有者的權益，所有者權益反應的是企業所有者對企業資產的索取權，負債反應的是企業債權人對企業資產的索取權，而且通常債權人對企業資產的索取權要優先於所有者對企業資產的索取權，但兩者在企業中應有的權利及承擔的義務是存在區別的。其主要表現在以下幾個方面：

（1）法律地位不同。負債是企業債權人對企業全部資產的要求權，具有優先索取權；而所有者權益是企業投資人對企業全部資產減去負債後的剩餘資產的要求權。

（2）享有的權利不同。債權人與企業只是債權債務關係，無權參與企業的經營管理與決策，而所有者則有參與經營管理企業的法定權利。

（3）償還的期限不同。負債必須於約定日期償還；所有者權益一般只有在企業解散清算時（除按法定程序減資等外），其破產財產在償付了破產費用、債權人的債務等後，如有剩餘財產，才可能按一定的比例償還給投資者。所有者權益在企業存續期間無需償還，投資人也不得要求返還，只能轉讓。

（4）風險的大小不同。債權人不能參與企業利潤分配，但可以按事先約定取得固定利息收入和本金，與企業經營結果關係不大，風險較小。投資人可以按投資比例享有利潤分配權，而且分配數額很不確定，多少基本上取決於企業經營的盈虧，風險較大。投資人在企業終止時承擔著最後的風險，也享有最後的利益。

二、所有者權益的構成

所有者權益的來源包括所有者投入的資本、直接計入所有者權益的利得和損失、留存收益等。所有者權益通常由實收資本（或股本）、資本公積（含資本溢價或股本溢價、其他資本公積）、盈餘公積和未分配利潤構成。

所有者投入的資本是指所有者投入企業的資本部分，既包括構成企業註冊資本或股本部分的金額，也包括投入資本超過註冊資本或股本部分的金額，即資本溢價或者股本溢價。這部分投入資本在中國企業會計準則體系中被計入了資本公積，並在資產負債表中的資本公積項目下反應。

直接計入所有者權益的利得和損失是指不應計入當期損益、會導致所有者權益發生增減變動的、與所有者投入資本或向所有者分配利潤無關的利得或損失。其中，利得是指由企業非日常活動形成的、會導致所有者權益增加的、與所有者投入資本無關的經濟利益的流入。利得包括直接計入所有者權益的利得和直接計入當期利潤的利得。損失是指由企業非日常活動所發生的、會導致所有者權益減少的、與向所有者分配利潤無關的經濟利益的流出。損失包括直接計入所有者權益的損失和直接計入當期利潤的損失。直接計入所有者權益的利得和損失主要包括可供出售金融資產的公允價值變動額、現金流量套期中套期工具公允價值變動額（有效套期部分）等。

留存收益是企業歷年實現的淨利潤留存於企業的部分，主要包括累計計提盈餘公積和未分配利潤。

三、所有者權益的確認條件

所有者權益的確認、計量主要取決於資產、負債、收入、費用等其他會計要素的確認和計量。所有者權益，即企業的淨資產，是企業資產總額中扣除債權人權益後的淨額，反應所有者（股東）財富的淨增加額。通常企業收入增加時，會導致資產的增加，相應地會增加所有者權益；企業發生費用時，會導致負債的增加，相應地會減少所有者權益。因此，企業日常經營的好壞和資產負債的質量直接決定著企業所有者權益的增減變化和資本的保值增值。

第二節　實收資本

一、實收資本概述

實收資本（或股本）是企業的投資人按照合同、協議或企業申請書中所規定的註冊資本及其在資本總額中所占比例實際繳付企業的出資額。實收資本是企業註冊登記的法定資本總額的來源，表明了所有者對企業的基本產權關係。實收資本在股份有限公司稱為股本。

中國企業法人登記條件明確規定，企業申請開業，必須具備符合國家規定且與其生產經營和服務規模相適應的資金數額。中國實行的是註冊資本制，要求企業的實收資本與其註冊資本相一致。《中華人民共和國公司法》對各類公司註冊資本的最低限額有明確規定：有限責任公司的註冊資本最低限額為人民幣3萬元，一人有限責任公司的註冊資本最低限額為人民幣10萬元；股份有限公司註冊資本的最低限額為人民幣500萬元。法律、行政法規對公司註冊資本的最低限額有較高規定的，從其規定。

實收資本一般按投資主體的不同分為國家投入資本（簡稱國家資本）、法人投入資本（簡稱法人資本）、個人投入資本（簡稱個人資本）和外商投入資本（簡稱外商資本）四類；按投資方式的不同分為現金資產投資和非現金資產投資兩類。現金資產投資是指投資者直接以現金、銀行存款等貨幣資產對企業的投資，包括人民幣投資和外幣投資。非現金資產投資是指投資者以實物資產和無形資產對企業的投資。實物資產是指設備、材料、商品等，無形資產是指專利權、非專利技術、商標權、專有技術、土地使用權等。

二、實收資本的核算

為了反應投資者投入資本的情況，有限責任公司設置「實收資本」帳戶、股份有限公司設置「股本」帳戶，用來核算投資者投入資本的增減變動及結存情況。該帳戶的貸方登記企業收到投資者實際繳入企業的資本額或資本公積、盈餘公積轉增的資本額，借方登記按規定程序實際減少的註冊資本，期末餘額在貸方，反應公司資本實有數額。當投資人繳足出資額後，「實收資本」帳戶的貸方餘額應與註冊資

本金額相等。但當投資者投入的資金超過其合同或協議約定的比例時，其超過部分應作為資本溢價，通過「資本公積」帳戶單獨核算。「實收資本」帳戶應按投資者名稱設置明細帳戶進行核算。股份有限公司應設置「股本」帳戶，核算公司在核定的股本總額及核定的股份總額範圍內實際發行股票的數額。該帳戶貸方登記實際發行的股票面值總額，借方登記按法定程序經批准減少的股本數額，期末餘額在貸方，反應公司期末股本實有數額。

（一）接受投資的核算

企業接受現金資產投資的，應以實際收到的金額，借記「庫存現金」「銀行存款」等帳戶，貸記「實收資本」帳戶；企業接受非現金資產投資的，應按投資合同或協議約定的價值（合同或協議約定價值不公允的除外）將非現金資產入帳，同時按其投資在註冊資本中享有的份額將其計入「實收資本」帳戶，將投資合同或協議約定的價值超過其在註冊資本中所占份額的部分，計入「資本公積」帳戶。

【例 11-1】興華公司 20×8 設立時收到 A 公司投入廠房一幢，雙方確認該廠房的價值為 420 萬元；投入設備一臺，雙方確認的價值為 220 萬元。B 公司投入銀行存款 170 萬元，投入的非專利技術項目，雙方確認的價值為 440 萬元；投入的原材料，雙方確認的價值為 40 萬元，增值稅為 5.2 萬元。假定該增值稅允許抵扣，不考慮其他因素，則興華公司在收到投入資本時的帳務處理如下：

借：固定資產——廠房	4,200,000
——設備	2,200,000
貸：實收資本——A 公司	6,400,000
借：銀行存款	1,700,000
無形資產——非專利技術	4,400,000
原材料	400,000
應交稅費——應交增值稅（進項稅額）	52,000
貸：實收資本——B 公司	6,552,000

股份有限公司發行股票取得的收入與股本總額往往不一致，公司發行股票取得的收入大於股本總額的，稱為溢價發行；小於股本總額的，稱為折價發行；等於股本總額的，稱為面值發行。中國不允許企業折價發行股票。

【例 11-2】興華公司 20×8 年委託乙證券公司發行每股面值為 1 元的普通股 1,000,000 股，每股發行價 1 元。假設興華公司應支付給發行機構的費用為 30,000 元，款項已收存銀行。興華公司帳務處理如下：

借：銀行存款	970,000
資本公積——股本溢價	30,000
貸：股本	1,000,000

（二）實收資本增減變動的核算

一般情況下，企業的實收資本應相對固定不變，但在某些特定情況下，實收資本也可能發生增減變動。《中華人民共和國企業法人登記管理條例》規定，除國家另有規定外，企業的註冊資本應當與實有資金相一致。當實有資金比註冊資本數額增加或減少超過 20% 時，企業應持資金證明或驗資證明，向原登記機關申請變更登記。

1. 實收資本增加的核算

企業增加實收資本的途徑主要如下：

（1）以資本公積、盈餘公積轉增資本。

（2）原企業所有者和新投資者投入。股份有限公司可以通過發放股票股利、發行新股來增資。

（3）可轉換公司債券持有人行使轉換權利，將其持有的債券轉換為股票。

【例 11-3】興華公司 20×8 年按法定程序將 1,000,000 元資本公積轉增資本，A、B、C 三方投資比例是 2：3：5。興華公司帳務處理如下：

借：資本公積　　　　　　　　　　　　　　　　1,000,000
　貸：實收資本——A　　　　　　　　　　　　　　 200,000
　　　　　　——B　　　　　　　　　　　　　　 300,000
　　　　　　——C　　　　　　　　　　　　　　 500,000

2. 實收資本減少的核算

企業如果經營規模縮小，資本相對過剩或發生重大虧損，則必須減少註冊資本。企業按法定程序報經批准減少註冊資本時，除股份有限公司外的各類公司，一般是發還股款。企業按發還股款數額，借記「實收資本」科目，貸記「銀行存款」等科目。股份有限公司則是採用收購本公司股票方式減資的。進行減資時，企業按股票面值和註銷股數計算的股票面值總額，借記「股本」科目；按所註銷庫存股的帳面餘額，貸記「庫存股」科目；按其差額，借記「資本公積——股本溢價」科目；股本溢價不足衝減的，應借記「盈餘公積」「利潤分配——未分配利潤」科目。購回股票支付的價款低於面值總額的，企業應按股票面值總額，借記「股本」科目；按所註銷庫存股的帳面餘額，貸記「庫存股」科目；按其差額，貸記「資本公積——股本溢價」科目。

【例 11-4】興華公司 20×8 年 2 月 8 日通過證券市場以市場價收購本公司股票 30,000,000 股，股票面值 1 元，每股市場價為 6.2 元。興華公司「資本公積——股本溢價」科目餘額為 160,000,000 元。20×9 年 3 月 20 日，興華公司辦理完相關股票註銷手續。興華公司帳務處理如下：

20×8 年 2 月 8 日收購本公司股票。

借：庫存股　　　　　　　　　　　　　　　　　186,000,000
　貸：銀行存款　　　　　　　　　　　　　　　 186,000,000

20×9 年 3 月 20 日註銷股票。

借：股本　　　　　　　　　　　　　　　　　　 30,000,000
　　資本公積——股本溢價　　　　　　　　　　 156,000,000
　貸：庫存股　　　　　　　　　　　　　　　　 186,000,000

如果市場價為每股 0.9 元，則相關帳務處理如下：

借：庫存股　　　　　　　　　　　　　　　　　 27,000,000
　貸：銀行存款　　　　　　　　　　　　　　　 27,000,000
借：股本　　　　　　　　　　　　　　　　　　 30,000,000
　貸：庫存股　　　　　　　　　　　　　　　　 27,000,000
　　　資本公積——股本溢價　　　　　　　　　　 3,000,000

第三節 資本公積

一、資本公積的含義

資本公積是由投資者投入，但不能構成實收資本，或者從其他來源獲得，由所有者享有的資金。從資本公積的形成來看，資本公積是由投資者出資額超出其在註冊資本或股本中所占份額的部分以及直接計入所有者權益的利得和損失形成的，主要包括資本（或股本）溢價和其他資本公積兩部分。資本公積歸全體投資者所有，可用於轉增資本，但是不得用於彌補虧損。

二、資本公積的核算

企業應設置「資本公積」帳戶核算資本公積的增減變動情況。該帳戶的貸方登記企業資本公積的增加額；借方登記企業資本公積的減少額；期末餘額在貸方，反應期末企業資本公積的實有數額。該帳戶應當下設「資本溢價（股本溢價）」「其他資本公積」進行明細核算。

（一）資本溢價（股本溢價）的核算

資本溢價是指投資者繳付企業的出資額大於其在企業註冊資本中所擁有份額的數額。

【例11-5】興華公司20×8年由甲、乙兩位投資者組成，甲、乙各投入100萬元。現丙投資者願出資170萬元而占該公司投資比例的1/3。興華公司帳務處理如下：

借：銀行存款　　　　　　　　　　　　　　　　　　1,700,000
　貸：實收資本——丙　　　　　　　　　　　　　　　1,000,000
　　　資本公積——資本溢價　　　　　　　　　　　　　 700,000

股本溢價是指股份公司溢價發行股票時，實際收到的款項超過股本總額的數額。股份有限公司發行股票時，通常是採用溢價發行，且會產生發行費用，而發行費用要從溢價收入中扣除，溢價收入不足衝減的，應衝減留存收益。因此，在溢價發行股票的情況下，企業應將相當於面值的部分計入「股本」帳戶，其餘部分在扣除手續費、佣金等發行費用後計入「資本公積」帳戶。

【例11-6】興華公司20×8年委託甲證券公司發行普通股30,000,000股，每股發行價5元，發行過程中，發生各種費用5,000,000元，發行總收入扣除發行費用後的股款已全部存入銀行。興華公司帳務處理如下：

發行總收入＝30,000,000×5＝150,000,000（元）
興華公司收到券商匯入股款＝150,000,000－5,000,000＝145,000,000（元）

借：銀行存款　　　　　　　　　　　　　　　　　　145,000,000
　貸：股本——普通股　　　　　　　　　　　　　　　 30,000,000
　　　資本公積——股本溢價　　　　　　　　　　　　115,000,000

（二）其他資本公積的核算

其他資本公積是除資本溢價或股本溢價以外形成的資本公積，其主要包括以下內容：

（1）長期股權投資在權益法核算下，在持股比例不變的情況下，被投資單位除淨損益以外所有者權益的其他變動，企業按持股比例計算應享有的份額，借記或貸記「長期股權投資——其他權益變動」帳戶，貸記或借記「資本公積——其他資本公積」帳戶。企業處置採用權益法核算的長期股權投資，應結轉原計入「資本公積」帳戶的相關金額，借記或貸記「資本公積——其他資本公積」帳戶，貸記或借記「投資收益」帳戶。

【例11-7】興華公司20×7年持有H公司30%的股份，採用權益法核算。20×8年12月31日，H公司持有的一項成本為1,000萬元的可供出售金融資產，公允價值升至1,300萬元。20×9年5月20日，興華公司將其持有的H公司股份全部轉讓，收到轉讓款670萬元。轉讓日，該項股權投資的帳面價值為570萬元，其中成本300萬元，損益調整（借方）180萬元，其他權益變動（借方）90萬元。興華公司帳務處理如下：

①20×8年12月31日。
應享有資本公積份額=300×30%=90（萬元）
借：長期股權投資——H公司（其他權益變動）　　900,000
　　貸：資本公積——其他資本公積　　　　　　　　　　　900,000

②20×9年5月20日轉讓。
借：銀行存款　　　　　　　　　　　　　　　　6,700,000
　　貸：長期股權投資——H公司（成本）　　　　　　　3,000,000
　　　　　　　　——H公司（損益調整）　　　　　　　1,800,000
　　　　　　　　——H公司（其他權益變動）　　　　　　900,000
　　　　投資收益　　　　　　　　　　　　　　　　　1,000,000
借：資本公積——其他資本公積　　　　　　　　　　900,000
　　貸：投資收益　　　　　　　　　　　　　　　　　　900,000

（2）企業以權益結算的股份支付換取職工或其他地方提供服務的，應按照確定的金額，借記「管理費用」等帳戶，貸記「資本公積——其他資本公積」帳戶。

行權日，企業應按實際行權的權益工具數量計算確定的金額，借記「資本公積——其他資本公積」帳戶，按計入實收資本或股本的金額貸記「實收資本（或股本）」帳戶，按其差額，貸記「資本公積——股本溢價」帳戶。

【例11-8】興華公司20×7年向公司100名管理人員每人授予1,000份股份期權，每股面值1元。興華公司要求這些人員從20×8年1月1日起必須在該公司連續服務1年，服務期滿時才能以每股5元購買1,000股本公司的股票。興華公司估計該期權在授予日的公允價值為12元每股。不到一年時間，已有20名管理人員離開了興華公司。興華公司帳務處理如下：

①20×7年1月1日授予股票期權時不做會計處理。
②20×8年12月31日。

計入當期費用的金額＝（100-20）×1,000×12＝960,000（元）
借：管理費用　　　　　　　　　　　　　960,000
　　貸：資本公積——其他資本公積　　　　　　　960,000
③20×9年1月，剩餘80名管理人員行權。
借：銀行存款　　　　　　　　　　　　　400,000
　　資本公積——其他資本公積　　　　　960,000
　　貸：股本　　　　　　　　　　　　　　　　80,000
　　　　資本公積——股本溢價　　　　　　　1,280,000

（3）企業自用房地產或存貨轉換為採用公允價值模式計量的投資性房地產，應按其在轉換日的公允價值，借記「投資性房地產」帳戶；按其帳面餘額，貸記「開發產品」或「固定資產」帳戶；按其差額，貸記「其他綜合收益」帳戶或借記「公允價值變動損益」帳戶。固定資產還要結轉已計提的累計折舊，貸記「累計折舊」帳戶。已計提跌價（或減值）準備的，應同時結轉跌價（或減值）準備。企業處置投資性房地產時，按該項投資性房地產在轉換日計入資本公積的金額，借記「其他綜合收益」帳戶，貸記「其他業務成本」帳戶。

【例11-9】興華公司20×8年有一辦公樓，原價為1,500萬元，累計折舊為75萬元，於20×8年1月1日用於對外出租，以賺取租金。由於該辦公樓位於市中心，存在活躍市場，公允價值能夠持續取得並可靠計量，因此興華公司採用公允價值模式對該辦公樓進行計量。出租當日該辦公樓的公允價值為1,600萬元。興華公司帳務處理如下：

①出租。
借：投資性房地產　　　　　　　　　　16,000,000
　　累計折舊　　　　　　　　　　　　　750,000
　　貸：固定資產　　　　　　　　　　　　　15,000,000
　　　　其他綜合收益　　　　　　　　　　　1,750,000
②處置該項投資性房地產，應轉出原計入資本公積的金額。
借：資本公積——其他資本公積　　　　1,750,000
　　貸：其他業務成本　　　　　　　　　　　1,750,000

（4）企業將債權投資重分類為其他債權投資時，應在重分類日按其公允價值，借記「其他債權投資」帳戶；按其帳面餘額，貸記「債權投資（成本、利息調整、應計利息）」帳戶；按其差額，貸記或借記「其他綜合收益」帳戶。企業已計提減值準備的，應同時結轉減值準備。

企業出售其他債權投資，應按實際收到的金額，借記「銀行存款」帳戶；按其帳面餘額，貸記「其他債權投資（成本、公允價值變動、利息調整、應計利息）」帳戶；按應從所有者權益中轉出的公允價值累計變動額，借記或貸記「其他綜合收益」帳戶；按其差額，貸記或借記「投資收益」帳戶。

（5）股份有限公司採用收購本公司股票方式減資的，按股票面值和註銷股數計算的股票面值總額，借記「股本」帳戶；按所註銷的庫存股的帳面餘額，貸記「庫存股」帳戶；按其差額，借記「資本公積——股本溢價」帳戶。股本溢價不足沖減

的，企業應借記「盈餘公積」「利潤分配——未分配利潤」帳戶。購回股票支付的價款低於面值總額的，企業應按股票面值總額，借記「股本」帳戶；按所註銷的庫存股的帳面餘額，貸記「庫存股」帳戶；按其差額，貸記「資本公積——股本溢價」帳戶。

第四節　留存收益

留存收益是企業在歷年實現的利潤中提取或未分配而留存於企業內部的累積，主要來自企業生產經營活動中實現的利潤。其內容按是否指定用途，分為盈餘公積和未分配利潤兩部分。

一、盈餘公積

盈餘公積分為兩種：一是法定盈餘公積。法定盈餘公積是企業按照《中華人民共和國公司法》的規定從稅後利潤中提取的公積金。其提取比例為稅後利潤的10%。在法定盈餘公累積計提取額已達到註冊資本的50%時，企業可不再提取。二是任意盈餘公積。經股東大會決議批准，企業可以按一定的比例從稅後利潤中提取任意盈餘公積。企業提取的盈餘公積主要用於彌補虧損、轉增資本，符合規定條件的企業，也可以將盈餘公積用於分派現金股利。

為了核算盈餘公積的提取、使用，企業應設置「盈餘公積」帳戶。該帳戶貸方登記企業按規定從淨利潤中提取的盈餘公積，借方登記使用的盈餘公積，期末貸方餘額表示企業提取的盈餘公積的實有數額。企業應在該帳戶下分別設置「法定盈餘公積」「任意盈餘公積」進行明細核算。

（一）提取盈餘公積的核算

企業按規定提取公積金時，應借記「利潤分配——提取法定盈餘公積（或提取任意盈餘公積）」，貸記「盈餘公積——法定盈餘公積（或任意盈餘公積）」。

【例11-10】興華公司20×8年稅後利潤為3,000萬元，現決定按10%提取法定盈餘公積，按20%提取任意盈餘公積。興華公司帳務處理如下：

借：利潤分配——提取法定盈餘公積　　　　　　　3,000,000
　　　　　　——提取任意盈餘公積　　　　　　　　6,000,000
　　貸：盈餘公積——法定盈餘公積　　　　　　　　3,000,000
　　　　　　　　——任意盈餘公積　　　　　　　　6,000,000

（二）盈餘公積使用的核算

1. 轉增資本（或股本）

為了滿足企業擴大再生產對資本增加的要求，經企業決策機構決議，盈餘公積可以轉增資本。轉增時，企業應按投資人持有的比例轉增資本，這樣才能保證股權結構的一致性。轉增時，企業借記「盈餘公積」帳戶，貸記「實收資本」或「股本」帳戶。需要注意的是，盈餘公積轉增資本後留存的盈餘公積的數額不得少於註冊資本的25%。

【例 11-11】經批准，興華公司用法定盈餘公積 1,000,000 元轉增資本。興華公司帳務處理如下：

借：盈餘公積——法定盈餘公積　　　　　　　　　1,000,000
　貸：實收資本　　　　　　　　　　　　　　　　　　1,000,000

2. 彌補虧損

企業發生虧損後，可以用以後年度實現的利潤去彌補，若虧損數額較大，經股東大會批准後，也可以用盈餘公積彌補虧損。彌補虧損時，企業借記「盈餘公積」帳戶，貸記「利潤分配——盈餘公積補虧」帳戶。

【例 11-12】興華公司 20×8 年發生虧損 900,000 元，經批准，可用以前年度累積的法定盈餘公積來彌補虧損。興華公司帳務處理如下：

借：盈餘公積——法定盈餘公積　　　　　　　　　　900,000
　貸：利潤分配——盈餘公積補虧　　　　　　　　　　900,000

二、未分配利潤

未分配利潤是企業留待以後年度進行分配的結存利潤，是企業實現的淨利潤（或虧損）在經過一系列分配後的結餘部分。從數量上來說，年末未分配利潤等於年初未分配利潤加上本年實現的淨利減去提取的各種盈餘公積和向投資者分配的利潤。未分配利潤是企業所有者權益的組成部分，但相對於所有者權益的其他組成部分而言，因為未分配利潤是未指定用途的稅後利潤，因此企業在使用上具有較大的自主權。

為了反應企業未分配利潤的情況，企業需要在「利潤分配」帳戶下設置「未分配利潤」明細帳戶。年度終了，企業將「利潤分配」帳戶下的其他明細帳戶的餘額轉入「未分配利潤」明細帳戶中。結轉後，「未分配利潤」明細帳戶的借方餘額表示未彌補的虧損，貸方餘額表示未分配的利潤。

【例 11-13】興華公司 20×8 年年初未分配利潤為 1,000,000 元，本年實現淨利潤 3,000,000 元，已按 10%提取法定盈餘公積，發放現金股利 1,000,000 元。興華公司帳務處理如下：

（1）結轉本年實現的淨利潤。

借：本年利潤　　　　　　　　　　　　　　　　　3,000,000
　貸：利潤分配——未分配利潤　　　　　　　　　　3,000,000

（2）結轉本年已分配的利潤。

借：利潤分配——未分配利潤　　　　　　　　　　1,300,000
　貸：利潤分配——提取法定盈餘公積　　　　　　　　300,000
　　　　　　——應付現金股利　　　　　　　　　　1,000,000

興華公司 20×8 年末未分配利潤＝1,000,000+3,000,000−1,300,000
　　　　　　　　　　　　　＝2,700,000（元）

【本章小結】

根據《企業會計準則——基本準則》的規定，所有者權益是指企業資產扣除負

債後由所有者享有的剩餘權益，是所有者對企業資產的剩餘索取權，它是企業資產中扣除債權人權益後應由所有者享有的部分。其具體包括所有者投入的資本、直接計入所有者權益的利得和損失、留存收益等，通常由實收資本（或股本）、資本公積（含資本溢價或股本溢價、其他資本公積）、盈餘公積和未分配利潤構成。

【主要概念】

所有者權益；實收資本；資本公積；盈餘公積；未分配利潤。

【簡答題】

1. 什麼是所有者權益？所有者權益包括哪些內容？
2. 所有者權益與負債的區別是什麼？
3. 所有者權益增減變動的主要原因是什麼？
4. 資本公積包括哪些內容？
5. 企業留存收益包括哪些內容？

【練習題】

興華公司 20×8 年 12 月有關經濟業務資料如下：

（1）興華公司收到 B 公司按投資合同規定投入的設備一臺，確認價值為 400,000 元。

（2）興華公司由三個企業投資組成，初始期每一投資者投入貨幣資金 500,000 元。一年後，另一企業加入。經協商，興華公司將註冊資本增至 2,000,000 元，由新投資者出資 700,000 元，擁有公司 25% 的股份。

（3）興華公司增發普通股 300,000 股，每股面值 1 元，委託證券公司代理發行，發行價每股 5.50 元，按 3% 計算發行手續費。

（4）興華公司以前年度累計未彌補的虧損為 200,000 元，按規定已超過以稅前利潤彌補虧損的期間。公司董事會決定並經股東大會批准，以盈餘公積彌補以前年度的全部虧損。

（5）興華公司本年實現淨利潤 6,400,000 元，董事會提出公司當年的利潤分配方案：按 10% 提取法定盈餘公積，按 5% 提取任意盈餘公積，派發現金股利 1,000,000 元。該方案經股東大會批准。

（6）興華公司經批准同意，將資本公積 500,000 元、盈餘公積 400,000 元轉增資本。

要求：根據上述經濟業務進行相應帳務處理。

第十二章
費用與成本

【學習目標】

知識目標：熟悉費用和成本的概念，掌握費用的各項組成部分的核算，掌握成本的各項組成部分的核算。

技能目標：能夠運用本章所學知識對費用和成本進行正確的帳務處理。

能力目標：理解並掌握費用與成本的概念、構成及其帳務處理。

【知識點】

費用的分類、成本的分類、費用的確認與計量、成本的確認與計量等。

【篇頭案例】

有這樣一對好朋友，兩人都是會計，某日兩人去逛街，甲看中了一套價格不便宜的化妝品，對乙說：「這是對固定資產的後續投資。」乙想了一下說：「這個還是應該處理成當期的維修費吧。」

你覺得應該怎麼處理呢？

第一節　費用概述

一、費用的概念

費用是企業在生產經營過程中的各項耗費，即企業在生產經營過程中為取得收入而支付或耗費的各項資產。費用的發生意味著資產的減少或負債的增加。收入表示企業經濟利益的增加，費用表示企業經濟利益的減少。中國《企業會計準則——基本準則》第三十三條將費用表述為：「費用是指企業在日常活動中發生的、會導致所有者權益減少的、與向所有者分配利潤無關的經濟利益的總流出。」

（一）費用最終導致企業經濟資源的減少

費用的發生會引起企業經濟資源的減少，這種減少可能具體表現為各企業實際的現金或非現金支出，也可以是預期的現金支出。因此，這種減少也可以看成企業資源的流動，是資源流出企業。收入雖然也是企業資源的流動，但表現為資源流入企業。如果將現金及現金等價物流入視為企業未來經濟利益的最終體現，那麼，費

用的本質就是一種現實的或預期的現金流出。例如，支付銷售費用和工資是現實的現金流出；消耗原材料或機器設備的使用等同樣是現金流出，不過是過去的現金流出；承擔以前的負債，在未來期間履行相應義務時，也將導致現金的流出，但這是一項預期的或未來的現金流出。

（二）費用最終會減少企業的所有者權益

企業的收入會導致企業經濟利益流入企業，因此會使企業所有者權益增加。費用會導致企業經濟利益流出企業，因此會使企業所有者權益減少。但是，企業在生產經營過程中發生的支出並非都會引起企業所有者權益的減少。有兩大類支出是不應歸入費用的。一類是企業償債性支出。例如，企業以銀行存款償還一項債務，只是一項資產和一項負債等額減少，對所有者權益沒有影響，因此不構成費用。另一類是向所有者分配的利潤和股利。這一現金流出雖然減少了企業的資產，但按照所有權理論，向所有者分配利潤或股利不是費用。這不是經營活動的結果，而是屬於最終利潤的分配。費用的這一特徵表明，費用同盈利活動相聯繫，即費用是企業在取得收入過程中發生的各項支出。

二、費用的分類

費用有狹義和廣義之分。廣義的費用泛指企業各種日常活動發生的所有耗費，狹義的費用僅指與本期營業收入相配比的那部分耗費。費用的分類中最基本的是按照費用的經濟內容分類和按照費用的經濟用途分類。

（一）費用按其經濟內容分類

費用按其經濟內容（或性質）進行分類，可以分為勞務對象方面的費用、勞務手段方面的費用和勞動方面的費用三大類，一般又可以細分為以下九大類：

（1）外購材料，即企業為進行生產而耗用的一切從外部購入的原材料及主要材料、半成品、輔助材料、包裝物、修理用備件和週轉材料（低值易耗品）等。

（2）外購燃料，即企業為進行生產而耗用的從外部購進的各種燃料。

（3）外購動力，即企業為進行生產而耗用的從外部購進的各種動力。

（4）工資，即企業員工的薪資。

（5）提取的職工福利費用，即企業按照一定比例從成本費用中提取的職工福利費用。

（6）折舊費，即企業按照核定的固定資產折舊率計算提取的折舊基金。

（7）利息支出，即企業應計入成本費用的利息支出減去利息收入後的淨額。

（8）稅金，即企業應計入成本費用的各種稅金。

（9）其他支出，即不屬於以上各要素的費用支出。

（二）費用按其經濟用途分類

費用按經濟用途分類，可以分為直接材料、直接工資、其他直接支出、製造費用和期間費用。

（1）直接材料，即構成產品實體，或者有助於產品形成的各項原料及主要材料、輔助材料、燃料、備品備件、外購半成品和其他直接材料。

（2）直接工資，即直接從事產品生產的人員的工資、獎金、津貼和補貼。

（3）其他直接支出，即直接從事產品生產的人員的職工福利費。

（4）製造費用，即企業各生產單位為組織和管理生產發生的各項費用。

（5）期間費用，即企業在生產經營過程中發生的銷售費用、管理費用和財務費用。

(三) 費用按其同產量之間的關係分類

費用按照其同產量之間的關係，可以分為固定費用和變動費用。

（1）固定費用是指產量在一定範圍內，費用總額不隨著產品產量的變動而變動的費用，如固定資產折舊費、管理人員工資、辦公費等。

（2）變動費用是指費用隨著產品產量變動而變動的費用，如原材料費用和生產工人計件工資等。

三、費用的確認與計量

(一) 費用的確認

費用一般按照權責發生制和配比原則確認，凡應屬於本期發生的費用，無論其款項是否支付，均確認為本期費用；反之，不屬於本期發生的費用，即使其款項已在本期支付，也不確認為本期費用。也就是說，確認費用的標準主要有兩點：第一，某項資產的減少或負債的增加，如果不會減少企業的經濟利益，就不能作為費用。生產產品領用的材料、支付的工資和其他的支出，雖然已經減少了存貨和貨幣資金，即某種資金已經減少，但是其又轉化為一種新的資產形式，企業的經濟利益並未減少，因此其只是成本不是費用。只有產品已完工並銷售時，才能確認為費用。第二，某項資產的減少或負債的增加必須能夠準確地加以計量。如果某項資產的耗費不能加以計量，也無法做出合理的估計，那麼就必能在利潤表中確認為費用。

在費用確認的過程中，費用先要劃定一個時間上的總體界限，即按照支出的效益涉及的期間來確認費用。如果某項支出的效益僅涉及本會計年度或一個營業週期，就應將其作為收益性支出，在一個會計期間內確認為費用。如果某項支出的效益涉及幾個會計年度或幾個營業週期，該項支出則應予以資本化，不作為當期費用，而應該在以後各期間逐漸確認為費用。

在此基礎上，企業再按照費用與收入的關聯關係來確認費用的實現。也就是說，企業是按照關聯收入實現的期間來確認費用實現的期間的。費用與收入之間的關聯不僅表現為經濟性質上的因果關係，也表現為時間關係。聯繫收入來確認費用的配比原則也就表現為以下幾個方面：

（1）按因果關係直接確認。這種確認方法以所發生的費用與所獲得的具體收益項目之間的直接聯繫為基礎，直接地、聯合地將來自相同交易或其他事項的營業收入與費用合併起來予以確認。例如，企業在確認產品銷售收入時，同時確認構成產品銷售成本的各種費用，包括銷售產品的產品成本、銷售費用等。產品銷售成本與產品銷售收入之間存在著直接的因果關係，而費用與收入之間的因果關係除了直接的因果關係，還存在著間接的因果關係。

（2）按系統且合理的分配方法加以確認。這種確認方法是以系統的、合理的分配程序為基礎，在利潤表中確認費用。收入和費用之間的內在聯繫不僅表現為經濟

性質上的因果性，而且還表現為時間上的一致性。收入與費用的期間特徵決定了費用必須與同一期間收入相配比，即本期確認的收入應該與本期費用相配比。如果收入要等到未來期間實現，相應的費用或已消耗成本就要遞延到未來的實際受益期。這時費用便應當系統合理地分配於各個收益期。

（3）按期間配比確認。在現實工作中，有些支出很難找到直接相關、對應的收入，不能與特定營業收入相關聯。一些支出在其發生期內消耗，但不產生未來的經濟利益，或者是受益期難以確定。一些支出與當期收入雖然存在間接聯繫，但找不出一個系統而合理的分配基礎。在會計上，這些支出與其發生的期間相聯繫，稱為期間配比。例如，企業管理人員的工資、管理部門的辦公費、水電費、差旅費等。我們一般將這類費用稱為期間費用，並將其在發生期內確認為費用。

（二）費用的計量

由於費用一般被視為資產價值的減少，因此在理論上，已耗用的資產又可以從不同的角度來計量，與之相適應的費用也可以採用不同的計量屬性。不過，通常的費用計量標準是實際成本。費用採用實際成本計量屬性來計量，是因為實際成本代表企業獲得商品或勞務時的交換價值由交易雙方認可，具有客觀性和可驗證性，從而能夠使會計信息具有足夠的可靠性。

費用的實際成本是按企業為取得商品或勞務而放棄的資源的實際價值來計量的，即按交換價值或市場價格計量的。這種市場價格的確定取決於交易中具體採取的支付方式。交易中最基本的支付方式是現金。但費用的發生與現金支出在時間上有時是不一致的，一般有三種可能：現金支出與費用同時發生、費用發生在先、費用發生在後。第一種情況下，市場價格可以恰當地用於確認那些現金支出時發生的費用。例如，企業用現金支付管理部門的辦公費和水電費等，費用的實際成本就代表了當時的市場價格。但在費用先於或後於現金支出的情況下，費用的實際成本與費用發生時的市場價格可能會出現一定的背離，最常見的費用的發生後於現金支出的例子是固定資產折舊。固定資產折舊的計提基礎，是固定資產的購入成本，即取得資產時的市場價格，但一經入帳就固定下來，成為歷史成本。

第二節　生產成本

一、生產成本的概念

生產成本是指一定期間生產產品所發生的直接費用和間接費用的總和。生產成本與費用是一個既有聯繫又有區別的概念。首先，成本是對象化的費用，生產成本是相對於一定的產品而言所發生的費用，是按照產品品種等成本計算對象對當期發生的費用進行歸集所形成的。在按照費用的經濟用途分類中，企業一定期間發生的直接費用和間接費用的總和則構成一定期間的產品的生產成本。費用的發生過程也就是產品成本的形成過程。其次，成本與費用是相互轉化的。企業在一定期間發生的直接費用按照成本計算對象進行歸集；間接費用則通過分配計入各成本計算對象，

使本期發生的費用予以對象化，轉化為成本。

企業的產品成本項目可以根據企業的具體情況自行設定，一般為直接材料、燃料及動力、直接人工和製造費用等。

（1）直接材料。直接材料指構成產品實體的原料、主要材料以及有助於產品形成的輔助材料、設備配件、外購半成品。

（2）燃料及動力。燃料及動力指直接用於產品生產的外購和自制的燃料動力。

（3）直接人工。直接人工指直接參加生產的工人工資及按生產工人工資和規定比例計提的職工福利費、住房公積金、工會經費、職工教育經費等。

（4）製造費用。製造費用是指直接用於產品生產的、不便於直接計入產品成本的、沒有專設成本項目的費用以及間接用於產品生產的各項費用，如生產單位管理人員的職工薪酬、生產單位固定資產的折舊費和修理費、物資消耗、辦公費、水電費、保險費等費用。

二、生產成本核算應設置的帳戶

企業為了核算各種產品發生的各項生產費用，應設置「生產成本」帳戶和「製造費用」帳戶。「生產成本」帳戶是用來核算企業進行工業性生產發生的各項生產費用的帳戶。該帳戶的借方反應企業發生的各項直接材料、直接人工和製造費用，貸方反應期末按實際成本計價的、生產完工入庫的工業產品、自制工具以及提供工業性勞務的成本結轉，期末餘額一般在借方，表示期末尚未加工完成的在產品製造成本。「生產成本」帳戶應按不同的成本計算對象來設置明細分類帳戶，並按直接材料、直接人工和製造費用等成本項目設置專欄進行明細核算。企業可以根據自身生產特點和管理要求，將「生產成本」帳戶分為「基本生產成本」和「輔助生產成本」兩個明細帳戶。前者核算企業為完成主要生產目的而進行的產品生產所發生的費用，計算基本生產的產品成本；後者核算企業為基本生產服務而進行的產品生產和勞務供應所發生的費用，計算輔助生產成本和勞務成本。

「製造費用」帳戶用來核算企業為生產產品或提供勞務而發生的各項間接費用，包括生產車間管理人員的職工薪酬、折舊費、維修費、辦公費、水電費、勞動保護費、租賃費、保險費、季節性或修理期間的停工損失等。該帳戶借方反應企業發生的各項製造費用，貸方反應期末按照一定的分配方法和分配標準將製造費用在各成本計算對象間的分配結轉，期末結轉後該帳戶一般無餘額。「製造費用」帳戶通常按照不同的車間、部門設置明細帳，並按費用的經濟用途和費用的經濟性質設置專欄，而不應將各車間、部門的製造費用匯總起來，在整個企業範圍內統一進行分配。

三、生產成本的歸集和分配

（一）材料費用的估計和分配

產品生產中消耗的各種材料物資的貨幣表現就是材料費用。在一般情況下，材料費用包括產品生產中消耗的原料、主要材料、輔助材料和外購半成品等。材料費用的歸集和分配是由財會部門在月份終了時，將當月發生的應計入成本的全部領料單、限額領料單、退料單等原始憑證，按產品和用途進行歸集，編製發出材料匯總

表，對直接用於製造產品的材料費用，能夠直接計入的，直接計入該產品成本計算單中的「直接材料」項目。只有在幾種產品合用一種材料時才採用適當方法，分配計入產品成本計算單中的「直接材料」項目。在實際工作中，常用的分配方法是按各種產品的材料定額耗用量的比例，或者按各種產品的重量比例分配。通過歸集分配後，企業根據分配結果，編製發出材料匯總表，據此登記有關明細帳和產品成本計算單。

【例 12-1】興華公司 20×8 年 12 月發出材料匯總表如表 12-1 所示。

表 12-1　發出材料匯總表
20×8 年 12 月 31 日　　　　　　　　　　　　　　　單位：元

會計科目	領用單位及用途	原材料	週轉材料——低值易耗品	合計
生產成本	一車間：甲產品	20,000		20,000
	乙產品	15,000		15,000
	二車間：甲產品	10,000		10,000
	乙產品	12,000		12,000
	小計	57,000		57,000
製造費用	一車間	1,000	7,500	8,500
	二車間	1,500	3,000	4,500
	小計	2,500	10,500	13,000
生產成本	機修	2,500	300	2,800
管理費用	廠部	200	450	650
合計		62,200	11,250	73,450

興華公司帳務處理如下：
(1) 借：生產成本——基本生產成本（甲產品）　　　30,000
　　　　　　　——基本生產成本（乙產品）　　　27,000
　　　　　　　——輔助生產成本　　　　　　　　2,500
　　　　製造費用　　　　　　　　　　　　　　　2,500
　　　　管理費用　　　　　　　　　　　　　　　200
　　　貸：原材料　　　　　　　　　　　　　　　62,200
(2) 借：製造費用　　　　　　　　　　　　　　　10,500
　　　　生產成本——輔助生產成本　　　　　　　300
　　　　管理費用　　　　　　　　　　　　　　　450
　　　貸：週轉材料——低值易耗品　　　　　　　11,250

(二) 工資費用的歸集和分配

1. 職工薪酬的構成內容

職工薪酬是指企業是為獲得職工提供的服務而給予各種形式的報酬以及其他相

關支出。也就是說，凡是企業為獲得職工提供的服務給予或付出的各種形式的對價，都構成職工薪酬。

2. 職工薪酬的確認與計量

職工薪酬作為企業的一項負債，除因解除與職工的勞動關係給予職工的補償外，都應根據職工提供服務的受益對象分別進行處理。

（1）應由生產產品、提供勞務負擔的職工薪酬，計入產品成本或勞務成本。生產產品、提供勞務中的直接生產人員和直接提供勞務人員發生的職工薪酬，計入生產成本，借記「生產成本」帳戶，貸記「應付職工薪酬」帳戶。

（2）應由在建工程負擔的職工薪酬，計入固定資產成本。自建固定資產過程中發生的職工薪酬，計入固定資產的成本，借記「在建工程」帳戶，貸記「應付職工薪酬」帳戶。

（3）應由無形資產負擔的職工薪酬，計入無形資產成本。企業在自行研發無形資產的過程中發生的職工薪酬要區別情況進行處理。在研究階段發生的職工薪酬不能計入無形資產的成本；在開發階段發生的職工薪酬符合資本化條件的應當計入無形資產的成本，借記「研發支出——資本化支出」帳戶，貸記「應付職工薪酬」帳戶。

（4）除以上三項以外的職工薪酬，如公司管理人員、董事會和監事會成員等人員的職工薪酬，因難以確定受益對象，都應當在發生時確認為當期損益。當支出發生時，企業借記「管理費用」帳戶，貸記「應付職工薪酬」帳戶。

3. 工資費用的分配

企業的工資費用應按其發生的地點和用途進行分配。企業的工資費用的歸集和分配，是根據工資結算憑證和工時統計記錄，通過編製工資結算匯總表和工資費用分配表進行的。

對生產車間直接從事產品生產的工人的工資，企業能直接計入各種產品成本的，應根據工資結算匯總表直接計入基本生產成本明細帳和產品成本計算單，並借記「生產成本——直接工資」帳戶。對車間管理人員的工資和企業管理部門的工資，企業應分別計入有關費用明細帳，並分別計入「製造費用」帳戶和「管理費用」帳戶。對福利部門人員的工資，企業應計入「應付職工薪酬」帳戶。對固定資產建造等工程人員的工資，企業應計入「在建工程」帳戶。長期生病人員的工資不屬於企業的工資費用，企業應在「管理費用」帳戶中列支。

【例 12-2】興華公司生產車間發生工資 17,816.6 元，供電車間發生工資 1,710.8 元，鍋爐車間發生工資 1,925.2 元，一車間管理人員發生工資 972.4 元，二車間管理人員發生工資 820.6 元，企業管理部門發生工資 3,110 元，醫護人員和長病假人員分別發生工資 627 元和 274.5 元。

根據上述信息，興華公司帳務處理如下：

借：生產成本——基本生產成本	17,816.6
——輔助生產成本	3,636.0
製造費用	1,793.0
管理費用	4,011.5
貸：應付職工薪酬	27,257.1

(三) 製造費用的歸集和分配

製造費用是企業為組織和管理生產發生的各項費用。製造費用主要包括企業各個生產單位（分廠、車間）為組織和管理生產發生的生產單位管理人員工資、職工福利費、生產單位房屋建築物、機器設備等的折舊費、修理費、機物料消耗、水電費、辦公費、勞動保護費、季節性或修理期間的停工損失以及其他製造費用。

這些費用是由於管理和組織生產而發生的間接費用，不是生產產品的直接費用，因此這些費用在發生時，不能直接計入產品成本，需要通過「製造費用」帳戶進行歸集，然後分配計入各種產品成本。在實際工作中，企業應設置「製造費用」的明細帳戶，按費用項目歸集這些費用。由於製造費用可以直接計入產品成本，因此企業在生產多種產品的情況下，就需要將製造費用在不同產品之間進行分配。常用的分配方法有生產工時比例法、生產工人工資比例法、預算分配率法。

為了正確反應製造費用的發生和分配，控制費用預算的執行情況，企業應將發生的製造費用計入「製造費用」帳戶，並建立「製造費用」的明細帳戶，按不同車間、部門和費用項目進行明細核算。

「製造費用」帳戶屬於集合分配帳戶，借方登記製造費用的發生數，貸方登記製造費用的分配數。在一般情況下，企業在期末應將全部費用都分配出去，不留餘額。製造費用是各種產品共同發生的一般費用，需要採用一定標準分配計入各種產品的成本。在分配時，該帳戶的貸方轉入「生產成本」帳戶的借方。當車間除加工製造工業產品外，還製造一些自制材料、自制設備和自制工具時，企業應按各自負擔的數額分配轉入「原材料」「在建工程」「週轉材料」等帳戶的借方。

【例 12-3】興華公司本月發生各種製造費用及相應帳務處理如下：
(1) 興華公司計提本月車間使用的固定資產折舊，共計 40,000 元。

借：製造費用　　　　　　　　　　　　　　　　　　40,000
　　貸：累計折舊　　　　　　　　　　　　　　　　　　40,000

(2) 車間領用一般性消耗材料，實際成本為 5,000 元。

借：製造費用　　　　　　　　　　　　　　　　　　5,000
　　貸：銀行存款　　　　　　　　　　　　　　　　　　5,000

(3) 興華公司支付本月固定資產租金 4,000 元，以銀行存款支付。

借：製造費用　　　　　　　　　　　　　　　　　　4,000
　　貸：銀行存款　　　　　　　　　　　　　　　　　　4,000

(4) 興華公司以現金 100 元購買車間辦公用紙。

借：製造費用　　　　　　　　　　　　　　　　　　100
　　貸：庫存現金　　　　　　　　　　　　　　　　　　100

(5) 車間辦事員小王報銷差旅費 1,500 元，預借款為 2,000 元。

借：製造費用　　　　　　　　　　　　　　　　　　1,500
　　庫存現金　　　　　　　　　　　　　　　　　　　500
　　貸：其他應收款　　　　　　　　　　　　　　　　　2,000

(6) 興華公司支付車間管理人員工資。

借：製造費用　　　　　　　　　　　　　　　　　　6,000
　　貸：應付職工薪酬　　　　　　　　　　　　　　　　6,000

(7) 甲車間領用活動扳手，價值 12,000 元（該廠週轉材料採用分次攤銷法，分 6 個月攤銷）。

借：週轉材料——在用　　　　　　　　　　　　　12,000
　　貸：週轉材料——在庫　　　　　　　　　　　　　12,000
借：製造費用　　　　　　　　　　　　　　　　　　2,000
　　貸：週轉材料——攤銷　　　　　　　　　　　　　2,000

(8) 甲車間支付本月設備租金 3,000 元，以銀行存款支付。

借：製造費用　　　　　　　　　　　　　　　　　　3,000
　　貸：銀行存款　　　　　　　　　　　　　　　　　3,000

(9) 興華公司分配本期製造費用，總計 61,600 元，其中甲產品負擔 32,400 元，乙產品負擔 29,200 元。

借：生產成本——基本生產成本（甲產品）　　　　32,400
　　　　　　——基本生產成本（乙產品）　　　　29,200
　　貸：製造費用　　　　　　　　　　　　　　　　61,600

（四）輔助生產材料的歸集和分配

輔助生產是為基本生產服務的，其生產的產品和勞務大部分都被基本生產車間和管理部門所消耗，一般很少對外銷售。輔助生產按提供產品或勞務的種類不同，可以分為以下兩類：

(1) 只生產一種產品或提供一種勞務的輔助生產，如供電、供水、運輸等。
(2) 生產多種產品或勞務的輔助生產，如工具、模型、機修等。

輔助生產的類型不同，其費用分配、轉出程序也不一樣。生產多種產品的輔助生產車間，如工具、模型等車間，其發生的費用應在產品完工入庫後，從「輔助生產」帳戶和明細帳中轉出，計入「原材料」或「週轉材料」帳戶，有關車間或部門領用時，再從「原材料」或「週轉材料」帳戶轉入「生產成本」或「管理費用」等帳戶。只生產單一品種的輔助生產車間，如供電、供水等產品或勞務所發生的費用，應在月末匯總後，按各受益車間或部門耗用勞務的數量，選擇適當的分配方法進行分配後，從「生產成本」的「輔助生產成本」和明細帳中轉出，計入有關帳戶。分配單一產品或勞務費用常用的方法有直接分配法、一次交互分配法、計劃成本分配法、代數分配法和順序分配法，這裡只對直接分配法進行具體說明。

直接分配法是指將各輔助生產車間的實際成本，在基本生產車間和管理部門之間，按其受益數量進行分配，對各輔助生產車間互相提供的產品或勞務則不進行分配。

四、在產品成本的計算和完工產品成本的結轉

工業企業生產過程中發生的各項生產費用，經過在各種產品之間的歸集和分配，都已集中登記在「生產成本」明細帳和產品成本計算單中。在產品成本計算單中，在產品成本減去交庫廢料價值後，就是該產品本月發生的費用。當月初、月末都沒有在產品時，本月發生的費用就等於本月完工產品的成本；如果月初、月末都有在產品時，本月發生的生產費用加上月初在產品成本之後的合計數額，還要在完工產

品和在產品之間進行分配，計算完工產品成本。完工產品成本一般按下式計算：
完工產品成本＝月初在產品成本＋本月發生費用－月末在產品成本

從上述公式可以看出，完工產品成本是在月初在產品成本加本期發生費用的合計數基礎上，減去月末在產品成本後計算出來的。因此，計算月末在產品成本是正確計算完工產品成本的關鍵。

(一) 在產品成本的計算

工業企業的在產品是指生產過程中尚未完工的產品。從整個企業來講，在產品包括在加工中的產品和加工已經告一段落的自制半成品，即廣義的在產品。從某一加工階段來講，在產品是指正在加工中的產品，即狹義的在產品。

企業應根據生產特點、月末在產品數量的多少、各項費用比重的大小以及定額管理基礎的好壞等具體條件，採用適當的方法計算在產品成本。

如果在產品數量很少，計算與不計算在產品成本對完工產品成本的影響很小，為了簡化計算工作，企業可以不計算在產品成本。這就是說，某種產品每月發生的生產費用，全部作為當月完工產品的成本。如果在產品數量較少，或者在產品數量雖然多，但各月之間變化不大，因此月初、月末在產品成本的差額對完工產品成本的影響不大，企業就可以將在產品成本按年初數固定不變，把每月發生的生產費全部作為當月完工產品的成本。但在年終時，企業必須根據實際盤點的在產品數量，重新計算一次在產品成本，以免在產品成本與實際出入過大，影響成本計算的正確性。

在產品數量較多且各月變化較大的企業要根據實際結存的產品數量，計算在產品成本。一般來說，在產品成本計算的方法通常有以下幾種：在產品成本按其所耗用的原材料費用計算、按定額成本計算、按約當產量計算、按定額比例分配計算。

(二) 完工產品成本的結轉

在計算出當期完工產品成本後，對驗收入庫的成品，企業應結轉成本。企業結轉本期完工成本時，借記「產成品」或「庫存商品」科目，貸記「生產成本」科目。通過在產品成本的計算，生產費用在完工產品和月末在產品之間進行分配之後，企業就可以確定完工產品的成本。企業根據計算的完工成品成本，將其從有關產品成本計算單中轉出，編製完工產品成本匯總計算表，計算出完工產品總成本和單位成本。結轉時，企業借記「產成品」科目，貸記「生產成本」科目。

第三節　期間費用

期間費用是企業當期發生的費用中的重要組成部分，指本期發生的、不能直接或間接歸入某種產品成本的、直接計入損益的各項費用，包括管理費用、銷售費用和財務費用。

一、管理費用

(一) 管理費用的內容

管理費用是指企業為組織和管理企業生產經營所發生的管理費用，包括企業在籌建期間發生的開辦費，董事會和行政管理部門在企業的經營管理中發生的或應該由企業統一負擔的公司經費（包括行政管理部門職工工資及福利費、物資消耗、低值易耗品攤銷、辦公費和差旅費等），工會經費，董事會費（包括董事會成員津貼、會議費和差旅費等），聘請仲介機構費，研發費，排污費以及企業生產車間（部門）和行政管理部門等發生的固定資產修理費用等。

(二) 管理費用的核算

企業應設置「管理費用」帳戶，發生的管理費用在「管理費用」帳戶中核算，並按費用項目設置明細帳進行明細核算。企業發生管理費用，借記「管理費用」帳戶，貸記「庫存現金」「銀行存款」「原材料」「應付職工薪酬」「累計折舊」「研發支出」「應交稅費」等帳戶。月末，企業將「管理費用」帳戶的借方歸集的管理費用全部由該帳戶的貸方轉入「本年利潤」帳戶的借方，計入當期損益。結轉管理費用後，「管理費用」帳戶無餘額。

【例12-4】興華公司20×8年8月發生以下管理費用：以銀行存款支付業務招待費7,200元；計提管理部門使用的固定資產折舊費8,000元；分配管理人員工資12,000元，提取職工福利費1,680元；以銀行存款支付董事會成員差旅費3,500元，攤銷無形資產2,000元。月末，興華公司結轉管理費用。興華公司帳務處理如下：

(1) 支付業務招待費。

借：管理費用——業務招待費　　　　　　　　　　7,200
　　貸：銀行存款　　　　　　　　　　　　　　　　　7,200

(2) 計提折舊費。

借：管理費用——折舊費　　　　　　　　　　　　8,000
　　貸：累計折舊　　　　　　　　　　　　　　　　　8,000

(3) 分配工資及計提福利費。

借：管理費用——工資及職工福利　　　　　　　13,680
　　貸：應付職工薪酬——工資　　　　　　　　　12,000
　　　　　　　　　　——職工福利　　　　　　　　1,680

(4) 支付董事會成員差旅費。

借：管理費用——董事會費　　　　　　　　　　3,500
　　貸：銀行存款　　　　　　　　　　　　　　　　3,500

(5) 攤銷無形資產。

借：管理費用——無形資產攤銷　　　　　　　　2,000
　　貸：累計攤銷　　　　　　　　　　　　　　　　2,000

(6) 結轉管理費用。

借：本年利潤　　　　　　　　　　　　　　　　34,380
　　貸：管理費用　　　　　　　　　　　　　　　　34,380

二、銷售費用

(一) 銷售費用的內容

銷售費用是指企業在銷售商品和材料、提供勞務過程中發生的各種費用，包括企業在銷售商品過程中發生的保險費、包裝費、展覽費和廣告費、商品維修費、裝卸費等以及為銷售本企業商品而專設的銷售機構（含銷售網點、售後服務網點等）的職工薪酬、業務費、折舊費、固定資產修理費等費用。

(二) 銷售費用的核算

企業發生的銷售費用在「銷售費用」帳戶中核算，並按費用項目設置明細帳進行明細核算。企業發生銷售費用，借記「銷售費用」帳戶，貸記「庫存現金」「銀行存款」「應付職工薪酬」等帳戶；月末，企業將「銷售費用」帳戶的借方歸集的銷售費用全部由該帳戶的貸方轉入「本年利潤」帳戶的借方，計入當期損益。結轉銷售費用後，「銷售費用」帳戶無餘額。

【例 12-5】興華公司 20×8 年 8 月發生以下銷售費用：以銀行存款支付廣告費 5,000 元；以現金支付應由公司負擔的銷售甲產品的運輸費 800 元；分配給專設銷售機構的職工工資 4,000 元，提取職工福利費 560 元。月末，興華公司將全部銷售費用予以結轉。興華公司帳務處理如下：

(1) 支付廣告費。

借：銷售費用——廣告費　　　　　　　　　　　　5,000
　　貸：銀行存款　　　　　　　　　　　　　　　　　5,000

(2) 支付運輸費。

借：銷售費用——運輸費　　　　　　　　　　　　　800
　　貸：庫存現金　　　　　　　　　　　　　　　　　　800

(3) 分配職工工資及提取福利費。

借：銷售費用——工資及職工福利　　　　　　　　4,560
　　貸：應付職工薪酬——工資　　　　　　　　　　4,000
　　　　　　　　　　——職工福利　　　　　　　　　560

(4) 月末結轉銷售費用。

借：本年利潤　　　　　　　　　　　　　　　　　10,360
　　貸：銷售費用　　　　　　　　　　　　　　　　10,360

三、財務費用

(一) 財務費用的內容

財務費用是指企業為籌集生產經營所需資金等發生的籌資費用，包括利息支出（減利息收入）、匯兌損益以及相關的手續費、企業發生的現金折扣或收到的現金折扣等。

(二) 財務費用核算

企業發生的財務費用在「財務費用」帳戶中核算，並按費用項目設置明細帳進行明細核算。企業發生財務費用，借記「財務費用」帳戶，貸記「銀行存款」等帳

戶；企業發生利息收入、匯兌收益，借記「銀行存款」等帳戶，貸記「財務費用」帳戶。月末，企業將「財務費用」帳戶的借方歸集的財務費用全部由該帳戶的貸方轉入「本年利潤」帳戶的借方，計入當期損益。結轉當期財務費用後，「財務費用」帳戶無餘額。

【例12-6】 興華公司20×8年8月發生以下事項：接到銀行通知，已經劃撥本月銀行借款利息5,000元；銀行轉來存款利息2,000元。月末，興華公司結轉財務費用。興華公司帳務處理如下：

(1) 劃撥本月銀行借款利息。

借：財務費用——利息支出	5,000
貸：銀行存款	5,000

(2) 銀行轉來存款利息。

借：銀行存款	2,000
貸：財務費用——利息收入	2,000

(3) 月末結轉財務費用。

借：本年利潤	3,000
貸：財務費用	3,000

【本章小結】

本章主要介紹了費用、生產成本和期間費用的概念與財務處理。

【主要概念】

期間費用；生產成本。

【簡答題】

1. 什麼是費用？費用與成本、損失是什麼關係？
2. 費用的確認原則包括哪些內容？
3. 期間費用通常包括哪些內容？期間費用的發生通常有哪幾種形式？
4. 為什麼企業的期間費用要直接與當期營業收入相配比？
5. 簡述產品成本的構成。

第十三章
收入和利潤

【學習目標】

知識目標：熟悉收入的不同類型，掌握收入的確認條件，掌握利潤的組成部分。

技能目標：能夠運用本章所學知識對不同類型的收入進行正確的帳務處理，核算對應會計期間的利潤。

能力目標：理解並掌握收入和利潤的概念、構成及其帳務處理。

【知識點】

收入的分類、收入的確認、收入的計量、利潤的構成、利潤的計量等。

【篇頭案例】

一位衣著華麗的女子走進一家商店，她看中了一款飾品，在與老板討價還價後，講好價錢是 80 元。女子拿出一張 100 元的紙幣，商店老板為了找零錢，拿了這張 100 元的紙幣去向隔壁雜貨店兌換零錢，然後把飾品和 20 元錢交給女子。

女子走後，雜貨店老板仔細檢查收到的這張 100 元的紙幣，發現是假的。商店老板只能拿出 100 元賠償給雜貨店老板。

商店老板在這筆交易中損失了多少錢？

第一節　收入及其分類

一、收入的概念與特徵

收入是指企業在日常活動中形成的、會導致所有者權益增加的、與所有者投入資本無關的經濟利益的總流入。

收入具有如下特徵：

（一）收入是企業日常活動形成的經濟利益流入

日常活動是指企業為完成其經營目標所從事的經常性活動以及與之相關的其他活動。企業的有些活動屬於為完成其經營目標所從事的經常性活動，如工業企業製造並銷售產品、商業企業購進和銷售商品、租賃企業出租資產、商業銀行對外貸款、保險公司簽發保單、諮詢公司提供諮詢服務、軟件企業為客戶開發軟件、安裝公

提供安裝服務、建築企業提供建造服務、廣告商提供廣告策劃服務等，由此產生的經濟利益的總流入構成收入。企業還有一些活動屬於與經常性活動相關的活動，如工業企業出售不需用的原材料、出售或出租固定資產及無形資產、利用閒置資金對外投資等，由此產生的經濟利益的總流入也構成收入。除了日常活動以外，企業的有些活動不是為完成其經營目標所從事的經常性活動，也不屬於與經常性活動相關的其他活動，如企業處置報廢或毀損的固定資產和無形資產、進行債務重組、接受捐贈等活動，由此產生的經濟利益的總流入不構成收入，應當確認為營業外收入。

（二）收入必然導致所有者權益的增加

收入無論表現為資產的增加還是負債的減少，根據「資產＝負債＋所有者權益」的會計恒等式，最終必然導致所有者權益的增加。不符合這一特徵的經濟利益流入，不屬於企業的收入。例如，企業代稅務機關收取的稅款，旅行社代客戶購買門票、飛機票等收取的票款等，性質上屬於代收款項，應作為暫收應付款計入相關的負債類帳戶，而不能作為收入處理。

（三）收入不包括所有者向企業投入資本導致的經濟利益流入

收入只包括企業自身獲得的經濟利益流入，而不包括企業的所有者向企業投入資本導致的經濟利益流入。所有者向企業投入的資本，在增加資產的同時，直接增加所有者權益，不能作為企業的收入。

二、收入的分類

（一）收入按交易性質分類

1. 轉讓商品收入

轉讓商品收入是指企業通過銷售產品或商品實現的收入，如工業企業銷售產成品、半成品、原材料等實現的收入，商業企業銷售商品實現的收入，房地產開發企業銷售自行開發的房地產實現的收入等。

2. 提供服務收入

提供服務收入是指企業通過提供各種服務實現的收入，如工業企業提供工業性勞務作業服務實現的收入、商業企業提供代購代銷服務實現的收入、建築企業提供建造服務實現的收入、金融企業提供各種金融服務實現的收入、交通運輸企業提供運輸服務實現的收入、諮詢公司提供諮詢服務實現的收入、軟件開發企業為客戶開發軟件實現的收入、安裝公司提供安裝服務實現的收入、服務性企業提供餐飲等各類服務實現的收入等。

（二）收入按在經營業務中所占的比重分類

1. 主營業務收入

主營業務收入又稱基本業務收入，是指企業為完成其經營目標從事的主要經營活動實現的收入。不同行業的企業具有不同的主營業務。例如，工業企業的主營業務是製造和銷售產成品及半成品，商業企業的主營業務是銷售商品，商業銀行的主營業務是存貸款和辦理結算，保險公司的主營業務是簽發保單，租賃公司的主營業務是出租資產，諮詢公司的主營業務是提供諮詢服務，軟件開發企業的主營業務是為客戶開發軟件，安裝公司的主營業務是提供安裝服務，旅遊服務企業的主營業務

是提供景點服務以及客房、餐飲服務等。企業通過主營業務形成的經濟利益的總流入，屬於主營業務收入。主營業務收入經常發生，並在收入中佔有較高的比重。

2. 其他業務收入

其他業務收入又稱附營業務收入，是指企業除主要經營業務以外的其他經營活動實現的收入，如工業企業出租固定資產、出租無形資產、出租週轉材料、銷售不需用的原材料等實現的收入。其他業務收入不經常發生，金額一般較小，在收入中所占比重較低。

第二節　收入的確認與計量

一、收入的確認與計量的基本方法

企業確認收入的方式應當反應其向客戶轉讓商品或提供服務（以下簡稱轉讓商品）的模式，收入的金額應當反應企業因轉讓這些商品或服務（以下簡稱商品）而預期有權收取的對價金額。具體來說，收入的確認與計量應當採用五步法模型，即第一步，識別與客戶訂立的合同；第二步，識別合同中的單項履約義務；第三步，確定交易價格；第四步，將交易價格分攤至各單項履約義務；第五步，履行各單項履約義務時確認收入。其中，第一步、第二步和第五步主要與收入的確認有關，第三步和第四步主要與收入的計量有關。

（一）識別與客戶訂立的合同

本節所稱合同，是指雙方或多方之間訂立的有法律約束力的權利和義務的協議，包括書面形式、口頭形式以及其他可驗證的形式（如隱含於商業慣例或企業以往的習慣做法中等）。

1. 收入確認的原則

企業應當在履行了合同中的履約義務，即在客戶取得相關商品控制權時確認收入。

取得相關商品控制權是指能夠主導該商品的使用並從中獲得幾乎全部的經濟利益，也包括有能力阻止其他方主導該商品的使用並從中獲得經濟利益。

取得商品控制權同時包括下列三項要素：

（1）能力。企業只有在客戶擁有現時權利，即能夠主導該商品的使用並從中獲得幾乎全部經濟利益時，才能確認收入。如果客戶只能在未來的某一期間主導該商品的使用並從中獲益，則表明其尚未取得該商品的控制權。

（2）主導該商品的使用。客戶有能力主導該商品的使用是指客戶在其活動中有權使用該商品，或者能夠允許或阻止其他方使用該商品。

（3）能夠獲得幾乎全部的經濟利益。客戶可以通過使用、消耗、出售、處置、交換、抵押或持有等多種方式直接或間接地獲得商品的經濟利益。

企業在判斷商品的控制權是否發生轉移時，應當從客戶的角度進行分析，即客戶是否取得了相關商品的控制權以及何時取得該控制權。

2. 收入確認的前提條件

企業履行了合同中的履約義務，即客戶確定了相關商品的控制權只是確認收入的時間節點，只有當企業與客戶之間的合同同時滿足下列條件時，企業才能在客戶取得相關商品控制權時確認收入：

（1）合同各方已批准該合同並承諾將履行各自義務。

（2）該合同明確了合同各方與所轉讓的商品相關的權利和義務。

（3）該合同有明確的與所轉讓的商品相關的支付條款。

（4）該合同具有商業實質，即履行該合同將改變企業未來現金流量的風險、時間分佈或金額。

（5）企業因向客戶轉讓商品而有權取得的對價很可能收回。

3. 合同的持續評估

合同開始日是指合同開始賦予合同各方具有法律約束力的權利和義務的日期，通常是指合同生效日。

企業與客戶之間的合同，在合同開始日即滿足確認收入的五項條件的，企業在後續期間無需對其進行重新評估，除非有跡象表明相關事實和情況發生重大變化。企業與客戶之間的合同，不符合確認收入的五項條件的，企業應當在後續期間對其進行持續評估，判斷其能否滿足確認收入的五項條件。

4. 合同合併

企業與同一客戶（或該客戶的關聯方）同時訂立或在相近時間內先後訂立的兩份或多份合同，在滿足下列條件之一時，應當合併為一份合同進行會計處理：

（1）該兩份或多份合同基於同一商業目的而訂立並構成一攬子交易，如一份合同在不考慮另一份合同的對價的情況下將會發生虧損。

（2）該兩份或多份合同中的一份合同的對價金額取決於其他合同的定價或履行情況，如一份合同如果發生違約，將會影響另一份合同的對價金額。

（3）該兩份或多份合同中承諾的商品（或每份合同中承諾的部分商品）構成單項履約義務。

兩份或多份合同合併為一份合同進行會計處理的，仍然需要區分該合同中包含的各單項履約義務。

5. 合同變更

合同變更是指經合同各方批准對原合同範圍或價格做出的變更。

合同各方已批准合同範圍變更，但尚未確定相應價格變動的，企業應當按照企業會計有關可變對價的規定對合同變更導致的交易價格變動進行估計。

企業應當區分以下三種情形對合同變更進行會計處理：

（1）合同變更部分作為單獨合同。合同變更增加了可明確區分的商品及合同價款，且新增合同價款反應了新增商品單獨售價的，應當將該合同變更部分作為一份單獨的合同進行會計處理。此類合同變更不影響原合同的會計處理。

（2）合同變更作為原合同終止及新合同訂立。合同變更不屬於上述第（1）種情形，且在合同變更日已轉讓的商品或已提供的服務（以下簡稱已轉讓的商品）與未轉讓的商品或未提供的服務（以下簡稱未轉讓的商品）之間可以明確區分的，應

當視為原合同終止，同時將原合同未履約部分與合同變更部分合併為新合同進行會計處理。未轉讓的商品既包括原合同中尚未轉讓的商品，也包括合同變更新增的商品。

（3）合同變更部分作為原合同的組成部分。合同變更不屬於上述第（1）種情形，且在合同變更日已轉讓的商品與未轉讓的商品之間不可明確區分的，應當將該合同變更部分作為原合同的組成部分，在合同變更日重新計算履約進度，並調整當期收入和相應成本等。

（二）識別合同中的單項履約義務

履約義務是指合同中企業向客戶轉讓可以明確區分商品的承諾。履約義務既包括合同中明確的承諾，也包括由於企業已公開宣布的政策、特定聲明或以往的習慣做法等導致合同訂立時客戶合理預期企業將履行的承諾。企業為履行合同而應開展的初始活動，通常不構成履約義務，除非該活動向客戶轉讓了承諾的商品。

合同開始日，企業應當對合同進行評估，識別該合同包含的各單項履約義務。企業應當將下列向客戶轉讓商品的承諾作為單項履約義務：

1. 企業向客戶轉讓可明確區分商品（或者商品或服務的組合）的承諾

企業向客戶承諾的商品同時滿足下列兩項條件的，應當作為可明確區分的商品：

（1）客戶能夠從該商品本身或從該商品與其他易於獲得資源的一起使用中受益，即該商品本身能夠明確區分。

（2）企業向客戶轉讓該商品的承諾與合同中的其他承諾可以單獨區分，即轉讓該商品的承諾在合同中是可以明確區分的。

下列情形通常表明企業向客戶轉讓商品的承諾與合同中的其他承諾不可以單獨區分：

一是企業需要提供重大的服務以將該商品與合同中承諾的其他商品進行整合，形成合同約定的某個或某些組合產出轉讓給客戶。

二是該商品將對合同中承諾的其他商品予以重大修改或定制。

三是該商品與合同中承諾的其他商品具有高度關聯性。

2. 企業向客戶轉讓一系列實質相同且轉讓模式相同的、可明確區分的商品的承諾

企業應當將實質相同且轉讓模式相同的一系列商品作為單項履約義務，即使這些商品可以明確區分。其中，轉讓模式相同是指每一項可以明確區分的商品都滿足在某一時段內履行履約義務的條件，且採用相同方法確定其履約進度。

企業在判斷轉讓的一系列商品是否實質相同時，應當考慮合同中承諾的性質，如果企業承諾的是提供確定數量的商品，那麼需要考慮這些商品本身是否實質相同；如果企業承諾的是在某一期間內隨時向客戶提供某項服務，那麼需要考慮企業在該期間內的各個時間段（如每天或每小時）的承諾是否相同，而並非具體的服務行為本身。例如，企業向客戶提供 2 年的酒店管理服務，具體包括保潔、維修、安保等，但沒有具體的服務次數或時間的要求，儘管企業每天提供的具體服務不一定相同，但是企業每天對客戶的承諾都是相同的，因此該服務符合「實質相同」的條件。

（三）確定交易價格

交易價格是指企業因向客戶轉讓商品而預期有權收取的對價金額。企業代第三方收取的款項（如增值稅）以及企業預期將退還給客戶的款項，應當作為負債進行會計處理，不計入交易價格。

合同標價並不一定代表交易價格，企業應當根據合同條款，並結合以往的習慣做法等確定交易價格。企業在確定交易價格時，應當考慮可變對價、合同中存在的重大融資成分、非現金對價、應付客戶對價等因素的影響。

1. 可變對價

企業與客戶的合同中約定的對價金額可能會因折扣、價格折讓、返利、退款、獎勵積分、激勵措施、業績獎金、索賠等因素而變化。此外，根據一項或多項或有事項的發生而收取不同對價金額的合同，也屬於可變對價的情形。

2. 合同中存在的重大融資成分

當合同各方以在合同中（或者以隱含的方式）約定的付款時間為客戶或企業就該交易提供了重大融資利益時，合同就包含了重大融資成分。例如，企業以賒銷的方式銷售商品等。合同中存在重大融資成分的，企業應當按照假定客戶在取得商品控制權時即以現金支付的應付金額（現銷價格）確定交易價格。該交易價格與合同對價之間的差額，應當在合同期間內採用實際利率法攤銷。

為簡化實務操作，如果在合同開始日，企業預計客戶取得商品控制權與客戶支付價款間隔不超過一年的，可以不考慮合同中的重大融資成分。

3. 非現金對價

非現金對價包括實物資產、無形資產、股權、客戶提供的廣告服務等。客戶支付非現金對價時，在通常情況下，企業應當按照非現金對價在合同開始日的公允價值確定交易價格。非現金對價公允價值不能合理估計的，企業應當參照其承諾向客戶轉讓商品的單獨售價間接確定交易價格。

4. 應付客戶對價

企業存在應付客戶對價的，應當將該應付對價衝減交易價格，但應付客戶對價是為了向客戶取得其他可明確區分商品的除外。企業應付客戶對價是為了向客戶取得其他可明確區分商品的，應當採用與企業其他採購相一致的方式確認所購買的商品。

企業應付客戶對價超過向客戶取得可明確區分商品公允價值的，超過金額應當衝減交易價格。向客戶取得的可明確區分商品公允價值不能合理估計的，企業應當將應付客戶對價全額衝減交易價格。在將應付客戶對價衝減交易價格時，企業應當在確認相關收入與支付（或承諾支付）客戶對價兩者孰晚的時點衝減當期收入。

（四）將交易價格分攤至各單項履約義務

當合同中包含兩項或多項履約義務時，為了使企業分攤至每一單項履約義務的交易價格能夠反應其因向客戶轉讓已承諾的相關商品（或提供已承諾的相關服務）而預期有權收取的對價金額，企業應當在合同開始日，按照各單項履約義務所承諾商品的單獨售價的相對比例，將交易價格分攤至各單項履約義務。

1. 確定單獨售價

單獨售價是指企業向客戶單獨銷售商品的價格。單獨售價無法直接觀察的，企業應當綜合考慮其能夠合理取得的全部相關信息，採用市場調整法、成本加成法、餘值法等方法合理估計單獨售價。市場調整法是指企業根據某商品或類似商品的市場售價，考慮本企業的成本和毛利等進行適當調整後，確定其單獨售價的方法。成本加成法是指企業根據某商品的預計成本加上其合理毛利後的價格，確定其單獨售價的方法。餘值法是指企業根據合同交易價格減去合同中其他商品可觀察的單獨售價後的餘值，確定某商品單獨售價的方法。企業應當最大限度地採用可觀察的輸入值，並對類似的情況採用一致的估計方法。

2. 分攤合同折扣

合同折扣是指合同中各單項履約義務所承諾商品的單獨售價之和高於合同交易價格的金額。對於合同折扣，企業應當在各單項履約義務之間按比例分攤。有確鑿證據表明合同折扣僅與合同中一項或多項（而非全部）履約義務相關的，企業應當將該合同折扣分攤至相關一項或多項履約義務。合同折扣的分攤，需要區分以下三種情況：

（1）在通常情況下，企業應當在各單項履約義務之間按比例分攤合同折扣。

（2）有確鑿證據表明合同折扣與合同中一項或多項（而非全部）履約義務相關的，企業應當將該合同折扣分攤至相關一項或多項履約義務。

（3）合同折扣僅與合同中一項或多項（而非全部）履約義務相關，且企業採用餘值法估計單獨售價的，應當首先在該一項或多項（而非全部）履約義務之間分攤合同折扣，然後採用餘值法估計單獨售價。

3. 分攤可變對價

對於可變對價及可變對價後續變動額，企業應當按照與分攤合同折扣相同的方法，將其分攤至與之相關的一項或多項履約義務，或者分攤至構成單項履約義務的一系列可明確區分商品中的一項或多項商品。

對於已履行的履約義務，其分攤的可變對價後續變動額應當調整變動當期的收入。

【例13-1】2×18年8月20日，興華公司與乙公司簽訂合同，向其銷售A產品和B產品。合同約定，A產品於2×18年10月31日前交付乙公司，B產品於2×19年1月31日前交付乙公司；合同約定的對價包括50,000元的固定對價和估計金額為6,000元的可變對價。該可變對價應計入交易價格。A產品的單獨售價為36,000元，B產品的單獨售價為24,000元，因此興華公司為客戶一攬子購買商品給予了折扣。興華公司認為，沒有可觀察的證據表明可變對價和合同折扣是專門對A產品或B產品的，因此可變對價和合同折扣應在A、B兩種產品之間按比例進行分攤。合同開始日，興華公司對可變對價和合同折扣的分攤如表13-1所示。

表 13-1　可變對價與合同折扣分攤表　　　　　　　　　單位：元

合同產品	按比例分攤	交易價格
A 產品	36,000÷(36,000+24,000)×56,000	33,600
B 產品	24,000÷(36,000+24,000)×56,000	22,400
合計		56,000

（五）履行各單項履約義務時確認收入

合同開始日，企業應當在對合同進行評估並識別該合同包含的各單項履約義務的基礎上，確定各單項履約義務是在某一時段內履行，還是在某一時點履行，然後在履行了各單項履約義務，即客戶取得相關商品控制權時分別確認收入。企業應當先判斷履約義務是否滿足屬於在某一時段內履行履約義務的條件。如果不能滿足，則屬於在某一時點履行的履約義務。

滿足下列條件之一的，屬於在某一時段內履行的履約義務：

（1）客戶在企業履約的同時即取得並消耗企業履約所帶來的經濟利益。企業向客戶提供的服務，大多屬於在履約過程中持續向客戶提供服務，而客戶在企業提供服務的同時持續取得並消耗該服務所帶來的經濟利益。

（2）客戶能夠控制企業在履約過程中在建的商品包括在產品、在建工程、尚未完成的研發項目、正在進行的服務等。如果客戶能夠控制企業在履約過程中形成的這些在建商品，則表明該合同義務屬於在某一時段內履行的履約義務。

（3）企業在履約過程中產出的商品具有不可替代用途，且企業在整個合同期間內有權就累計至今已完成的履約部分收取款項。具有不可替代用途是指因合同限制或實際可行性限制，企業不能輕易地將商品用於其他用途。有權就累計至今已完成的履約部分收取款項，是指在由於客戶或其他方原因終止合同的情況下，企業有權就累計至今已完成的履約部分收取能夠補償其已發生成本和合理利潤的款項，並且該權利具有法律約束力。

二、收入的確認與計量的一般會計處理

收入的確認與計量的五步法模型是為了滿足企業在各種合同安排下，特別是在某些包含多重交易、可變對價等複雜合同安排下，對相關收入進行確認和計量的需要而設定的。在會計實務中，企業轉讓商品的交易在相當多的情況下並不複雜，屬於履約義務單一、交易價格固定的簡單合同。對於簡單合同，企業在應用五步法模型時，可以簡化或省略其中的某些步驟，如在區分屬於在某一時段內履行的履約義務還是在某一時點履行的履約義務的前提下，重點關注企業是否已經履行了履約義務，即客戶是否已經取得了相關商品的控制權、企業因向客戶轉讓商品而有權取得的對價是否很可能收回等。

（一）在某一時段內履行的履約義務

對於在某一時段內履行的履約義務，如提供期間服務、提供建築安裝服務等，企業應當在該段時間內按照履約進度確認收入，但是履約進度不能合理確定的除外。

在資產負債表日，企業應當按照合同收入總額乘以履約進度再扣除以前會計期間累計確認的合同收入後的金額，確認當期收入；同時，按照履行合同估計發生的總成本乘以履約進度再扣除以前會計期間累計確認的合同成本的金額，結轉當期成本。公式表示如下：

本期確認的收入＝合同總收入×本期末為止履約進度－以前期間已確認的收入

本期確認的成本＝合同總成本×本期末為止履約進度－以前期間已確認的成本

企業應當考慮商品的性質，採用產出法或投入法確定恰當的履約進度。其中，產出法是根據已轉移給客戶的商品對客戶的價值（如實際測量的完工進度、已實現的結果、已完成的時間進度、已生產或已交付的產品單位等）確定履約進度。投入法是根據企業為履行履約義務的投入（如已消耗的資源、已花費的工時、已發生的成本、已完成的時間進度等）確定履約進度。對於類似情況下的履約義務，企業應當採用相同的方法確定履約進度。在會計實務中，常用的確定履約進度的方法是成本法，即按照已經發生的成本占預計總成本的比例確定履約進度。

當履約進度不能合理確定時，企業已經發生的成本預計能夠得到補償的，企業應當按照已經發生的成本金額確認收入，直到履約進度能夠合理確定為止。

【例13-2】2×15年3月20日，興華公司與甲公司簽訂了一項為期3年的勞務合同，為甲公司的寫字樓提供保潔、維修服務。合同約定的服務費總額為1,800,000元，甲公司在合同開始日預付300,000元，其餘服務費分3年且於每年的3月31日等額支付。該合同於2×15年4月1日開始執行。由於甲公司在興華公司履約的同時取得並消耗興華公司履約帶來的經濟利益，因此該項服務屬於在某一時段內履行的履約義務。興華公司判斷，因向客戶提供保潔、維修服務而有權取得的對價很可能收回。興華公司按已完成的時間進度確定履約進度，並於每年的12月31日確認收入。假定不考慮相關稅費，興華公司帳務處理如下：

（1）2×15年4月1日，預收勞務價款。

借：銀行存款　　　　　　　　　　　　　　　　　　　　300,000
　　貸：預收帳款——甲公司　　　　　　　　　　　　　300,000

（2）2×15年12月31日，確認勞務收入。

應確認勞務收入＝$1,800,000 \times \dfrac{9}{3 \times 12} = 450,000$（元）

借：預收帳款——甲公司　　　　　　　　　　　　　　　450,000
　　貸：主營業務收入　　　　　　　　　　　　　　　　450,000

（3）2×16年3月31日，收到勞務價款。

應收勞務價款＝(1,800,000－300,000)÷3＝500,000（元）

借：銀行存款　　　　　　　　　　　　　　　　　　　　500,000
　　貸：預收帳款——甲公司　　　　　　　　　　　　　500,000

（4）2×16年12月31日，確認勞務收入。

應確認勞務收入＝$1,800,000 \times \dfrac{9+12}{3 \times 12} - 450,000 = 600,000$（元）

借：預收帳款——甲公司   600,000
　　貸：主營業務收入   600,000
(5) 2×17 年 3 月 31 日，收到勞務價款。
借：銀行存款   500,000
　　貸：預收帳款——甲公司   500,000
(6) 2×17 年 12 月 31 日，確認勞務收入。

應確認勞務收入 = $1,800,000 \times \frac{9+12\times2}{3\times12} - (450,000+600,000) = 600,000$（元）

借：預收帳款——甲公司   600,000
　　貸：主營業務收入   600,000
(7) 2×18 年 3 月 31 日，收到勞務價款並確認勞務收入。
借：銀行存款   500,000
　　貸：預收帳款——甲公司   500,000
應確認勞務收入 = $1,800,000 - (450,000+600,000\times2) = 150,000$（元）
借：預收帳款——甲公司   150,000
　　貸：主營業務收入   150,000

【例13-3】2×17 年 11 月 25 日，興華公司與乙公司簽訂了一項設備安裝勞務合同。合同約定，設備安裝費總額為 200,000 元，乙公司預付 50%，其餘 50% 待設備安裝完成、驗收合格後支付。2×17 年 12 月 1 日，興華公司開始進行設備安裝，並收到乙公司預付的安裝費。截至 2×17 年 12 月 31 日，實際發生安裝成本 60,000 元，其中支付安裝人員薪酬 36,000 元，領用庫存原材料 5,000 元，以銀行存款支付其他費用 19,000 元。根據合理估計，到設備安裝完成，安裝成本還會產生 92,000 元，其中支付安裝人員薪酬 65,000 元，領用庫存原材料 2,000 元，以銀行存款支付其他費用 25,000 元。設備經檢驗合格後，乙公司如約支付剩餘安裝費。由於乙公司能控制興華公司履約過程中的在安裝設備，因此該項安裝服務屬於在某一時段內履行的履約義務。興華公司判斷，因向客戶提供安裝服務而有權取得的對價很可能收回。興華公司按已經發生的勞務成本占估計勞務總成本的比例確定履約進度。假定不考慮相關稅費，興華公司業務處理如下：

(1) 2×17 年 12 月 1 日，預收 50% 的勞務價款。
借：銀行存款   100,000
　　貸：預收帳款——乙公司   100,000
(2) 支付 2×17 年實際發生的安裝成本。
借：勞務成本   36,000
　　貸：應付職工薪酬   36,000
借：勞務成本   5,000
　　貸：原材料   5,000
借：勞務成本   19,000
　　貸：銀行存款   19,000

(3) 2×17 年 12 月 31 日，確認勞務收入並結轉勞務成本。

履約進度 = $\dfrac{60,000}{60,000+90,000} \times 100\% = 40\%$

應確認勞務收入 = 200,000×40% = 80,000（元）
應結轉勞務成本 = 150,000×40% = 60,000（元）

借：預收帳款——乙公司　　　　　　　　　　　80,000
　　貸：主營業務收入　　　　　　　　　　　　　　80,000
借：主營業務成本　　　　　　　　　　　　　　60,000
　　貸：勞務成本　　　　　　　　　　　　　　　　60,000

(4) 支付 2×18 年發生的安裝成本。

借：勞務成本　　　　　　　　　　　　　　　　65,000
　　貸：應付職工薪酬　　　　　　　　　　　　　　65,000
借：勞務成本　　　　　　　　　　　　　　　　2,000
　　貸：原材料　　　　　　　　　　　　　　　　　2,000
借：勞務成本　　　　　　　　　　　　　　　　25,000
　　貸：銀行存款　　　　　　　　　　　　　　　　25,000

(5) 2×18 年 2 月 10 日，確認其餘的勞務收入並結轉勞務成本。

應確認勞務收入 = 200,000－80,000 = 120,000（元）
應結轉勞務成本 = 152,000－60,000 = 92,000（元）

借：預收帳款——乙公司　　　　　　　　　　　120,000
　　貸：主營業務收入　　　　　　　　　　　　　120,000
借：主營業務成本　　　　　　　　　　　　　　92,000
　　貸：勞務成本　　　　　　　　　　　　　　　　92,000

(6) 收到接受勞務方支付的剩餘勞務價款。

借：銀行存款　　　　　　　　　　　　　　　　100,000
　　貸：預收帳款——乙公司　　　　　　　　　　100,000

（二）在某一時點履行的履約義務

對於在某一時點履行的履約義務，如銷售商品、提供一次性服務等，企業應當在客戶取得相關商品控制權時確認收入。在判斷客戶是否已取得商品控制權時，企業應當考慮下列跡象：

（1）企業就該商品享有現時收款權利，即客戶就該商品負有現時付款義務。

（2）企業已將該商品的法定所有權轉移給客戶，即客戶已擁有該商品的法定所有權。

（3）企業已將該商品轉移給客戶，即客戶已實際佔有該商品。

（4）企業已將該商品所有權上的主要風險和報酬轉移給客戶，即客戶已取得該商品所有權上的主要風險和報酬。

（5）客戶已接受該商品。

（6）其他表明客戶已取得商品控制權的跡象。

需要注意的是，上述判斷客戶是否已取得商品控制權所應當考慮的跡象中，沒

有哪項是決定性的。企業應當根據合同條款和交易實質進行綜合分析,以判斷客戶是否取得及何時取得商品的控制權,據以確定收入確認的時點。

當客戶取得相關商品控制權時,企業應當按已收或應收的合同(或協議)價款確認銷售收入,同時或在資產負債表日,按已銷售商品的帳面價值結轉銷售成本。如果銷售的商品已經發出,但客戶尚未取得相關商品的控制權,則發出的商品應通過「發出商品」帳戶進行核算,企業不應確認銷售收入。在資產負債表日,「發出商品」帳戶的餘額應在資產負債表的「存貨」項目中反應。

【例 13-4】2×17 年 1 月 20 日,興華公司與甲公司簽訂合同,向甲公司銷售一批 A 產品。A 產品的生產成本為 120,000 元,合同約定的銷售價格為 150,000 元,增值稅銷項稅額為 19,500 元。興華公司開出發票帳單並按合同約定的品種和質量發出 A 產品,甲公司收到 A 產品並驗收入庫。根據合同約定,甲公司須於 30 天內付款。

在這項交易中,興華公司已按照合同約定的品種和質量發出商品,甲公司也已將該批商品驗收入庫,表明興華公司已經履行了合同中的履約義務,甲公司也已經取得了該批商品的控制權。同時,興華公司判斷,因向甲公司轉讓 A 產品而有權取得的對價很可能收回。因此,興華公司應於甲公司取得該商品控制權時確認收入。興華公司帳務處理如下:

借:應收帳款——甲公司　　　　　　　　　　　　169,500
　貸:主營業務收入　　　　　　　　　　　　　　　150,000
　　　應交稅費——應交增值稅(銷項稅額)　　　　19,500
借:主營業務成本　　　　　　　　　　　　　　　　120,000
　貸:庫存商品　　　　　　　　　　　　　　　　　120,000

【例 13-5】接【例 13-4】,假定興華公司在向甲公司銷售 A 產品時,已知悉甲公司資金週轉發生困難,近期內難以收回貨款,但為了減少存貨積壓及考慮到與甲公司長期的業務往來關係,仍將 A 產品發運給甲公司並開出發票帳單。甲公司於 2×17 年 12 月 1 日給興華公司開出、承兌一張面值 169,500 元、為期 6 個月的不帶息商業匯票。2×18 年 6 月 1 日,興華公司收回票款。

本例與【例 13-4】不同的是,興華公司在向甲公司銷售 A 產品時已知悉甲公司資金週轉發生困難,近期內幾乎不可能收回貨款,而能否收回貨款及何時收回貨款尚存在重大不確定因素,即不能滿足「企業因向客戶轉讓商品而有權取得的對價很可能收回」的條件。因此,興華公司在發出商品時不能確認銷售收入,而應待將來滿足上述條件後再確認銷售收入。興華公司帳務處理如下:

(1) 2×17 年 1 月 20 日,發出商品。

借:發出商品　　　　　　　　　　　　　　　　　　120,000
　貸:庫存商品　　　　　　　　　　　　　　　　　120,000
借:應收帳款——甲公司(應收銷項稅額)　　　　　19,500
　貸:應交稅費——應交增值稅(銷項稅額)　　　　　19,500

(2) 2×17 年 12 月 1 日,收到甲公司開來的不帶息商業匯票,興華公司判斷已經滿足「企業因向客戶轉讓商品而有權取得的對價很可能收回」的條件,因而據以確認銷售收入。

借：應收票據 169,500
　　貸：主營業務收入 150,000
　　　　應收帳款——甲公司（應收銷項稅額） 19,500
借：主營業務成本 120,000
　　貸：發出商品 120,000

（3）2×18年6月1日，收回票款。
借：銀行存款 169,500
　　貸：應收票據 169,500

【例13-6】2×18年4月1日，興華公司與乙公司簽訂了一項合同，以195,000元的價格（不含增值稅）向乙公司出售A、B、C三種產品。A、B、C三種產品的生產成本依次為65,000元、50,000元和35,000元；單獨售價（不含增值稅）依次為80,000元、70,000元和50,000元。興華公司按合同約定的品種和質量發出A、B、C三種產品，乙公司收到上述產品並驗收入庫。根據合同約定，乙公司須於2×18年4月1日、6月30日、9月30日和12月31日分四次等額付款（包括相應的增值稅），興華公司按付款進度給乙公司開具增值稅專用發票並產生增值稅納稅義務。

由於A、B、C三種產品單獨售價之和200,000元（80,000+70,000+50,000）超過了合同對價195,000元，因此興華公司實際上是因為乙公司一攬子購買商品而給予了乙公司折扣。興華公司認為，沒有可觀察的證據表明該項折扣是針對一項或多項特定產品的，因此將該項折扣在A、B、C三種產品之間按比例進行分攤。A、B、C三種產品合同折扣的分攤情況見表13-2。

表13-2　可變對價與合同折扣分攤表　　　　　　　　　　單位：元

合同產品	按比例分攤	交易價格
A產品	80,000÷200,000×195,000	78,000
B產品	70,000÷200,000×195,000	68,250
C產品	50,000÷200,000×195,000	48,750
合計		195,000

在這項交易中，興華公司採用的是分期收款銷售方式。分期收款銷售是指商品已經交付客戶，但貨款分期收回的一種銷售方式。在分期收款銷售方式下，如果企業僅僅是為了確保到期收回貨款而保留了商品的法定所有權，則企業保留的這項權利通常不會對客戶取得對所購商品的控制權形成障礙。因此，企業將商品交付給客戶，通常可以表明客戶已取得了對該批商品的控制權，企業應於向客戶交付商品時確認收入。需要注意的是，在分期收款銷售方式下，貨款按照合同約定的收款日期分期收回，強調的只是分期結算貨款而已，與客戶是否取得對商品的控制權沒有關係，企業不應當按照合同約定的收款日期分期確認收入。興華公司帳務處理如下：

（1）2×18年4月1日，銷售商品並收到乙公司支付的貨款。
已收合同價款 = 195,000÷4 = 48,750（元）
已收增值稅銷項稅額 = 48,750×13% = 6,337.5（元）

應收合同價款＝195,000－48,750＝146,250（元）
應收增值稅＝195,000×13%－6,337.5＝19,012.5（元）

借：應收帳款	220,350
貸：主營業務收入——A產品	78,000
——B產品	68,250
——C產品	48,750
應交稅費——應交增值稅（銷項稅額）	6,337.5
——待轉銷項稅額	19,012.5

其中，「待轉銷項稅額」明細科目核算一般納稅人銷售貨物及加工修理修配勞務、服務、無形資產或不動產，已確認相關收入（或利得）但尚未發生增值稅納稅義務而需要在以後期間確認為銷項稅額的增值稅額。

借：主營業務成本——A產品	65,000
——B產品	50,000
——C產品	35,000
貸：庫存商品——A產品	65,000
——B產品	50,000
——C產品	35,000

(2) 2×18年6月30日，收到乙公司支付的貨款。

借：銀行存款	55,087.5
應交稅費——待轉銷項稅額	6,337.5
貸：應收帳款——乙公司	55,087.5
應交稅費——應交增值稅（銷項稅額）	6,337.5

(3) 2×18年9月30日，收到乙公司支付的貨款。

借：銀行存款	55,087.5
應交稅費——待轉銷項稅額	6,337.5
貸：應收帳款——乙公司	55,087.5
應交稅費——應交增值稅（銷項稅額）	6,337.5

(4) 2×18年12月31日，收到乙公司支付的貨款。

借：銀行存款	55,087.5
應交稅費——待轉銷項稅額	6,337.5
貸：應收帳款——乙公司	55,087.5
應交稅費——應交增值稅（銷項稅額）	6,337.5

第三節　利潤及其分配

一、利潤的構成

企業作為獨立的經濟實體，應當以其經營收入抵補其成本費用，並且實現盈利。

企業盈利的多少在很大程度上反應了企業生產經營的經濟效益，表明企業的每一會計期間的最終經營成果。

利潤是指企業在一定會計期間的經營成果。利潤包括收入減去費用後的淨額、直接計入當期利潤的利得和損失等。

直接計入當期利潤的利得和損失是指應當計入當期損益、會導致所有者權益發生增減變動的、與所有者投入資本或向所有者分配利潤無關的利得或損失。

（一）營業利潤

營業利潤＝營業收入−營業成本−稅金及附加−銷售費用−管理費用−財務費用−資產減值損失＋公允價值變動收益（−公允價值變動損失）＋投資收益（−投資損失）

其中，營業收入是指企業經營業務實現的收入總額，包括主營業務收入和其他業務收入。營業成本是指企業經營業務發生的實際成本總額，包括主營業務成本和其他業務成本。資產減值損失是指企業計提各項資產減值準備形成的損失。公允價值變動收益（或損失）是指企業交易性金融資產等公允價值變動形成的應計入當期損益的利得（或損失）。投資收益（或損失）是指企業以各種方式對外投資所得的收益（或發生的損失）。

（二）利潤總額

利潤總額＝營業利潤＋營業外收入−營業外支出

其中，營業外收入（或支出）是指企業發生的與日常活動無直接關係的各項利得（或損失）。

（三）淨利潤

淨利潤＝利潤總額−所得稅費用

其中，所得稅費用是指企業確認的應從當期利潤總額中扣除的所得稅費用。

二、營業外收支的會計處理

營業外收支是指企業發生的與日常活動無直接關係的各項收支。營業外收支雖然與企業生產經營活動沒多大的關係，但從企業主體來考慮，同樣帶來收入或形成企業的支出，也是增加或減少利潤的因素，對企業的利潤總額及淨利潤產生較大的影響。

（一）營業外收入

營業外收入是指企業發生的營業利潤以外的收益。營業外收入並不是由企業經營資金耗費所產生的，不需要企業付出代價，實際上是一種純收入，不可能也不需要與有關費用進行配比。因此，會計處理應當嚴格區分營業外收入和營業收入的界限。營業外收入主要包括非流動資產損毀報廢利得、債務重組利得、盤盈利得、與企業日常活動無關的政府補助、捐贈利得等。

非流動資產毀損報廢利得指因為自然災害等發生毀損、已喪失使用功能而報廢的非流動資產清理產生的收益。

債務重組利得指重組債務的帳面價值超過清償債務的現金、非現金資產的公允價值、由債務或債權轉成股份的公允價值，或者重組後債務帳面價值之間的差額。

盤盈利得指企業對於現金等資產清查盤點中盤盈的資產，報經批准後計入營業

外收入的金額。

政府補助指與企業日常活動無關的、企業從政府無償取得貨幣性資產或非貨幣性資產形成的利得。

捐贈利得指企業接受捐贈產生的利得。企業接受道德捐贈和債務豁免，按照企業會計準則規定符合確認條件的，通常應當確認為當期收益。但是，企業接受控股股東（或控股股東的子公司）或非控股股東（或非控股股東的子公司）直接或間接代為償債、債務豁免或捐贈，經濟實質表明屬於控股股東或非控股股東對企業的資本性投入，應當將相關利得計入所有者權益（資本公積）。

企業發生破產重組，其非控股股東因執行人民法院批准的破產重整計劃，通過讓渡所持有的該企業部分股份向企業債權人償債的，企業應將非控股股東讓渡股份按照其在讓渡之日的公允價值計入所有者權益（資本公積），減少所豁免債務的帳面價值，並將讓渡股份公允價值與被豁免的債務帳面價值之間的差額計入當期損益。控股股東按照破產重整計劃讓渡了所持有的部分該企業股權向企業債權人償債的，該企業也按此原則處理。

企業應當通過「營業外收入」帳戶核算營業外收入的取得和結轉情況。該帳戶可以按營業外收入項目進行明細核算。期末，企業應將該帳戶餘額轉入「本年利潤」帳戶，結轉後該帳戶無餘額。

（二）營業外支出

營業外支出是指企業發生的營業外利潤以外的支出，主要包括非流動資產毀損報廢損失、債務重組損失、公益性捐贈支出、非常損失、盤虧損失等。

非流動資產毀損報廢損失指因自然災害等發生毀損、已喪失使用功能而報廢對流動資產產生的清理損失。

債務重組損失指重組債券的帳面餘額超過受讓資產的公允價值、所轉股份的公允價值，或者重組後債權的帳面價值之間的差額。

公益性捐贈支出指企業對外進行公益性捐贈發生的支出。

非常損失指企業對於客觀因素（如自然災害等）造成的損失，在扣除保險公司賠償後計入營業外支出的淨損失。

盤虧損失指企業對於現金等資產清查盤點中盤虧的資產，報經批准後計入營業外支出的金額。

企業通過「營業外支出」帳戶，核算營業外支出的發生及結轉情況。該帳戶可以按營業外支出項目進行明細核算。期末，企業應將該帳戶的餘額轉入「本年利潤」帳戶，結轉後該帳戶無餘額。

需要注意的是，營業外收入和營業外支出應當分別核算。在具體核算時，不得以營業外支出直接衝減營業外收入，也不得以營業外收入直接衝減營業外支出，即企業在會計核算時，應當區別營業外收入和營業外支出進行核算。

三、本年利潤的會計處理

（一）利潤的結轉

企業應設置「本年利潤」帳戶核算企業當期實現的淨利潤（或發生的淨損失）。

企業期（月）末結轉利潤時，應將各損益類帳戶的金額轉入「本年利潤」帳戶，結平各損益類帳戶。結轉後「本年利潤」帳戶的貸方餘額為當期實現的淨利潤，借方餘額為當期發生的淨虧損。

年度終了，企業應將本年收入利得和費用、損失相抵後結出的本年實現的淨利潤，轉入「利潤分配」帳戶，借記「利潤分配」帳戶，貸記「利潤分配——未分配利潤」帳戶（如為淨虧損編製相反的會計分錄）。結轉後「利潤分配」帳戶應無餘額。

【例13-7】興華公司20×8年度取得主營業務收入5,000萬元，其他業務收入1,800萬元，投資淨收益700萬元，營業外收入250萬元；發生主營業務成本3,500萬元，其他業務成本1,400萬元，稅金及附加60萬元，銷售費用380萬元，管理費用340萬元，財務費用120萬元，資產減值損失150萬元，公允價值變動損益100萬元，營業外支出200萬元；本年度確認的所得稅費用為520萬元。假定興華公司中期期末不進行利潤結轉，年末一次性結轉利潤。興華公司結轉利潤的帳務處理如下：

(1) 20×8年12月31日，結轉本年損益類科目餘額。

借：主營業務收入	50,000,000
其他業務收入	18,000,000
投資收益	7,000,000
營業外收入	2,500,000
貸：本年利潤	77,500,000
借：本年利潤	67,700,000
貸：主營業務成本	35,000,000
其他業務成本	14,000,000
稅金及附加	600,000
銷售費用	3,800,000
管理費用	3,400,000
財務費用	1,200,000
資產減值損失	1,500,000
公允價值變動損失	1,000,000
營業外支出	2,000,000
所得稅費用	5,200,000

(2) 20×8年12月31日，結轉本年利潤。

借：本年利潤	9,800,000
貸：利潤分配——未分配利潤	9,800,000

(二) 利潤的分配

企業當期實現的淨利潤，加上上年年初未分配利潤（減去上年年初未彌補虧損）後的餘額，為可供分配的利潤。可供分配的利潤，一般按下列順序分配：

(1) 提取法定盈餘公積，即企業根據有關法律的規定，按照淨利潤的10%提取的盈餘公積。法定盈餘公累積計金額超過企業註冊資本的50%以上時，可以不再提取。

(2) 提取任意盈餘公積，即企業按照股東大會決議提取盈餘公積。

（3）應付現金股利或利潤，即企業按照利潤分配方案分配給股東的現金股利，也包括非股份有限公司分配給投資者的利潤。

（4）轉作股本的股利，即企業按照利潤分配方案以分配股票股利的形式轉做股本的股利，也包括非股份有限公司以利潤轉增資本。

企業應當設置「利潤分配」帳戶核算利潤的分配（或虧損的彌補）情況以及歷年積存的未分配利潤（或未彌補虧損）。該帳戶應當分別按「提取法定盈餘公積」「提取任意盈餘公積」「應付現金股利（或利潤）」「轉做股本的股利」「盈餘公積補虧」和「未分配利潤」等進行明細核算。年度終了，企業應將「利潤分配」帳戶所屬其他明細帳戶餘額轉入「未分配利潤」明細帳戶。結轉後，除「未分配利潤」明細帳戶外，其他明細帳戶應當無餘額。

【例13-8】興華公司20×8年度實現淨利潤980萬元，按淨利潤的10%提取法定盈餘公積，按淨利潤的15%提取任意盈餘公積，向股東分派現金股利350萬元，同時分派每股面值1元的股票股利250萬股。興華公司帳務處理如下：

（1）提取盈餘公積。

借：利潤分配——提取法定盈餘公積　　　　　　　　　980,000
　　　　　　　——提取任意盈餘公積　　　　　　　　1,470,000
　　貸：盈餘公積——法定盈餘公積　　　　　　　　　　980,000
　　　　　　　　——任意盈餘公積　　　　　　　　　1,470,000

（2）分配現金股利。

借：利潤分配——應付現金股利　　　　　　　　　　3,500,000
　　貸：應付股利　　　　　　　　　　　　　　　　　3,500,000

（3）分配股票股利，已經辦妥增資手續。

借：利潤分配——轉做股本的股利　　　　　　　　　2,500,000
　　貸：股本　　　　　　　　　　　　　　　　　　　2,500,000

（4）結轉「利潤分配」帳戶所屬其他明細帳戶餘額。

借：利潤分配——未分配利潤　　　　　　　　　　　8,450,000
　　貸：利潤分配——提起法定盈餘公積　　　　　　　　980,000
　　　　　　　　——提取任意盈餘公積　　　　　　　1,470,000
　　　　　　　　——應付現金股利　　　　　　　　　3,500,000
　　　　　　　　——轉做股本的股利　　　　　　　　2,500,000

第四節　所得稅

一、所得稅會計概述

企業會計準則和所得稅法是遵循不同的原則制定的，兩者在資產與負債的計量標準、收入與費用的確認原則等諸多方面存在一定的分歧，導致企業一定期間按照企業會計準則的要求確認的會計利潤往往不等同於按照稅法規定計算的應納稅所得

額。所得稅會計是研究如何處理會計利潤和應納稅所得額之間的差異的會計理論與方法。

(一) 會計利潤與應納稅所得額之間的差異

會計利潤與應納稅所得額是兩個既有聯繫又有區別的概念。會計利潤是指企業根據企業準則會計準則的要求，採用一定的會計程序與方法確定的所得稅稅前利潤總額，其目的是向財務報告使用者提供關於企業經營成果的會計信息，為其決策提供相關的、可靠的依據。應納稅所得額是指企業按照要求，以一定期間應稅收入扣減稅法準予扣除的項目後計算的應稅所得，其目的是為企業進行納稅申報和國家稅收機關對企業的經營所得徵稅提供依據。由於會計利潤和應納稅所得額的確定依據和目的不同，因此兩者之間往往存在一定的差異。這種差異按其性質不同可以分為永久性差異和暫時性差異兩種類型。

1. 永久性差異

永久性差異是指在某一會計期間，由於企業會計準則和稅法在計算收益、費用或損失時的口徑不同所產生的稅前會計利潤與應納稅所得額之間的差異。例如，企業購買國債取得的利息收入，在會計核算上作為投資收益，計入當期利潤表，但根據稅法的規定，不屬於應稅收入，不計入應納稅所得額。永久性差異的特點是在本期發生，不會在以後期間轉回。

2. 暫時性差異

暫時性差異是指資產、負債的帳面價值與計稅基礎不同產生的差異，該差異的存在將影響未來期間的應納稅所得額。例如，按照企業會計準則的規定，交易性金融資產期末應以公允價值計量，公允價值的變動計入當期損益；按照稅法的規定，交易性金融資產在持有期間的公允價值變動不計入應納稅所得額，待處置交易性金融資產時，按實際取得成本從處置收入中扣除，因而計稅基礎保持不變，仍為初始投資成本，由此產生了交易性金融資產帳面價值與計稅基礎之間的差異，該項差異將會影響處置交易性金融資產期間的應納稅所得額。暫時性差異的特點是發生於某一會計期間，但在以後一期或若干期內能夠轉回。

(二) 所得稅的會計處理方法

1. 應付稅款法和納稅影響會計法

如果會計利潤和應納稅所得額之間僅存在永久性差異，企業應根據確定的應納稅所得額和適用稅率計算當期應納所得稅，並確認為當期所得稅費用，不存在複雜的會計處理問題。如果存在暫時性差異，則所得稅的會計處理方法有應付稅款法和納稅影響會計法之分。

(1) 應付稅款法。應付稅款法是指企業不確認暫時性差異對所得稅的影響金額，按照當期計算的應納所得稅確認當期所得稅費用的方法。在這種方法下，當期確認的所得稅費用等於當期應納所得稅。

採用應付稅款法進行所得稅的會計處理，不需要區分永久性差異和暫時性差異，本期發生的各類差異對所得稅的影響金額，都在當期確認為所得稅費用，或者抵減所得稅費用，不將暫時性差異對所得稅的影響金額遞延和分配到以後各期。

應付稅款法的會計處理比較簡單，但不符合權責發生制，因此中國企業會計準

則不允許採用這種方法。

（2）納稅影響會計法。納稅影響會計法是指企業確認暫時性差異對所得稅的影響金額，按照當期應納所得稅和暫時性差異對所得稅影響金額的合計確認所得稅費用的方法。

採用納稅影響會計法進行會計處理，暫時性差異對所得稅的影響金額需要遞延和分配到以後各期，即採用跨期攤配的方法逐漸確認和依次轉回暫時性差異對所得稅的影響金額。在資產負債表中，尚未轉銷的暫時性差異對所得稅的影響金額反應為一項資產或一項負債。

應付稅款法和納稅影響會計法對永久性差異的會計處理是一致的，如果本期發生的永久性差異已從會計利潤中扣除，但不能從應納稅所得額中扣除，永久性差異對所得稅的影響金額構成本期的所得稅費用；如果本期發生的永久性差異未從會計利潤中扣除，但可以從應納稅所得額中扣除，永久性差異對所得稅的影響金額可以抵減本期的所得稅費用。

應付稅款法和納稅影響會計法的主要區別是：應付稅款法不確認暫時性差異對所得稅的影響金額，直接以本期應納所得稅作為本期的所得稅費用；納稅影響會計法確認暫時性差異對所得稅的影響金額，在資產負債表中單獨作為遞延所得稅項目列示，同時在利潤表中增加或抵減本期的所得稅費用。

2. 遞延法和債務法

（1）遞延法。遞延法是指在產生暫時性差異時，按當期的適用稅率計算對所得稅的影響金額並作為遞延所得稅項目確認入帳，在稅率發生變動的情況下，不需要按未來適用稅率調整與入帳的遞延所得稅項目，待轉回暫時性差異對所得稅的影響金額時，按照原確認遞延所得稅項目時的適用稅率計算並予以轉銷的一種會計處理方法。

採用遞延法進行會計處理，遞延所得稅項目的帳面餘額是按產生暫時性差異時的適用稅率而不是按未來適用稅率確認的，這使得遞延所得稅項目的帳面餘額不能完全代表企業未來收款的權利或付款的義務，不符合資產或負債的定義，因此其只能被視為一項遞延所得稅借項或遞延所得稅貸項。鑒於遞延法的不足，中國企業會計準則不允許採用這種方法進行所得稅的會計處理。

（2）債務法。債務法是指在產生暫時性差異時，按當期的適用稅率計算確認對所得稅的影響金額並作為遞延所得稅項目確認入帳，在稅率發生變動的情況下，需要按未來轉回暫時性差異對所得稅的影響金額期間的適用稅率調整已入帳的遞延所得稅項目，待轉回暫時性差異對所得稅的影響金額時，按照轉回期間適用稅率計算並予以轉銷的一種會計處理方法。

採用債務法進行會計處理，企業在稅率發生變動時需要對已入帳的遞延所得稅項目按未來適用稅率進行調整，其帳面餘額均是按未來適用稅率計算的，遞延所得稅項目的帳面餘額代表的是企業未來收款的權利或付款的義務，符合資產或負債的定義，因此可以分別稱為遞延所得稅資產或遞延所得稅負債。

在稅率沒有變動的情況下，遞延法與債務法的會計處理程序是相同的，兩者的區別僅在於稅率發生變動時，是否需要對已入帳的遞延所得稅項目按未來適用稅率

進行調整。

3. 利潤表債務法和資產負債表債務法

在債務法下，按照確定暫時性差異對未來所得稅影響的目的的不同，區分為利潤表債務法和資產負債表債務法。

(1) 利潤表債務法。利潤表債務法是從利潤表出發，將暫時性差異對未來所得稅的影響看作本期所得稅費用的一部分，先據以確定本期的所得稅費用，並在此基礎上倒推出遞延所得稅負債或遞延所得稅資產的一種方法。利潤表債務法以「收入費用觀」為理論基礎，其主要目的是合理確認利潤表中的所得稅費用，遞延所得稅資產或遞延所得稅負債是由利潤表間接得出來的。

在利潤表債務法下，遞延所得稅項目設置「遞延稅款」帳戶核算，該帳戶的借方餘額反應預付稅款，貸方餘額反應應付稅款。在資產負債表中，該帳戶若為借方餘額，以「遞延所得稅借項」反應，反之以「遞延所得稅貸項」反應。可見利潤表債務法是將遞延所得稅資產和遞延所得稅負債的數值直接抵銷後予以列示的，這就是混淆了資產和負債的內涵，違背了財務報表中資產和負債項目不得互相抵銷後以淨額列報的基本要求，使得資產負債表無法真實、完整地揭示企業的財務狀況，也降低了會計信息的可比性，不利於財務報表使用者對企業財務狀況進行判斷和評價。因此，中國企業會計準則已經不再允許採用利潤表債務法。

(2) 資產負債表債務法。資產負債表債務法是從資產負債表出發，通過分析暫時性差異產生的原因，將其對未來所得稅的影響分別確認為遞延所得稅負債和遞延所得稅資產，並在此基礎上倒推出各期所得稅費用的一種方法。資產負債表債務法以「資產負債觀」為理論基礎，其主要目的是合理確認資產負債表中的遞延所得稅資產和遞延所得稅負債，所得稅費用是由資產負債表間接得出來的。

在資產負債表債務法下，遞延所得稅項目分別設置「遞延所得稅資產」和「遞延所得稅負債」帳戶核算，並以「遞延所得稅資產」和「遞延所得稅負債」項目分別列示於資產負債表中。這就將遞延所得稅資產和負債區分開了，使資產負債表可以清晰地反應企業的財務狀況，有利於財務報表使用者的正確決策。

綜上所述，所得稅的會計處理方法包括應付稅款和納稅影響會計法，其中納稅影響會計法又有遞延法和債務法之分，而債務法具體又分為利潤表債務法和資產負債表債務法。中國企業會計準則只允許採用資產負債表債務法進行所得稅的會計處理。

(三) 資產負債表債務法的基本核算程序

在資產負債表債務法下，企業一般應於每一資產負債表日進行所得稅的相關會計處理。如果發生企業合併等特殊交易或事項，企業應在確認該交易或事項取得的資產、負債的同時確認相關的所得稅影響。資產負債表債務法的基本核算程序如下：

1. 確定資產和負債的帳面價值

資產和負債的帳面價值是指按照企業會計準則的相關規定對資產和負債進行會計處理後確定的在資產負債表中應列示的金額。資產和負債的帳面價值可以直接根據有關帳簿記錄確定。

2. 確定資產和負債的計稅基礎

資產和負債的計稅基礎應按照企業會計準則中對資產和負債的計稅基礎的確定方法，以適用的稅收法規為基礎進行確定。

3. 確定遞延所得稅

企業比較資產、負債的帳面價值和計稅基礎，對兩者之間存在差異的，分析其性質，除企業會計準則中規定的特殊情況外，應分別按照應納稅暫時性差異和適用稅率確定遞延所得稅負債的期末餘額，按照可抵扣暫時性差異和適用稅率確定遞延所得稅資產的期末餘額，然後與遞延所得稅負債和遞延所得稅資產期初餘額進行對比，確定當期應予以進一步確認或應予以轉回的遞延所得稅負債和遞延所得稅資產的金額，並將兩者的差額作為利潤表中所得稅費用的一個組成部分——遞延所得稅。

4. 確定當期所得稅

企業按照適用的稅法規定計算確定當期應納稅所得額，以應納稅所得額乘以適用的所得稅稅率計算確定當期應納所得稅，作為利潤表中所得稅費用的另一個組成部分——當期所得稅。

5. 確定利潤表中所得稅費用

利潤表中的所得稅費用由當期所得稅和遞延所得稅兩部分組成。企業在計算確定當期所得稅和遞延所得稅的基礎上，將兩者之和（或之差）作為利潤表中的所得稅費用。

從資產負債表債務法的基本程序可以看出，所得稅費用的確認包括當期所得稅的確認和遞延所得稅的確認。當期所得稅可以根據當期應納稅所得額和適用稅率計算確定，而遞延所得稅則要根據當期確認（或轉回）的遞延所得稅負債和遞延所得稅資產的差額予以確認。遞延所得稅負債和遞延所得稅資產取決於當期存在的應納稅暫時性差異和可抵扣暫時性差異的金額，而應納稅暫時性差異和可抵扣暫時性差異是通過分析比較資產與負債的帳面價值和計稅基礎確定的。資產和負債的帳面價值可以通過會計核算資料直接獲取，而其計稅基礎需要根據會計人員的職業判斷，以適用的稅收法規為基礎，通過合理的分析和計算予以確定。因此，所得稅會計的關鍵在於確定資產和負債的計稅基礎。

二、資產和負債的計稅基礎

(一) 資產的計稅基礎

資產的計稅基礎是指企業在收回資產帳面價值的過程中，計算應納稅所得額時按照稅法規定可以自應稅經濟利益中抵扣的金額，即某一項資產在未來期間計稅時按照稅法規定可以予以稅前扣除的金額。

在通常情況下，企業取得資產的實際成本為稅法所認可，即企業為取得某項資產而支付的成本在未來收回資產帳面價值過程中準予稅前扣除。因此，資產在初始確認時，其計稅基礎一般為資產的取得成本，或者說資產初始確認的帳面價值等於計稅基礎。資產在持有期間，其計稅基礎是指資產的取得成本減去以前期間按照稅法規定已經從稅前扣除的金額後的餘額。該餘額代表的是按照稅法規定相關資產在未來期間計稅時仍然可以從稅前扣除的金額。例如，固定資產、無形資產等。在持

續使用期間某一資產負債表日的計稅基礎是指取得成本扣除按照稅法規定已經在以前期間從稅前扣除的累計折舊額或累計攤銷額後的金額。資產在後續計量過程中，如果企業會計準則與稅法的規定不同，將會導致資產帳面價值與計稅基礎之間產生差異。

1. 固定資產

企業以各種方式取得的固定資產，初始確認時按照企業會計準則的規定確定入帳價值基本上為稅法所認可，即固定資產在取得時的計稅基礎一般是等於帳面價值的，但固定資產在持續使用期間，由於企業會計準則規定按照「成本－累計折舊－固定資產減值準備」進行後續計量，因此導致了固定資產的帳面價值與其計稅基礎之間產生差異，包括折舊方法及折舊年限不同導致的差異和計提固定資產減值準備導致的差異。

（1）折舊方法及折舊年限不同導致的差異。企業會計準則規定，企業應當根據與固定資產有關的經濟利益預期實現方式合理選擇折舊方法，可供選擇的折舊方法包括年限平均法、工作量法、雙倍餘額遞減法和年數總和法。稅法規定，固定資產一般按照年限平均法計提折舊，由於技術進步等原因確需加速折舊的，也可以採用雙倍餘額遞減法或年數總和法計提。另外，企業會計準則規定，折舊年限由企業根據固定資產的性質和使用情況自行合理確定；而稅法則對每一類固定資產的最低折舊年限做了明確的規定。如果企業進行會計處理時採用的折舊方法、折舊年限與稅法的規定不同，將導致固定資產的帳面價值與其計稅基礎之間產生差異。

【例 13-9】20×8 年 12 月 25 日，興華公司購入一套設備，實際成本 800 萬元，預計使用年限為 8 年，預計淨殘值為 0，採用年限平均法計提折舊。假設稅法對該類固定資產折舊年限和淨殘值的規定與會計相同，但可以採用加速折舊法計提折舊並於稅前扣除。興華公司在計稅時採用雙倍餘額遞減法計提折舊費用。20×9 年 12 月 31 日，興華公司確定的該項固定資產的帳面價值和計稅基礎如下：

帳面價值＝800－800÷8＝700（萬元）

計稅基礎＝800－800×25%＝600（萬元）

該項固定資產因會計處理和計稅時的折舊方法不同，導致其帳面價值大於計稅基礎 100 萬元，該差額將於未來期間增加企業的應納稅所得額。

【例 13-10】接【例 13-9】，假定稅法規定的最短折舊年限為 10 年，並要求採用平均法計提折舊，其他條件不變，興華公司 20×8 年 12 月 31 日確定的該項固定資產的帳面價值和計稅基礎如下：

帳面價值＝800－800÷8＝700（萬元）

計稅基礎＝800－800÷10＝720（萬元）

該項固定資產因會計處理和計稅時採用的折舊年限不同，導致其帳面價值小於計稅基礎 20 萬元，該差額將於未來期間減少企業的應納稅所得額。

（2）計提固定資產減值準備導致的差異。企業會計準則規定，企業在持有固定資產期間，如果固定資產發生了減值，應當對固定資產計提減值準備；稅法的規定，企業計提的資產減值準備在發生實質性損失前不允許稅前扣除，即固定資產的計稅基礎不會隨減值準備的提取發生變化，由此導致固定資產的帳面價值與其計稅基礎

之間產生差異。

【例13-11】20×7年12月25日,興華公司購入一套管理設備,實際成本200萬元,預計使用年限為8年,預計淨殘值為0,採用年限平均法計提折舊。假設稅法對該類設備規定的最短折舊年限、淨殘值和折舊方法與企業會計準則的規定相同。20×8年12月31日,興華公司估計該設備的可回收金額為100萬元。20×8年12月31日,興華公司確定的該項固定資產的帳面價值和計稅基礎如下:

計提減值準備前的帳面價值 = 200−200÷8×2 = 150(萬元)

應計提的減值準備 = 150−100 = 50(萬元)

計提減值準備後的帳面價值 = 150−50 = 100(萬元)

計稅基礎 = 200−200÷8×2 = 150(萬元)

該項固定資產應計提減值準備,導致其帳面價值小於計稅基礎50萬元,該差額將於未來期間減少企業的應納稅所得額。

2. 無形資產

除內部研究開發形成的無形資產外,企業通過其他方式取得的無形資產,初始確認時按照企業會計準則規定確定的入帳價值與按稅法規定的計稅基礎之間一般不存在差異。無形資產的帳面價值與其計稅基礎之間的差異主要產生於企業內部研究開發形成的無形資產、使用壽命不確定的無形資產和計提無形資產減值準備。

(1) 企業內部研究開發形成的無形資產導致的差異。企業會計準則規定,企業內部研究開發活動中研究階段的支出和開發階段符合資本化條件前發生的支出應當費用化,計入當期損益;符合資本化條件後至達到預期用途前發生的支出應當資本化,計入無形資產成本。稅法規定,自行開發的無形資產,以開發過程中該資產符合資本化條件後至達到預定用途前發生的支出為計稅基礎。因此,企業內部研究開發形成的無形資產,一般情況下初始確認時按照企業會計準則規定確定的成本與計稅基礎是相同的。但是,企業為開發新技術、新產品、新工藝發生的研究開發費,稅法規定,未形成無形資產而計入當期損益的,在按照規定據實扣除的基礎上,按照研究開發費用的75%加計扣除;形成無形資產的,按照無形資產成本的175%攤銷。因此,對於開發新技術、新產品、新工藝發生的研發支出,在形成無形資產時,該項無形資產的計稅基礎應當在會計確定的成本基礎上加計50%確定,由此產生了內部研究開發形成的無形資產在初始確認時帳面價值與計稅基礎的差異。

【例13-12】20×8年1月1日,興華公司開發的一項新技術達到預定使用狀態,作為無形資產確認入帳。興華公司將開發階段符合資本化條件後至預定用途前發生的支出1,000萬元確認為該項無形資產的成本,並從20×8年起分期攤銷。該項內部研究開發活動形成的無形資產在初始確認時的帳面價值和計稅基礎如下:

帳面價值 = 入帳成本 = 1,000(萬元)

計稅基礎 = 1,000×175% = 1,750(萬元)

該項自行研發的無形資產因符合稅法加計扣除的規定,其初始確認的帳面價值小於計稅基礎750萬元,該差額將於未來期間減少企業的應納稅所得額。

(2) 使用壽命不確定的無形資產導致的差異。企業會計準則規定,無形資產在取得之後,應根據其使用壽命是否確定,分為使用壽命有限的無形資產和使用壽命

不確定的無形資產兩類。使用壽命不確定的無形資產不要求攤銷，但持有期間每年都應當進行減值測試。稅法沒有按使用壽命對無形資產分類，要求所有無形資產的成本均按一定期限進行攤銷。使用壽命不確定的無形資產在會計處理時不予以攤銷，但計稅時按照稅法規定確定的攤銷額允許稅前扣除，由此導致該類無形資產在後續計量時帳面價值與計稅基礎之間產生差異。

【例 13-13】 20×8 年 1 月 1 日，興華公司以 200 萬元的成本取得一項無形資產，由於無法合理預計使用壽命，將其劃分為使用壽命不確定的無形資產。20×8 年 12 月 31 日，興華公司對該項無形資產進行了減值測試，結果表明未發生減值。假設稅法規定該無形資產應採用直線法按 10 年進行攤銷，攤銷金額允許稅前扣除。20×8 年 12 月 31 日，興華公司確定的該項無形資產的帳面價值和計稅基礎如下：

帳面價值＝入帳成本＝200（萬元）
計稅基礎＝200－200÷10＝180（萬元）

該項使用壽命不確定的無形資產因會計處理和計稅時的後續計量要求不同，導致其帳面價值大於計稅基礎 20 萬元，該差額將於未來期間增加企業的應納稅所得額。

（3）計提無形資產減值準備導致的差異。企業會計準則規定，企業在持有無形資產期間，如果無形資產發生了減值，應當對無形資產計提減值準備；稅法規定，企業計提的資產減值準備在發生實質性損失前不允許稅前扣除，即無形資產的計稅基礎不會隨減值準備的提取發生變化，由此導致無形資產的帳面價值與其計稅基礎之間產生差異。

【例 13-14】 20×7 年 1 月 1 日，興華公司購入一項專利權，實際成本為 600 萬元，預計使用年限 10 年，採用直線法分期攤銷。假設稅法有關使用年限、攤銷方法的規定與會計相同。20×8 年 12 月 31 日，興華公司估計該項專利權可收回金額為 300 萬元。20×8 年 12 月 31 日，興華公司確定的該項無形資產的帳面價值和計稅基礎如下：

計提減值準備前的帳面價值＝600－600÷10×3＝420（萬元）
應計提的減值準備＝420－300＝120（萬元）
計提減值準備後的帳面價值＝420－120＝300（萬元）
計稅基礎＝600－600÷10×3＝420（萬元）

該項無形資產應計提減值準備，導致其帳面價值小於計稅基礎 120 萬元，該差額將於未來期間減少企業的應納稅所得額。

3. 以公允價值進行後續計量的資產

企業會計準則規定，以公允價值進行後續計量的資產（主要有以公允價值計量且其變動計入當期損益的金融資產、可供出售金融資產、採用公允價值模式進行後續計量的投資性房地產等），某一會計期末的帳面價值為該時點的公允價值。稅法規定，以公允價值進行後續計量的金融資產、投資性房地產等，持有期間公允價值的變動不計入應納稅所得額，在實際處置時，處置取得的價款扣除其歷史成本或以歷史成本為基礎確定的處置成本後的差額計入處置期間的應納稅所得額。因此，根據稅法的規定，企業以公允價值進行後續計量的資產在持有期間計稅時不考慮公允

價值變動，其計稅基礎仍為取得成本或以取得成本為基礎確定的成本，由此導致該類資產的帳面價值與其計稅基礎之間產生差異。

【例13-15】20×8年9月20日，興華公司自公開市場購入B公司股票200萬股並劃分為交易金融資產，支付購買價款（不含交易稅費）1,800萬元。20×8年12月31日，B公司股票市價為1,500萬元。20×8年12月31日，興華公司確定的該項交易性金融資產的帳面價值和計稅基礎如下：

帳面價值＝期末公允價值＝1,500（萬元）
計稅基礎＝初始入帳成本＝1,800（萬元）

該項交易性金融資產應按公允價值進行後續計量，導致其帳面價值小於計稅基礎300萬元，該差額將於未來期間減少企業的應納稅所得額。

4. 採用權益法核算的長期股權投資

企業會計準則規定，長期股權投資在持有期間，應根據對被投資單位財務和經營政策的影響程度等，分別採用成本法和權益法核算。

長期股權投資採用權益法核算時，其帳面價值會隨著初始投資成本的調整、投資損益的確認、利潤分配、應享有被投資單位其他綜合收益及其他權益變動的確認而發生相應的變動。但稅法中並沒有權益法的概念，稅法要求長期股權投資在處置時按照取得投資時確定的實際投資成本予以扣除，即長期股權投資的計稅基礎為其投資成本，由此導致了長期股權投資的帳面價值與計稅基礎之間的差異。

5. 其他計提了減值準備的資產

如前所述，企業的固定資產、無形資產會因為計提減值準備而導致其帳面價值與計稅基礎之間產生差異，企業的存貨、金融資產、長期股權投資、投資性房地產等也同樣會因為計提減值準備導致其帳面價值與計稅基礎之間產生差異。

（二）負債的計稅基礎

負債的計稅基礎是指負債的帳面價值減去未來期間計算應納稅所得額時按照稅法規定可以予以扣除的金額。公式表示如下：

負債的計稅基礎＝負債的帳面價值－未來期間按照稅法規定可以予以稅前扣除的金額

在通常情況下，負債的確認和償還不會影響企業的損益，也不會影響企業的應納稅所得額，未來期間計算應納稅所得額時按照稅法規定可以予以稅前扣除的金額為零。因此，負債的計稅基礎一般等於帳面價值。但是在某些情況下，負債的確認可能會影響企業的損益，進而影響不同期間的應納稅所得額，導致其計稅基礎與帳面價值之間產生差額，如按照企業會計準則的規定確認的某些預計負債等。

1. 因為提供產品售後服務等原因確認的預計負債

按照企業會計準則的規定，企業因為提供產品售後服務而預計將會發生的支出，在滿足預計負債確認條件時，應於銷售商品當期確認預計負債，同時確認相關費用。如果按照稅法規定，與產品售後服務相關的支出在未來期間實際發生時允許全額稅前扣除，則該類事項產生的預計負債的帳面價值等於未來期間按照稅法規定可以予以稅前扣除的金額，即該項預計負債的計稅基礎為零。

某些事項所確認的預計負債，如果稅法規定在未來期間實際發生相關支出時只

允許部分稅前扣除，則其計稅基礎為未來期間計稅時按照稅法規定不允許稅前扣除的部分；如果稅法規定相關支出無論何時發生及是否實際發生，一律不允許稅前扣除，即按照稅法規定可以予以稅前扣除的金額為零，則該預計負債的計稅基礎等於帳面價值。

【例13-16】興華公司對銷售商品承諾3年的保修服務。20×8年12月31日，興華公司資產負債表中列示的因提供產品售後服務而確認的預計負債金額為200萬元。假如按照稅法規定，與產品售後服務相關的費用在實際發生時允許稅前扣除。20×8年12月31日，興華公司確定的該項預計負債的帳面價值和計稅基礎如下：

帳面價值＝入帳金額＝200（萬元）

計稅基礎＝200-200＝0

該項預計負債的帳面價值與計稅基礎之間產生了200萬元的差額，該差額將於未來期間減少企業的應納稅所得額。

2. 預收帳款

企業預收客戶的款項，因為不符合企業會計準則規定的收入確認條件，會計上將其確認為負債，稅法中對於收入的確認原則一般與會計規定相同，即會計上未確認收入的，計稅時一般也不計入應納稅所得額。因此，預收款項形成的負債，其計稅基礎一般情況下等於帳面價值。

某些因不符合收入確認條件而未確認為收入的預收帳款，按照稅法規定應計入收款當期的應納稅所得額，則該預收帳款在未來期間確認為收入時，就不再需要計算應納所得稅，即未來期間確認的收入可全額從稅前扣除。因此，在該預收帳款產生期間，其計稅基礎為零。

【例13-17】20×8年12月20日，興華公司預收一筆合同款，金額為500萬元，其因為不符合收入確認條件而作為預收帳款入帳。假設按照稅法規定，該款項應計入收款當期應納稅所得額計算應納所得稅。20×8年12月31日，興華公司確定的該項預收帳款的帳面價值和計稅基礎如下：

帳面價值＝入帳金額＝500（萬元）

計稅基礎＝500-500＝0

該項預收帳款的帳面價值與計稅基礎之間產生了500萬元的差額，該差額將於未來期間減少企業應納稅所得額。

3. 應付職工薪酬

企業會計準則規定，企業為獲得職工提供的服務給予的各種形式的報酬以及其他支出都作為職工薪酬，根據職工提供服務的受益對象，計入有關成本費用，同時確認為負債（應付職工薪酬）。稅法規定，企業發生的合理的職工薪酬，準予稅前扣除，如支付給職工的工資薪金、按國家規定的範圍和標準為職工繳納的基本社會保險費、住房公積金、補充養老保險費、補充醫療保險費等。對有些職工薪酬，稅法規定了稅前扣除的標準，如企業發生的職工福利費支出，不超過工資薪金總額14%的部分準予稅前扣除。對有些職工薪酬，稅法規定不得稅前扣除，如企業為職工支付的商業保險費（企業為特殊工種職工支付的人身安全保險等按規定可以稅前扣除的商業保險費除外）。

發生當期準予稅前扣除的職工薪酬，以後期間不存在稅前扣除問題，因此所確認的負債的帳面價值等於計稅基礎。超過稅前扣除標準支付的職工薪酬及不得稅前扣除的職工薪酬，在以後期間一般也不允許稅前扣除，因此所確認的負債的帳面價值也等於計稅基礎。

【例13-18】20×8年12月，興華公司計入成本費用的職工薪酬總額為5,600萬元，其中應支付的工資薪金為3,500萬元，應繳納的社會保險和住房公積金為1,500萬元，應支付的職工福利費為600萬元。上述職工薪酬至20×8年12月31日都為實際支付，形成資產負債表中的應付職工薪酬。按照稅法的規定，計入當期成本費用的職工薪酬中，工資薪金、社會保險費和住房公積金都可予以稅前扣除，職工福利費可予以稅前扣除的金額為490萬元（3,500×14%）。

工資薪金、社會保險費和住房公積金都允許於當期在稅前扣除，不存在以後期間稅前扣除問題；職工福利費大於允許稅前扣除金額的差額110萬元（600-490）不允許於當期在稅前扣除，並且在以後期間也不得從稅前扣除，即應付職工薪酬未來期間允許扣除的金額為零。因此，應付職工薪酬的計稅基礎為5,600萬元（5,600-0），等於帳面價值，兩者之間不存在差異。

三、暫時性差異

暫時性差異是指資產、負債的帳面價值與其計稅基礎不同而產生的差額。暫時性差異按照對未來期間應納稅所得額的不同影響，分為應納稅暫時性差異和可抵扣暫時性差異。

（一）應納稅暫時性差異

應納稅暫時性差異是指企業在確定未來收回資產或清償負債期間的應納稅所得額時，將導致產生應稅金額的暫時性差異，即該項暫時性差異在未來期間轉回時，將會增加轉回期間的應納稅所得額和相應的應納所得稅。應納稅暫時性差異通常產生於下列情況：

（1）資產的帳面價值大於其計稅基礎。資產的帳面價值代表的是企業在持續使用和最終處置該項資產時將取得的經濟利益總額，而計稅基礎代表的是資產在未來期間可予以稅前扣除的金額。如果資產的帳面價值大於其計稅基礎，則表明該資產未來期間產生的經濟利益不能全部在稅前扣除，兩者之間的差額需要繳納所得稅，從而產生應納稅暫時性差異。在前面的例子中，【例13-9】、【例13-13】列舉的差異都屬於資產的帳面價值大於其計稅基礎導致的應納稅暫時性差異。

（2）負債的帳面價值小於其計稅基礎。負債的帳面價值為企業預計在未來期間清償該項負債時的經濟利益流出，而其計稅基礎代表的是帳面價值為企業預計在未來期間清償該項負債時的經濟利益流出。負債的帳面價值與其計稅基礎不同產生的暫時性差異，本質上是與該項負債相關的費用支出在未來期間計稅時可予以稅前扣除的金額。

負債產生的暫時性差異=負債的帳面價值-負債的計稅基礎=負債的帳面價值-（負債的帳面價值-未來期間計稅時按照稅法可予以稅前扣除的金額）=未來期間計稅時按照稅法規定可予以稅前扣除的金額

負債的帳面價值小於其計稅基礎，就意味著該項負債在未來期間計稅時可予以稅前扣除的金額為負數，即應在未來期間應納稅所得額的基礎上進一步增加應納稅所得額和相應的應交所得稅，產生應納稅暫時性差異。

（二）可抵扣暫時性差異

可抵扣暫時性差異是指企業在確定未來收回資產或清償負債期間的應納稅所得額時，將導致產生可抵扣金額的暫時性差異，即該項暫時性差異在未來期間轉回時，將會減少轉回期間的應納稅所得額和相應的應交所得稅。可抵扣暫時性差異通常產生於下列情況：

（1）資產的帳面價值小於其計稅基礎。資產的帳面價值小於其計稅基礎，意味著資產在未來期間產生的經濟利益小於按照稅法規定允許稅前扣除的金額，兩者之間的差額可以減少企業在未來的應納稅所得額，從而減少未來期間的應納所得稅，產生可抵扣暫時性差異。在前面的例子中，【例13-10】、【例13-11】、【例13-12】、【例13-14】、【例13-15】所列舉的差異都屬於資產的帳面價值小於其計稅基礎導致的可抵扣暫時性差異。

（2）負債的帳面價值大於其計稅基礎。負債的帳面價值大於其計稅基礎，就意味著該項負債在未來期間可予以稅前扣除的金額為正數，即按照稅法規定，與該項負債相關的費用支出在未來期間計稅時可以全部或部分自應稅經濟利益中扣除，從而減少未來期間的應納稅所得額和相應的應納所得稅，產生可抵扣暫時性差異。在前面的例子中，【例13-16】、【例13-17】所列舉的差異都屬於負債的帳面價值大於其計稅基礎導致的可抵扣暫時性差異。

（三）特殊項目產生的暫時性差異

（1）未作為資產、負債確認的項目產生的暫時性差異。某些交易或事項發生以後，因為不符合資產、負債的確認條件而未確認為資產負債表中的資產或負債，但按照稅法規定能夠確定其計稅基礎的，其帳面價值與計稅基礎之間的差異也構成暫時性差異。

（2）可抵扣虧損及稅款遞減產生的暫時性差異。按照稅法規定可以結轉以後年度的未彌補虧損及稅款抵減，雖然不是資產、負債的帳面價值與計稅基礎不同導致的，但與可抵扣暫時性差異具有同樣的作用，都能減少未來期間的應納稅所得額和相應的應納所得稅，應視同可抵扣暫時性差異。

四、遞延所得稅負債和遞延所得稅資產

在資產負債表日，企業通過比較資產、負債的帳面價值與計稅基礎，確定應納稅暫時性差異和可抵扣暫時性差異，進而按照企業會計準則規定的原則確認相關的遞延所得稅負債和遞延所得稅資產。

（一）遞延所得稅負債的確認和計量

應納稅暫時性差異在未來期間轉回時，會增加轉回期間的應納稅所得額和相應的應納所得稅，導致經濟利益流出企業，因此在其產生期間，相關的所得稅影響金額構成一項未來的納稅義務，應確認為一項負債，即遞延所得稅負債產生於應納稅暫時性差異。

1. 遞延所得稅負債的確認原則

為了充分反應交易或事項發生後引起的未來期間納稅義務，除企業會計準則明確規定了可不確認遞延所得稅負債的特殊情況外，企業對所有的應納稅暫時性差異都應確認相關的遞延所得稅負債。

企業在確認應納稅暫時性差異形成的遞延所得稅負債的同時，由於導致應納稅暫時性差異產生的交易或事項在發生時大多會影響到會計利潤或應納稅所得額，因此相關的所得稅影響通常應增加利潤表中的所得稅費用，但與直接計入所有者權益的交易或事項相關的所得稅影響以及與企業合併中取得的資產、負債相關的所得稅影響除外。

2. 不確認遞延所得稅負債的特殊情況

在有些情況下，雖然資產、負債的帳面價值與其計稅基礎不同，產生了應納稅暫時性差異，但基於各種考慮，企業會計準則明確規定不確認相關的遞延所得稅負債。其主要有以下幾種情況：

（1）商譽的初始確認。非同一控制下的企業合併中，合併成本大於合併中取得的被購買方可辨認淨資產公允價值份額的差額，按照企業會計準則的規定應確認為商譽。企業合併的稅收處理，通常情況下，被合併企業應視為按公允價值轉讓、處置全部資產，計算資產的轉讓所得，依法繳納所得稅；合併企業接受被合併企業的有關資產，計稅時可以按照經評估確認的公允價值確定計稅基礎。因此，商譽在確認時，計稅基礎一般等於帳面價值，兩者之間不存在差異。該商譽在後續計量過程中因企業會計準則規定與稅法規定不同產生應納稅暫時性差異時，應確認相關的所得稅影響。但是，如果企業合併符合稅法規定的免稅合併條件，在企業按照稅法規定進行免稅處理的情況下，購買方在企業合併中取得的被購買方有關資產、負債應維持其原計稅基礎不變，被購買方原帳面尚未確認商譽，計稅時也不認可商譽的價值，即商譽的計稅基礎為零，商譽初始確認的帳面價值大於其計稅基礎的差額形成一項應納稅暫時性差異。商譽的帳面價值大於其計稅基礎產生的應納稅暫時性差異，企業會計準則規定不確認與其相關的遞延所得稅負債，原因在於：第一，如果確認該部分暫時性差異產生的遞延所得稅負債，意味著購買方在企業合併中獲得的可辨認淨資產的價值量下降，企業應增加商譽的價值，而商譽的帳面價值增加以後，可能很快就要計提減值準備，同時商譽帳面價值的增加還會進一步產生應納稅暫時性差異，使得遞延所得稅負債和商譽價值量的變化不斷循環。第二，商譽本身就是企業合併成本在取得的被購買方可辨認資產、負債之間進行分配後的剩餘價值，確認遞延所得稅負債進一步增加其帳面價值又違背歷史成本原則，會影響會計信息的可靠性。

（2）除企業合併以外的其他交易或事項中，如果該項交易或事項發生時既不影響會計利潤，也不影回應納稅所得額，則所產生的資產、負債的初始確認金額與其計稅基礎不同形成應納稅暫時性差異的，交易或事項發生時不確認相應的遞延所得稅負債。這種情況下不確認相關的遞延所得稅負債，主要是因為交易發生時既不影響會計利潤，也不影回應納稅所得額。確認遞延所得稅負債的直接結果是增加有關資產的帳面價值或減少有關負債的帳面價值，使得資產、負債在初始確認時不符合

歷史成本原則，影響會計信息的可靠性。

（3）與子公司、聯營企業、合營企業投資等相關的應納稅暫時性差異，一般應確認相關的遞延所得稅負債，但同時滿足下列兩個條件的除外：一是投資企業能夠控制暫時性差異轉回時間的；二是該暫時性差異在可預見的未來很可能不會轉回。滿足上述條件時，投資企業可以運用自身的影響力決定暫時性差異的轉回，如果不希望其轉回，則在可預見的未來不轉回該項暫時性差異，從而對未來期間不會產生所得稅影響，無需確認相應的遞延所得稅負債。

採用權益法核算的長期股權投資，其帳面價值與計稅基礎不同產生的暫時性差異是否需要確認相關的所得稅影響，應當考慮持有該投資的意圖。第一，企業擬長期持有該項長期股權投資，一般不需要確認相關的所得稅影響。長期股權投資採用權益法核算導致的暫時性差異中，因為初始投資成本的調整而產生的暫時性差異和因為確認應享有被投資單位其他綜合收益、其他權益變動而產生的暫時性差異，要待處置該項投資時才能轉回。因為確認投資收益而產生的暫時性差異，一部分會隨著被投資單位分配現金股利或利潤而轉回，另一部分也要待處置該項投資時才能轉回的暫時性差異在可預見的未來期間不會轉回，對未來期間沒有所得稅影響。因為被投資單位分配現金股利或利潤而轉回的暫時性差異，如果分回的現金股利或利潤免稅，也不存在對未來期間的所得稅影響。因此，在企業擬長期持有該項長期股權投資的情況下，企業一般不需要確認相關的所得稅影響。第二，企業改變持有意圖擬近期對外出售該項長期股權投資，應該確認相關的所得稅影響。按照稅法的規定，企業在轉讓或處置投資資產時，投資資產的成本準予扣除，即長期股權投資的計稅基礎為其投資成本。如果企業擬近期對外出售該項長期股權投資，則意味著採用權益法核算導致的暫時性差異都將隨投資的出售而轉回，從而影響出售股權期間的應納稅所得額和相應的應納所得稅。因此，企業在改變持有意圖擬近期對外出售長期股權投資的情況下，應該確認相關的所得稅影響。

3. 遞延所得稅負債的計量

在資產負債表日，遞延所得稅負債應當根據稅法的規定，按照預期清償該負債期間的適用稅率計量，即遞延所得稅負債應以相關應納稅暫時性差異轉回期間的適用稅率計量。無論應納稅暫時性差異的轉回期間如何，相關遞延所得稅負債都不要求折現。

（二）遞延所得稅資產的確認和計量

可抵扣暫時性差異在轉回期間將減少企業的應納稅所得額和相應的應納所得稅，導致經濟利益流入企業，因此在其產生期間，相關所得稅影響金額構成一項未來的經濟利益，應確認為一項資產。

1. 遞延所得稅資產的確認原則

企業應當以可抵扣暫時性差異轉回的未來期間可能取得的應納稅所得額為限，確認可抵扣暫時性差異所產生的遞延所得稅資產。

遞延所得稅資產能夠給企業帶來的未來經濟利益，表現在可以減少可抵扣暫時性差異轉回期間的應納所得稅。因此，該項經濟利益是否能夠實現，取決於在可抵扣暫時性差異轉回的未來期間內，企業是否能夠產生足夠的應納稅所得額用以抵扣

可抵扣暫時性差異。如果企業有明確的證據表明在可抵扣暫時性差異轉回的未來期間能夠產生足夠的應納稅所得額，使得與可抵扣暫時性差異相關經濟利益能夠實現的，應當確認可抵扣暫時性差異產生的遞延所得稅資產。如果企業在可抵扣暫時性差異轉回的未來期間無法產生足夠的應納稅所得額，使得與可抵扣暫時性差異相關的經濟利益無法全部實現的，應當以可能取得的應納稅所得額為限，確認相應的可抵扣暫時性差異產生的遞延所得稅資產。如果企業在可抵扣暫時性差異轉回的未來期間無法產生應納稅所得額，使得與可抵扣暫時性差異相關的經濟利益無法實現的，就不應該確認遞延所得稅資產。在判斷企業於可抵扣暫時性差異轉回的未來期間是否能夠產生足夠的應納稅所得額時，企業應考慮在未來期間通過正常的生產經營活動能夠實現的應納稅所得額和以前期間產生的應納稅暫時性差異在未來期間轉回時將增加的應納稅所得額兩方面的影響。

企業在確認可抵扣暫時性差異形成的遞延所得稅資產的同時，由於導致可抵扣暫時性差異產生的交易或事項在發生時大多會影響到會計利潤或應納稅所得額，因此相關的所得稅影響通常應減少利潤表中的所得稅費用，但與直接計入所有者權益的交易或事項相關的所得稅影響以及與企業合併中取得的資產、負債相關的所得稅影響除外。

2. 不確認遞延所得稅資產的特殊情況

除企業合併以外的其他交易或事項中，如果該項交易或事項發生時既不影響會計利潤，也不影回應納稅所得額，則產生的資產、負債的初始確認金額因與其計稅基礎不同形成可抵扣暫時性差異的，交易或事項發生時不確認相應的遞延所得稅資產，其原因與這種情況下不確認應納稅暫時性差異的所得稅影響相同。

3. 遞延所得稅資產的計量

在資產負債表日，遞延所得稅資產應當根據稅法的規定，按照預期收回該資產期間的適用稅率計量。無論可抵扣暫時性差異的轉回期間如何，遞延所得稅資產都不進行折現。

企業在確認了遞延所得稅資產後，應當於資產負債表日對所得稅資產的帳面價值進行復核。如果根據新的情況估計未來期間很可能無法取得足夠的應納稅所得額用以抵扣可抵扣暫時性差異，使得與遞延所得稅資產相關的經濟利益無法全部實現的，企業應當按預期無法實現的部分減計金額應計入所有者權益外，其他情況都應增加當期的所得稅費用。因為估計無法取得足夠的應納稅所得額用以抵扣可抵扣暫時性差異而減計遞延所得稅資產帳面價值的，後續期間根據新的環境和情況判斷又能夠產生足夠的應納稅所得額抵扣可抵扣暫時性差異，使得遞延所得稅資產包含的經濟利益預計能夠實現的，企業應相應恢復遞延所得稅資產的帳面價值。

（三）特殊交易或事項中涉及的遞延所得稅的確認

1. 與直接計入所有者權益的交易或事項相關的遞延所得稅

直接計入所有者權益的交易或事項主要有可供出售金融資產公允價值變動計入其他綜合收益、會計政策變更採用追溯調整法調整期初留存收益、前期差錯更正採用追溯重述法調整期初留存收益、同時包含負債與權益成分的金融工具在初始確認時將分拆的權益成分計入其他資本公積等。暫時性差異的產生與直接計入所有者權

益的交易或事項相關的，在確認遞延所得稅負債或遞延所得稅資產的同時，相關的所得稅影回應當計入所有者權益。

2. 與企業合併相關的遞延所得稅

企業會計準則與稅法對企業合併的處理不同，可能會造成企業合併中取得的資產、負債的帳面價值與其計稅基礎之間產生差異。暫時性差異的產生與企業合併相關的，在確認遞延所得稅負債或遞延所得稅資產的同時，相關的所得稅影回應調整購買日確認的商譽或是計入合併當期損益的金額。

（四）適用稅率變動時對確認遞延所得稅項目的調整

遞延所得稅負債和遞延所得稅資產代表的是未來期間有關暫時性差異轉回時，導致轉回期間應納所得稅增加或減少的金額。因此，企業在適用的所得稅稅率發生變動的情況下，按照原稅率確認的遞延所得稅負債或遞延所得稅資產就不能反應有關暫時性差異轉回時對應納所得稅金額的影響。在這種情況下，企業應對原已經確認的遞延所得稅負債和遞延所得稅資產按照新的稅率進行重新計量，調整遞延所得稅負債及遞延所得稅資產金額，使之能夠反應未來期間應當承擔的納稅義務或可以獲得的抵稅利益。

在進行上市調整時，除對直接計入所有者權益的交易或事項產生的遞延所得稅負債與遞延所得稅資產的調整金額應計入所有者權益以外，其他情況下對遞延所得稅負債與遞延所得稅資產的調整金額應確認為稅率變動當期的所得稅費用（或收益）。

五、所得稅費用的確認和計量

所得稅會計的主要目的之一是確定當期應納所得稅及利潤表中的所得稅費用。在資產負債表債務法下，利潤表中的所得稅費用由當期所得稅和遞延所得稅兩部分組成。

（一）當期所得稅

當期所得稅是指企業對當期發生的交易或事項按照稅法的規定計算確定的應該向稅務部門繳納的所得稅金額，即當期應納所得稅。企業在確定當期應納所得稅時，對當期發生的交易或事項，會計處理與納稅處理不同的，應在會計利潤的基礎上，按照適用稅法的規定進行調整，計算出當期應納稅所得額，按照應納稅所得額與適用所得稅稅率計算確定當期應納所得稅。一般情況下，應納稅所得額可在會計利潤的基礎上，考慮會計處理與納稅處理之間的差異，按照下列公式計算確定：

應納稅所得額＝會計利潤＋計入利潤表但不允許稅前扣除的費用±計入利潤表的費用與可予以稅前扣除的費用之間的差額±計入利潤表的收入與計入應納稅所得額的收入之間的差額－計入利潤表但不計入應納稅所得額的收入±其他需要調整的因素

當期應納所得稅＝應納稅所得額×適用的所得稅稅率

（二）遞延所得稅

遞延所得稅是指按照企業會計準則的規定應當計入當期利潤表的遞延所得稅費用（或收益），其金額為當期應予以確認的遞延所得稅負債減去當期應予以確認的遞延所得稅資產的差額，用公式表示如下：

遞延所得稅＝(期末遞延所得稅負債−期初遞延所得稅負債)−(期末遞延所得稅資產−期初遞延所得稅資產)

其中，期末遞延所得稅負債＝期末應納稅暫時性差異×適用稅率

期末遞延所得稅資產＝期末可抵扣暫時性差異×適用稅率

期末遞延所得稅負債減去期初遞延所得稅負債，為當期應予以確認的遞延所得稅負債；期末遞延所得稅資產減去期初遞延所得稅資產，為當期應予以確認的遞延所得稅資產。當期應予以確認的遞延所得稅負債與當期應予以確認的遞延所得稅資產之間的差額，為當期應予以確認的遞延所得稅。其中，當期應予以確認的遞延所得稅負債大於當期應予以確認的遞延所得稅資產的差額，為當期應予以確認的遞延所得稅費用，遞延所得稅費用應當計入當期所得稅費用；當期應予以確認的遞延所得稅負債小於當期應予以確認的遞延所得稅資產的差額，為當期應予以確認的遞延所得稅收益，遞延所得稅收益應當抵減當期所得稅費用。

需要注意的是，由於遞延所得稅指的是應當計入當期利潤表的遞延所得稅費用（或收益），因此企業在計算遞延所得稅時，不應當包括直接計入所有者權益的交易或事項產生的遞延所得稅負債和遞延所得稅資產以及企業合併中產生的遞延所得稅負債和遞延所得稅資產。

(三) 所得稅費用

企業在計算確定了當期所得稅以及遞延所得稅的基礎上，將兩者之和確認為利潤表中的所得稅費用，即：

所得稅費用＝當期所得稅＋遞延所得稅

【例13-19】20×8年1月1日，興華公司遞延所得稅負債期初餘額為400萬元，其中因其他債權投資公允價值變動而確認的遞延所得稅負債金額為60萬元；遞延所得稅資產期初餘額為200萬元。20×8年，興華公司發生下列會計處理與納稅處理存在差別的交易和事項：

(1) 本年會計計提固定資產折舊費用為560萬元，按照稅法的規定允許稅前扣除的折舊費用為720萬元。

(2) 向關聯企業捐贈300萬元現金，按照稅法的規定不允許稅前扣除。

(3) 期末確認交易性金融資產公允價值變動收益300萬元。

(4) 期末確認其他債權投資公允價值變動收益140萬元。

(5) 當期支付產品保修費用100萬元，前期已對產品保修費用計提了預計負債。

(6) 違反環保法規的有關規定支付罰款260萬元。

(7) 期末計提存貨跌價準備和無形資產減值準備各200萬元。

20×8年12月31日，興華公司資產、負債的帳面價值與其計稅基礎存在差異的項目如表13-3所示。

表 13-3　資產、負債帳面價值與計稅基礎比較表

20×8 年 12 月 31 日　　　　　　　單位：萬元

項目	帳面價值	計稅基礎	暫時性差異	
			應納稅暫時性差異	可抵扣暫時性差異
交易性金融資產	5,000	4,000	1,000	
其他債權投資	2,500	2,120	380	
存貨	8,000	8,500		500
固定資產	6,000	5,200	800	
無形資產	3,400	3,600		200
預計負債	200	0		200
合計	—	—	2,180	900

20×8 年，興華公司利潤表中的利潤總額為 6,000 萬元，該公司適用的企業所得稅稅率為 25%。假定興華公司不存在可抵扣虧損和稅款抵減，預計在未來期間能夠產生足夠的應納稅所得額用以抵扣可抵扣暫時性差異。興華公司有關企業所得稅的會計處理如下：

（1）計算確定當期企業所得稅。
應納稅所得額＝6,000－(720－560)＋300－300－100＋260＋200＋200＝6,400（萬元）
應納所得稅＝6,400×25%＝1,600（萬元）
（2）計算確定遞延所得稅。
當期確認的遞延所得稅負債＝2,180×25%－400＝145（萬元）
其中，應計入其他綜合收益的遞延所得稅負債＝380×25%－60＝35（萬元）
當期確認的遞延所得稅資產＝900×25%－200＝25（萬元）
遞延所得稅＝（145－35）－25＝85（萬元）
所得稅費用＝1,600＋85＝1,685（萬元）
（3）確認所得稅的會計分錄如下：
借：所得稅費用——當期所得稅　　　　　　　　　　16,000,000
　　貸：應交稅費——應交所得稅　　　　　　　　　　　　16,000,000
借：所得稅費用——遞延所得稅　　　　　　　　　　　850,000
　　遞延所得稅資產　　　　　　　　　　　　　　　　250,000
　　貸：遞延所得稅負債　　　　　　　　　　　　　　　1,100,000
借：其他綜合收益　　　　　　　　　　　　　　　　　350,000
　　貸：遞延所得稅負債　　　　　　　　　　　　　　　　350,000

【本章小結】

本章介紹了收入的概念和分類、收入的確認與計量、利潤及其分配、所得稅的相關知識。

【主要概念】

　　收入；所得稅；利潤。

【簡答題】

　　1. 什麼是收入？收入有什麼主要特徵？收入如何分類？
　　2. 銷售商品收入的確認應滿足哪些條件？
　　3. 什麼是售後回購？如何進行會計處理？
　　4. 什麼是現金折扣？如何進行會計處理？
　　5. 什麼是營業利潤？營業利潤由哪些損益項目構成？
　　6. 會計利潤與應納稅所得額有什麼區別？
　　7. 什麼是暫時性差異？其包括哪些類型？
　　8. 什麼是資產或負債的計稅基礎？
　　9. 什麼是所得稅費用？其如何確認？

第十四章
財務報告

【學習目標】

知識目標：熟悉財務報表類型，掌握資產負債表各項組成部分，掌握利潤表各項組成部分，掌握現金流量表的類型和組成部分，瞭解所有者權益變動表，瞭解報表附註。

技能目標：能夠運用本章所學的知識進行正確的會計處理和報表編製。

能力目標：理解並掌握財務報表的概念、類型、構成及其會計處理。

【知識點】

財務報表的分類、資產負債表、利潤表、現金流量表、所有者權益變動表等。

【篇頭案例】

資產負債表的雛形源於古義大利。隨著當地商業的發展，商人們對商業融資的需求日益加劇，而放貸者出於對貸款本金的安全考慮，開始關注商人們的自有資產，這就為資產負債表的產生孕育了基礎。

隨著近現代商業競爭的加劇，商業社會對企業的信息披露要求越來越高，靜態的、局限於時點的資產負債表已無法滿足披露的要求。人們日益關注的是企業的持續盈利能力，於是利潤表開始步入舞臺。隨後，為了披露償債能力和變現能力，現金流量表開始成為必備的財務報表。之後，權益的變動產生了所有者權益變動表。

第一節 財務報告概述

財務報告是指企業對外提供的反應企業在某一特定日期的財務狀況和某一會計期間的經營成果、現金流量等會計信息的文件。財務報告包括財務報表和其他應當在財務報告中披露的相關信息和資料。

一、財務報表的定義和構成

財務報表是企業財務狀況、經營成果和現金流量的構成性表述。財務報表至少應當包括以下組成部分：資產負債表、利潤表、現金流量表、所有者權益（或股東權益）變動表、附註。財務報表的這些組成部分具有同等重要程度。

財務報表可以按照不同標準進行分類。財務報表按編報期間的不同可以分為中期財務報表和年度財務報表。中期財務報表是以短於一個完整會計年度的報告期間為基礎編製的財務報表，包括月報、季報和半年報等。財務報表按編報主體的不同可以分為個別財務報表和合併財務報表。個別財務報表是由企業在自身會計核算基礎上對帳簿記錄進行加工而編製的財務報表，主要用以反應企業自身的財務情況、經營成果和現金流量情況。合併財務報表是以母公司和子公司組成的企業集團為會計主體，根據母公司和所屬子公司的財務報表，由母公司編製的綜合反應企業集團財務狀況、經營成果和現金流量的財務報表。

二、財務報表列報的基本要求

（一）依據各項企業會計準則確認和計量的結果編製財務報表

企業應當根據實際發生的交易和事項，遵循《企業會計準則——基本準則》及各項具體會計準則的規定進行確認和計量，並在此基礎上編製財務報表。企業應當在附註中對這一情況做出聲明，只有遵循了企業會計準則的所有規定，財務報表才應當被稱為「遵循了企業會計準則」。同時，企業不應以在附註中披露代替對交易或事項的確認和計量，不恰當的確認和計量也不能通過充分披露相關會計政策而糾正。

此外，如果按照各項企業會計準則的規定披露的信息不足以讓財務報表使用者瞭解特定交易或事項對企業財務狀況和經營成果的影響時，企業還應當披露其他的必要信息。

（二）列報基礎

持續經營是會計的基本前提，也是會計確認、計量以及編製財務報表的基礎。在編製財務報表的過程中，企業管理層應當利用其所有可獲得信息來評價企業在報告期末至少 12 個月的持續經營能力。企業在評價時需要考慮的因素包括宏觀政策風險、市場經營風險、企業目前或長期的盈利能力、償債能力、財務彈性以及企業管理層改變經營政策的意向等。評價結果表明對持續經營能力產生重大懷疑的，企業應當在附註中披露導致對持續經營能力產生重大懷疑的因素及企業擬採取的改善措施。

企業在評估持續經營能力時應當結合考慮企業的具體情況。通常情況下，企業過去每年都有可觀的淨利潤，並且易於獲取所需的財務資源，則往往表明以持續經營為基礎編製財務報表是合理的，而無需進行詳細的分析即可得出企業持續經營的結論。反之，企業如果在過去多年都有虧損的記錄等情況，則需要通過考慮更加廣泛的相關因素來做出評價，如目前和預期未來的獲利能力、債務清償計劃、替代融資的潛在來源等。

非持續經營是企業在極端情況下呈現的一種狀態。企業存在以下情況之一的，通常表明企業處於非持續經營狀態：

（1）企業已在當期進行清算或停止營業。

（2）企業已經正式決定在下個會計期間進行清算或停止營業。

（3）企業已確定在當期或下一個會計期間沒有其他可供選擇的方案而將被迫進

行清算或停止營業。

企業處於非持續經營狀態時,應當採用其他基礎編製財務報表。例如,企業處於破產狀態時,其資產應當採用可變現淨值計量,負債應當按照其預計的結算金額計量。在非持續經營情況下,企業應當在附註中聲明財務報表是以持續經營為基礎列報的,披露以持續經營為基礎的原因以及財務報表的編製基礎。

(三)權責發生制

除現金流量表按照收付實現制編製外,企業應當按照權責發生制編製其他財務報表。

(四)列報的一致性

可比性是會計信息質量的一項重要質量要求,目的是使同一企業不同期間和同一期間不同企業的財務報表相互可比。為此,財務報表各項目的列報應當在各個會計期間保持一致,不得隨意變更。這一要求不僅針對財務報表中的項目的名稱,還包括財務報表項目的分類、排列順序等方面。

在以下特殊情況下,財務報表各項目的列報是可以改變的:

(1)企業會計準則要求改變。

(2)企業經營業務的性質發生重大變化或對企業經營影響較大的交易和事項發生後,變更財務報表各項目的列報能夠提供更可靠、更相關的會計信息。

(五)依據重要性原則單獨或匯總列報項目

各項目在財務報表中是單獨列報還是匯總列報,應當依據重要性原則來判斷。總體原則是,如果某項目單個看不具有重要性,則可以將其與其他項目匯總列報;如果某項目具有重要性,則應當單獨列報。企業在進行重要性判斷時,應當根據企業所處的具體環境,從項目的性質和金額兩方面予以判斷:一方面,企業應當考慮該項目的性質是否屬於企業日常活動、是否顯著影響企業的財務狀況、經營成果和現金流量等因素;另一方面,企業應判斷項目金額的大小,應當通過單項金額占資產總額、負債總額、所有者權益總額、營業收入總額、營業成本總額、淨利潤、綜合收益總額等直接相關項目金額的比重或所屬報表單列項目金額的比重加以確定。同時,企業對各項目重要性的判斷標準一經確定,不得隨意變更。

(1)性質或功能不同的項目,一般應當在財務報表中單獨列報,如存貨和固定資產在性質上與功能上都有本質差別,應當分別在資產負債表上單獨列報,但是不具有重要性的項目可以匯總列報。

(2)性質或功能類似的項目,一般可以匯總列報,但是對其具有重要性的類別應該單獨列報。例如,原材料、在產品等項目在性質上類似通過生產過程形成企業的產品存貨,因此可以匯總列報,匯總之後的類別統稱為「存貨」,並在資產負債表上列報。

(3)項目單獨列報的原則不僅適用於報表,還適用於附註。某些項目的重要性程度不足以在資產負債表、利潤表、現金流量表或所有者權益變動表中單獨列報,但是這些項目可能對附註而言卻具有重要性,在這種情況下應當在附註中單獨披露。

(4)企業會計準則規定單獨列報的項目企業都應當予以單獨列報。

（六）財務報表項目金額間的相互抵銷

　　財務報表各項目應當以總額列報，資產和負債、收入和費用、直接計入當期利潤的利得和損失項目的金額不能互相抵銷，即不得以淨額列報，但企業會計準則另有規定的除外。例如，企業欠客戶的應付款不得與其他企業客戶欠本企業的應收款相抵銷，如果互相抵銷就掩蓋了交易的實質。

　　下列三種情況不屬於抵銷，可以以淨額列示：

　　（1）一組類似交易形成的利得和損失以淨額列示的，不屬於抵銷。例如，匯兌損益應當以淨額列報，為交易目的而持有的金融工具形成的利得和損失應當以淨額列報等。但是如果相關利得和損失具有重要性，則應當單獨列報。

　　（2）資產或負債項目按扣除備抵項目後的淨額列示，不屬於抵銷。例如，企業對資產計提減值準備，表明資產的價值確實已經發生減損，按扣除減值準備後的淨額列示，才反應了資產當時的真實價值。

　　（3）非日常活動產生的利得和損失以同一交易形成的收益扣減相關費用後的淨額列示更能反應交易實質的，不屬於抵銷。非日常活動並非企業主要的業務，非日常活動產生的損益以收入扣減費用後的淨額列示，更有利於列報使用者理解。例如，非流動資產處置形成的利得或損失，應當按處置收入扣除該資產的帳面金額和相關銷售費用後的淨額列報。

（七）比較信息的列報

　　企業在列報當期財務報表時，至少應當提供所有列報項目上一個可比會計期間的比較數據以及與理解當期財務報表相關的說明，目的是為報表使用者提供對比數據，提高信息在會計期間的可比性，以反應企業財務狀況、經營成果和現金流量的發展趨勢，提高報表使用者的判斷與決策能力。比較信息的列報這一要求適用於財務報表的所有組成部分，即既適用於「四張報表」，也適用於附註。

　　通常情況下，企業列報所有列報項目上一個可比會計期間的比較數據，至少包括兩期各報表及相關附註。當企業追溯應用會計政策或追溯重述，或者重新分類財務報表項目時，按照《企業會計準則第28號——會計政策、會計估計變更和差錯更正》等的規定，企業應當在一套完整的財務報表中列報最早可比期間期初的財務報表，即應當至少列報三期資產負債表、兩期其他各報表（利潤表、現金流量表和所有者權益變動表）以及相關附註。其中，列報的三期資產負債表分別指當期期末的資產負債表、上期期末（當期期初）的資產負債表以及上期期初的資產負債表。

　　在財務報表項目的列報確需發生變更的情況下，企業應當至少對可比期間的數據按照當期的列報要求進行調整，並在附註中披露調整的原因和性質以及調整的各項金額。但是，在某些情況下，對可比期間比較數據進行調整是不切實可行的，企業應當在附註中披露不能調整的原因以及假設金額重新分類可能進行的調整的性質。企業變更會計政策或更正差錯時要求的對比信息的調整應遵循《企業會計準則第28號——會計政策、會計估計和差錯更正》的規定。

（八）財務報表表首的列報要求

　　財務報表通常與其他信息（如企業年度報告等）一起公布，企業應當將按照企業會計準則編製的財務報告與一起公布的同一文件中的其他信息相區分。

財務報表一般分為表首、正表兩部分。其中，企業應當在表首部分概括地說明下列基本信息：
（1）編製企業的名稱，如企業名稱在所屬當期發生了變更的，還應明確標明。
（2）資產負債表應當披露報表涵蓋的會計期間。
（3）貨幣名稱和單位。按照中國企業會計準則的規定，企業應當以人民幣作為記帳本位幣列報，並標明金額單位，如人民幣元、人民幣萬元等。
（4）財務報表是合併財務報表的，應予以標明。

（九）報告期間

企業至少應當按年編製財務報表。根據《中華人民共和國會計法》的規定，會計年度自公歷1月1日起至12月31日止。因此，企業在編製年度財務報表時，可能存在年度財務報表涵蓋的期間短於一年的情況，如企業在年度中間（如3月1日）開始設立等。在這種情況下，企業應當披露年度財務報表的實際涵蓋期間及其短於一年的原因，並說明由此引起財務報表項目與比較數據不具有可比性這一事實。

第二節 資產負債表

一、資產負債表的內容及結構

（一）資產負債表的內容

資產負債表是指反應企業在某一特定日期財務狀況的報表。資產負債表反應企業在某一特定日期擁有或控制的經濟資源、承擔的現時義務和所有者對淨資產的要求權。通過資產負債表，企業可以提供某一日期資產的總額及其結構，表明企業擁有或控制的資源及其分佈情況，使用者可以一目了然地從資產負債表上瞭解企業在某一特定日期擁有的資產總量及其結構；可以提供某一日期的負債總額及其結構，表明企業未來需要用多少資產或勞務清償債務以及清償時間；可以反應所有者所擁有的權益，據以判斷資本保值、增值的情況以及對負債的保障程度。此外，資產負債表還可以提供進行財務分析的基本資料，如將流動資產與流動負債進行比較，計算出流動比率；將速動資產與流動負債進行比較，計算出速動比率等，可以表明企業的變現能力、償債能力和資金週轉能力，從而有助於報表使用者做出經濟決策。

（二）資產負債表的結構

在中國，資產負債表採用帳戶式結構，報表分為左右兩方，左方列示資產各項目，反應全部資產的分佈及存在形態；右方列示負債和所有者權益各項目，反應全部負債和所有者權益的內容及構成情況。資產負債表左右雙方平衡，資產總計等於負債和所有者權益總計，即「資產＝負債＋所有者權益」。此外，為了使使用者通過比較不同時點資產負債表的數據，掌握企業財務狀況的變動情況及發展趨勢，企業需要提供比較資產負債表，資產負債表各項目再分為「年初餘額」和「期末餘額」兩欄分別填列。資產負債表的具體格式如表14-1所示。

表 14-1　資產負債表

編製單位：　　　　　　　　　　　年　月　日

會企 01 表　　　　　　　　　　　　　　　　　　　　　　　　　單位：元

資產	期末餘額	年初餘額	負債和所有者權益	期末餘額	年初餘額
流動資產：			流動負債：		
貨幣資金			短期借款		
交易性金融資產			應付票據		
應收票據			應付帳款		
應收帳款			預收款項		
預付款項			合同負債		
應收利息			應付職工薪酬		
應收股利			應交稅費		
其他應收款			應付利息		
存貨			應付股利		
持有待售資產			其他應付款		
一年內到期的非流動資產			持有待售負債		
其他流動資產			一年內到期的非流動負債		
流動資產合計			其他流動負債		
非流動資產：			流動負債合計		
債權投資			非流動負債：		
其他債權投資			長期借款		
長期應收款			應付債券		
其他權益工具投資			其中：優先股		
投資性房地產			永續債		
固定資產			長期應付款		
在建工程			專項應付款		
工程物資			預計負債		
固定資產清理			遞延收益		
生產性生物資產			遞延所得稅負債		
油氣資產			其他非流動負債		
無形資產			非流動負債合計		
開發支出			負債合計		

表14-1(續)

資產	期末餘額	年初餘額	負債和所有者權益	期末餘額	年初餘額
商譽			所有者權益：		
長期待攤費用			實收資本（或股本）		
遞延所得稅資產			其他權益工具		
其他非流動資產			其中：優先股		
非流動資產合計			永續債		
			資本公積		
			減：庫存股		
			其他綜合收益		
			盈餘公積		
			未分配利潤		
			所有者權益合計		
資產總計			負債和所有者權益總計		

此外，高危行業企業如有按國家規定提取的安全生產費的，應當在資產負債表所有者權益項下「其他綜合收益」項目和「盈餘公積」項目之間增設「專項儲備」項目，反應企業提取的安全生產費期末餘額。

二、資產和負債按流動性列報

根據《企業會計準則第30號——財務報表列報》的規定，資產負債表上資產和負債應當按照流動性分為流動資產和非流動資產、流動負債和非流動負債列示。流動性通常按資產的變現或耗用時間長短，或者負債的償還時間長短來確定。

一般企業（如工商企業）通常在明顯可識別的營業週期內銷售產品或提供服務，應當將資產和負債分為流動資產和非流動資產、流動負債和非流動負債列示，有助於反應本營業週期內預期能實現的資產和應償還的負債。但是，對銀行、證券、保險等金融企業而言，其有些資產或負債無法嚴格區分為流動資產和非流動資產，大體按照流動性順序列示往往能夠提供更可靠且相關的信息。

（一）資產的流動性劃分

資產滿足以下條件之一的，應當歸類為流動資產：

（1）預計在一個正常流動營業週期中變現、出售或耗用。這主要包括存貨、應收帳款等資產。需要指出的是，變現一般針對應收帳款等而言，指將資產變為現金；出售一般針對產品等存貨而言；耗用一般指將存貨（如原材料）轉變成另一種形態（如產成品）。

（2）為交易目的而持有。例如，一些根據《企業會計準則第22號——金融工具確認和計量》劃分的交易性金融資產。但是，並非所有交易性金融資產都是流動

資產，如自資產負債表日起超過 12 個月到期且預期持有超過 12 個月的衍生工具應當劃分為非流動資產或非流動負債。

（3）在資產負債表日起一年內（含一年，下同）變現。

（4）在資產負債表日起一年內，交換其他資產或清償負債的能力不受限制的現金或現金等價物。

流動資產以外的資產應當歸類為非流動資產。

所謂正常營業週期，是指企業從購買用於加工的資產起至實現現金或現金等價物的期間。正常營業週期通常短於一年，在一年內有幾個營業週期。但是，因生產週期較長等導致正常營業週期長於一年的，儘管相關資產往往超過一年才變現、出售或耗用，仍應當劃分為流動資產。當正常營業週期不能確定時，企業應當以一年（12 個月）作為正常營業週期。

（二）負債的流動性劃分

流動負債的判斷標準與流動資產的判斷標準類似。負債滿足下列條件之一的，應當歸類為流動負債：

（1）預計在一個正常營業週期中清償。

（2）主要為交易目的而持有。

（3）自資產負債表日起一年內到期應予以清償。

（4）企業無權自主地將清償推遲至資產負債表日後一年以上。

但是，企業正常營業週期中的經營性負債項目即使在資產負債表日後超過一年才予以清償的，仍應劃分為流動負債。經營性負債項目包括應付帳款、應付職工薪酬等，這些項目屬於企業在正常營業週期中使用的營運資金的一部分。關於可轉換工具負債部分的分類還需要注意的是，負債在其對手方選擇的情況下可以通過發行權益進行清查的條款與在資產負債表日負債的流動性劃分無關。

此外，企業在判斷負債的流動性劃分時，對於資產負債表日後事項的相關影響需要特別加以考慮。總體判斷原則是企業在資產負債表上對債務流動和非流動的劃分，應當反應在資產負債表日有效的合同安排，考慮在資產負債表日起一年內企業是否必須無條件清償，而資產負債表日之後（即使是財務報告批准報出日前）的再融資、展期或提供寬限期等行為，與資產負債表日判斷負債的流動性狀況無關。

（1）對在資產負債表日一年內到期的負債，企業有意圖且有能力自主地將清償義務展期至資產負債表日後一年以上的，應當歸類為非流動負債；不能自主地將清償義務展期的，即使在資產負債表日後、財務報告批准報出日前簽訂了重新安排清償計劃協議，該項負債在資產負債表日仍應當歸類為流動負債。

（2）企業在資產負債表日或之前違反了長期借款協議，導致貸款人可以隨時要求清償的負債，應當歸類為流動負債。但是，如果貸款人在資產負債表日或之前同意提供在資產負債表日後一年以上的寬限期，在此期限內企業能夠改正違約行為，且貸款人不能要求隨時清償的，在資產負債表日的此項負債並不符合流動負債的判斷標準，應當歸類為非流動負債。企業的其他長期負債存在類似情況的，應當比照上述規定進行處理。

三、資產負債表的填列方法

(一) 資產負債表「期末餘額」欄的填列方法

資產負債表「期末餘額」欄一般應根據資產、負債和所有者權益類科目的期末餘額填列。

(1) 根據總帳科目的餘額填列。「交易性金融資產」「其他債權投資」「其他權益工具投資」「工程物資」「固定資產清理」「遞延所得稅資產」「長期待攤費用」「短期借款」「應付票據」「應付利息」「應付股利」「持有待售負債」「其他應付款」「專項應付款」「遞延收益」「遞延所得稅負債」「實收資本（或股本）」「其他權益工具」「庫存股」「資本公積」「其他綜合收益」「專項儲備」「盈餘公積」等項目，應根據相關總帳科目的餘額填列。其中，長期待攤費用攤銷年限（或期限）只剩一年或不足一年的，或者預計在一年內（含一年）進行攤銷的部分，仍在「長期待攤費用」項目中列示，不轉入「一年內到期的非流動資產」項目。

有些項目應根據幾個總帳科目的餘額計算填列，如「貨幣資金」需要根據「庫存現金」「銀行存款」「其他貨幣資金」三個總帳科目餘額的合計數填列。

(2) 根據明細帳科目的餘額計算填列。「開發支出」應根據「研發支出」科目所屬的「資本化支出」明細科目期末餘額填列；「應付款項」應根據「應付帳款」「預付帳款」科目所屬的相關明細科目的期末貸方餘額合計數填列；「預收款項」應根據「預收帳款」「應收帳款」所屬各明細科目的期末貸方餘額合計數填列；「應交稅費」應根據「應交稅費」科目的明細科目期末餘額分析填列，其中的借方餘額應當根據流動性在「其他流動資產」或「其他非流動資產」中填列；「一年內到期的非流動資產」「一年內到期的非流動負債」應根據有關非流動資產或負債項目的明細科目餘額分析填列；「應付職工薪酬」應根據「應付職工薪酬」科目的明細科目期末餘額分析填列；「長期借款」「應付債券」應分別根據「長期借款」「應付債券」科目的明細科目餘額分析填列；「預計負債」應根據「預計負債」科目的明細科目期末餘額分析填列；「未分配利潤」應根據「利潤分配」科目所屬的「未分配利潤」明細科目期末餘額填列。

(3) 根據總帳科目和明細帳科目的餘額分析計算填列。「長期借款」應根據「長期借款」總帳科目扣除「長期借款」科目所屬的明細科目中將在資產負債表日一年內到期的且企業不能自主地將清償義務展期的長期借款後的金額計算填列；「其他流動資產」「其他流動負債」應根據有關總帳科目及有關科目的明細科目期末餘額分析填列；「其他非流動負債」應根據有關科目的期末餘額減去將於一年內（含一年）到期償還數後的金額填列。

(4) 根據有關科目餘額減去其備抵科目餘額後的淨額填列。「持有待售資產」「債權投資」「長期股權投資」「在建工程」「商譽」應根據相關科目的期末餘額填列，已計提減值準備的，還應扣減相應的減值準備；「固定資產」「無形資產」「投資性房地產」「生產性生物資產」「油氣資產」應根據相關科目的期末餘額扣減相關的累計折舊（或攤銷、折耗）填列，已計提減值準備的還應扣減相應的減值準備，折舊（或攤銷、折耗）年限（或期限）只剩一年或不足一年的，或者預計在一年內

（含一年）進行折扣（或攤銷、折耗）的部分，仍在上述項目中列示，不轉入「一年內到期的非流動資產」，採用公允價值計量的上述資產，應根據相關科目的期末餘額填列；「長期應收款」應根據「長期應收款」科目的期末餘額，減去相應的「未實現融資收益」和「壞帳準備」所屬相關明細科目期末餘額後的金額填列；「長期應付款」應根據「長期應付款」科目的期末餘額，減去相應的「未確認融資費用」科目期末餘額後的金額填列。

（5）綜合運用上述填列方法分析填列。「應收票據」「應收利息」「應收股利」「其他應收款」應根據相關項目的期末餘額，減去「壞帳準備」中有關壞帳準備期末餘額後的金額填列。「應收款項」應根據「應收帳款」和「預收帳款」所屬各明細科目的期末借方餘額合計數，減去「壞帳準備」中有關應收帳款計提的壞帳準備期末餘額後的金額填列。「預付款項」應根據「預付帳款」和「應付帳款」所屬各項明細科目的期末借方餘額合計數，減去「壞帳準備」中有關預付款項計提的壞帳準備期末餘額後的金額填列。「合同資產」「合同負債」應根據「合同資產」和「合同負債」的明細科目期末餘額分析填列，同一合同下的合同資產和合同負債應當以淨額列示，其中淨額為借方餘額的，應當根據其流動性在「合同資產」或「其他非流動資產」中填列，已計提減值準備的，還應減去「合同資產減值準備」中相應的期末餘額後的金額填列，其中淨額為貸方餘額的，應當根據其流動性在「合同負債」或「其他非流動負債」中填列。「存貨」應根據「材料採購」「原材料」「發出商品」「庫存商品」「週轉材料」「委託加工物資」「生產成本」「受託代銷商品」等科目的期末餘額及「合同履約成本」科目的明細科目中初始確認時攤銷期限不超過一年或一個正常營業週期的期末餘額合計，減去「受託代銷商品款」「存貨跌價準備」期末餘額及「合同履約成本減值準備」中相應的期末餘額後的金額填列，材料採用計劃成本核算以及庫存商品採用計劃成本核算或售價核算的企業，還應按加或減材料成本差異、商品進銷差價後的金額填列。「其他非流動資產」應根據相關科目的期末餘額減去將於一年內（含一年）收回數後的金額及「合同取得成本」和「合同履約成本」的明細科目中初始確認時攤銷期限在一年或一個正常營業週期以上的期末餘額，減去「合同取得成本減值準備」和「合同履約成本減值準備」中相應的期末餘額填列。

（二）資產負債表「年初餘額」欄的填列方法

資產負債表中的「年初餘額」欄通常根據上年年末有關項目的期末餘額填列，且與上年年末資產負債表「期末餘額」欄相一致。如果企業發生了會計政策變更、前期差錯更正，應當對「年初餘額」欄中的相關項目進行相應調整。如果上年度資產負債表規定的項目名稱和內容與本年度不一致，企業應當對上年年末資產負債表相關項目的名稱和金額按照本年度的規定進行調整，填入「年初餘額」欄。

第三節 利潤表

一、利潤表的內容及結構

(一) 利潤表的內容

利潤表是反應企業在一定會計期間的經營成果的報表。利潤表的列報應當充分反應企業經營業績的主要來源和構成，有助於使用者判斷淨利潤的質量及其風險，預測淨利潤的持續性，從而做出正確的決策。利潤表可以反應企業一定會計期間的收入實現情況，如實現的營業收入、實現的投資收益、實現的營業外收入各有多少；可以反應一定會計期間的費用耗費情況，如耗費的營業成本、稅金及附加、銷售費用、管理費用、財務費用、營業外支出各有多少；可以反應企業生產經營活動的成果，即淨利潤的實現情況，據以判斷資本保值、增值情況；等等。利潤表中的信息與資產負債表中的信息相結合，可以提供進行財務分析的基本資料，如將銷貨成本與存貨平均餘額進行比較計算出存貨週轉率，將淨利潤與資產總額進行比較計算出資產收益率等；可以表現企業資金週轉情況及企業的盈利能力和水準，便於報表使用者判斷企業未來的發展趨勢，做出經濟決策。

(二) 利潤表的結構

常見的利潤表結構主要有單步式和多步式兩種。在中國，企業利潤表採用的基本上是多步式結構，即通過對當期的收入、費用、支出項目按性質加以歸類，按利潤形成的主要環節列示一些中間性利潤指標，分步計算當期淨損益，便於使用者理解企業經營成果的不同來源。企業利潤表對費用的列報通常應當按照功能進行分類，即分為從事經營業務發生的成本、管理費用、銷售費用和財務費用等，有助於使用者瞭解費用發生的活動領域。與此同時，為了有助於報表使用者預測企業的未來現金流，費用的列報還應當在附註中披露按照性質分類的補充資料，如分為耗用的原材料、職工薪酬費用、折舊費用、攤銷費用等。

利潤表主要反應以下幾方面內容：

(1) 營業收入。營業收入由主營業務收入和其他業務收入組成。

(2) 營業利潤，即營業收入減去營業成本（主營業務成本、其他業務成本）、稅金及附加、銷售費用、管理費用、財務費用、資產減值損失，加上公允價值變動收益、投資收益、資產處置收益、其他收益。

(3) 利潤總額，即營業利潤加上營業外收入，減去營業外支出。

(4) 淨利潤，即利潤總額減去所得稅費用。淨利潤按照經營可持續性具體分為持續經營淨利潤、終止經營淨利潤。

(5) 其他綜合收益的稅後淨額。其具體分為以後會計期間不能重分類進損益的其他綜合收益項目和以後將重分類進損益的其他綜合收益項目兩類，並以扣除相關所得稅影響後的淨額列報。

(6) 綜合收益總額，即淨利潤加上其他綜合收益稅後淨額。

（7）每股收益。每股收益包括基本每股收益和稀釋每股收益。

其中，其他綜合收益是指企業根據企業會計準則的規定在當期損益中確認的各項利得和損失。其他綜合收益項目分為下列兩類：

第一，以後不能重分類進損益的其他綜合收益項目主要包括重新計量設定受益計劃淨負債或淨資產導致的變動、按照權益法核算的在被投資單位不能重分類進損益的其他綜合收益變動中享有的份額等。

第二，以後將重分類進損益的其他綜合收益項目主要包括按照權益法核算的在被投資單位可重分類進損益的其他綜合收益變動中所享有的份額、其他權益工具公允價值變動形成的利得或損失、金融資產重分類形成的利得或損失、現金流量套期工具產生的利得或損失中屬於有效套期的部分、外幣財務報表折算差額、自用房地產或作為存貨的房地產轉換為以公允價值模式計量的投資性房地產在轉換日公允價值大於帳面價值部分等。

此外，為了使報表使用者通過比較不同期間利潤的實現情況，判斷企業經營成果的未來發展趨勢，企業需要提供比較利潤表。利潤表將各項目再分為「本期金額」和「上期金額」欄分別填列。利潤表的具體格式如表 14-2 所示。

表 14-2　利潤表

年　月　　　　　　　　　　　　　　　　　單位：元

項目	本期金額	上期金額
一、營業收入		
減：營業成本		
稅金及附加		
銷售費用		
管理費用		
財務費用		
資產減值損失		
加：公允價值變動收益（損失以「-」號填列）		
投資收益（損失以「-」號填列）		
資產處置收益（損失以「-」號填列）		
其他收益		
二、營業利潤（虧損以「-」號填列）		
加：營業外收入		
減：營業外支出		
三、利潤總額（虧損總額以「-」號填列）		
減：所得稅費用		
四、淨利潤（淨虧損以「-」號填列）		

表14-2(續)

項目	本期金額	上期金額
（一）持續經營淨利潤（淨虧損以「-」號填列）		
（二）終止經營淨利潤（淨虧損以「-」號填列）		
五、其他綜合收益的稅後淨額		
（一）以後不能重分類進損益的其他綜合收益		
（二）以後將重分類進損益的其他綜合收益		
六、綜合收益總額		
七、每股收益		
（一）基本每股收益		
（二）稀釋每股收益		

二、利潤表的填列方法

（一）利潤表「本期金額」欄的填列方法

利潤表「本期金額」欄一般應根據損益類科目和所有者權益類有關科目的發生額填列。

（1）「營業收入」「營業成本」「稅金及附加」「銷售費用」「管理費用」「財務費用」「資產減值損失」「公允價值變動收益」「投資收益」「資產處置收益」「其他收益」「營業外收入」「營業外支出」「所得稅費用」等項目應根據有關損益類科目的發生額分析填列。

（2）「營業利潤」「利潤總額」「淨利潤」「綜合收益總額」項目應根據利潤表中相關項目計算填列。

（3）「（一）持續經營淨利潤」和「（二）終止經營淨利潤」項目應根據《企業會計準則第42號——持有待售的非流動資產、處置組和終止經營》的相關規定分別填列。

（二）利潤表「上期金額」欄的填列方法

利潤表中的「上期金額」欄應根據上年同期利潤表「本期金額」欄內所列數字填列。如果上年同期利潤表規定的項目名稱和內容與本期不一致，應對上年同期利潤表各項目的名稱和金額按照本期的規定進行調整，填入「上期金額」欄。

第四節　現金流量表

一、現金流量表的內容及結構

（一）現金流量表的內容

現金流量表是指反應企業在一定會計期間現金和現金等價物流入與流出的報表。

從編製原則上看，現金流量表按照收付實現制原則編製，將權責發生制下的盈利信息調整為收付實現制下的現金流量信息，便於信息使用者瞭解企業淨利潤的質量。從內容上看，現金流量表被劃分為經營活動、投資活動和籌資活動三個部分，每類活動又分為各具體項目，這些項目從不同角度反應企業業務活動的現金流入和流出，彌補了資產負債表和利潤表提供信息的不足。通過現金流量表，報表使用者能夠瞭解現金流量的影響因素，評價企業的支付能力、償債能力和週轉能力，預測企業未來現金流量，為其決策提供有力證據。

(二) 現金流量表的結構

在現金流量表中，現金及現金等價物被視為一個整體，企業現金形式的轉換不會產生現金的流入和流出。例如，企業從銀行提取現金，是企業現金存放形式的轉換，並未流出企業，不構成現金流量。同樣，現金與現金等價物之間的轉換也不屬於現金流量。例如，企業用現金購買三個月到期的國庫券。根據企業業務活動的性質和現金流量的來源，現金流量表在結構上將企業一定期間產生的現金流量分為三類：經營活動產生的現金流量、投資活動產生的現金流量和籌資活動產生的現金流量。現金流量表的具體格式如表 14-3 所示。

表 14-3　現金流量表

年　月　　　　　　　　　　　　　　　　　　單位：元

項目	本期金額	上期金額
一、經營活動產生的現金流量：		
銷售商品、提供勞務收到的現金		
收到的稅費返還		
收到其他與經營活動相關的現金		
經營活動現金流入小計		
購買商品、提供勞務支付的現金		
支付給職工以及為職工支付的現金		
支付的各項稅費		
支付其他與經營活動有關的現金		
經營活動現金流出小計		
經營活動產生的現金流量淨額		
二、投資活動產生的現金流量：		
收回投資收到的現金		
取得投資收益收到的現金		
處置固定資產、無形資產和其他長期資產收回的現金淨額		
處置子公司及其他營業單位收到現金淨額		
收到其他與投資活動有關的現金		

表14-3(續)

項目	本期金額	上期金額
投資活動現金流入小計		
構建固定資產、無形資產和其他長期資產支付的現金		
投資支付的現金		
取得子公司及其他營業單位支付的現金淨額		
支付其他與投資活動有關的現金		
投資活動現金流出小計		
投資活動產生的現金流量淨額		
三、籌資活動產生的現金流量：		
吸收投資收到的現金		
取得借款收到的現金		
收到其他與籌資活動有關的現金		
籌資活動現金流入小計		
償還債務支付的現金		
分配股利、利潤或償付利息支付的現金		
支付其他與籌資活動有關的現金		
籌資活動現金流出小計		
籌資活動產生的現金流量淨額		
四、匯率變動對現金及現金等價物的影響		
五、現金及現金等價物淨增加額		
加：期初現金及現金等價物餘額		
六、期末現金及現金等價物餘額		

二、現金流量表的填列方法

（一）經營活動產生的現金流量

經營活動是指企業投資活動和籌資活動以外的所有交易或事項。各類企業由於行業特點不同，對經營活動的認定存在一定差異。對於工商企業而言，其經營活動主要包括銷售商品、提供勞務、購買商品、接受勞務、支付職工薪酬、支付稅費等。對於商業銀行而言，其經營活動主要包括吸收存款、發放貸款、同業存放、同業拆借等。對於保險公司而言，其經營活動主要包括原保險業務和再保險業務等。對於證券公司而言，其經營活動主要包括自營證券、代理承銷證券、代理兌付證券、代理買賣證券等。

在中國，企業經營活動產生的現金流量應當採用直接法填列。直接法是指通過現金收入和現金支出的主要類別列示經營活動的現金流量。

(二) 投資活動產生的現金流量

投資活動是指企業長期資產的構建和不包括在現金等價物範圍內的投資及其處置活動。長期資產是指固定資產、無形資產、在建工程、其他資產等持有期限在一年或一個營業週期以上的資產。這裡所講的投資活動，既包括實物資產投資，也包括金融資產投資。這裡之所以將「包括在現金等價物範圍內的投資」排除在外，是因為已經將包括在現金等價物範圍內的投資視同現金。不同企業由於行業特點不同，對投資活動的認定也存在差異。例如，交易性金融資產產生的現金流量，對工商企業來說屬於投資活動現金流量，而對證券公司來說屬於經營活動現金流量。

(三) 籌資活動產生的現金流量

籌資活動是指導致企業資本及債務規模和構成發生變化的活動。這裡所說的資本，既包括實收資本（股本），也包括資本溢價（股本溢價）；這裡所說的債務，指對外舉債，包括向銀行借款、發行債券以及償還債務等。通常情況下，應付帳款、應付票據等商業應付款等屬於經營活動，不屬於籌資活動。

此外，企業日常活動之外的、不經常發生的特殊項目，如自然災害損失、保險賠款、捐贈等，應當歸並到相關類別中，並單獨反應。例如，自然災害損失和保險賠款，如果能夠確指屬於流動資產損失，應當列入經營活動產生的現金流量；屬於固定資產損失，應當列入投資活動產生的現金流量。

(四) 匯率變動對現金及現金等價物的影響

企業編製現金流量表時，應當將企業外幣現金流量及境外子公司的現金流量折算成記帳本位幣。外幣現金流量及境外子公司的現金流量，應當採用現金流量發生日的即期匯率或按照系統合理的方法確定的、與現金流量發生日即期匯率近似的匯率折算。匯率變動對現金的影回應當作為調節項目，在現金流量表中單獨列報。

匯率變動對現金的影響指企業外幣現金流量及境外子公司的現金流量折算成記帳本位幣時，所採用的是現金流量發生日的即期匯率近似的匯率折算。匯率變動對現金的影回應當作為調節項目，在現金流量表中單獨列報。

匯率變動對現金的影響指企業外幣現金流量及境外子公司的現金流量折算成記帳本位幣時，所採用的是現金流量發生日的即期匯率或按照系統合理的方法確定的、與現金流量發生日即期匯率近似的匯率，而現金流量表「現金及現金等價物淨增加額」項目中外幣現金淨增加額是按資產負債表日的即期匯率折算的。這兩者的差額即為匯率變動對現金的影響。

企業在編製現金流量表時，對當前發生的外幣業務，也可不必逐筆計算匯率變動對現金的影響，而是通過現金流量表補充資料中現金及現金等價物淨增加額與現金流量表中經營活動產生的現金流量淨額、投資活動產生的現金流量淨額、籌資活動產生的現金流量淨額三項之和比較，其差額即為匯率變動對現金的影響。

(五) 現金流量表補充資料

除現金流量表反應的信息外，企業還應在附註中披露將淨利潤調節為經營活動現金流量、不涉及現金收支的重大投資和籌資活動、現金及現金等價物淨變動情況等信息。

1. 將淨利潤調節為經營活動現金流量

現金流量表採用直接法反應經營活動的現金流量。同時，企業還應採用間接法反應經營活動產生的現金流量。間接法是指以本期淨利潤為起點，通過調整不涉及現金的收入、費用、營業外收支以及經營性應收應付等項目的增減變動，調整不屬於經營活動的現金收支項目，據此計算並列報經營活動產生的現金流量的方法。在中國，現金流量表補充資料應採用間接法反應經營活動產生的現金流量情況，以對現金流量表中採用直接法反應的經營活動現金流量進行核對和補充說明。

採用間接法列報經營活動產生的現金流量時，需要對以下四類項目進行調整：

（1）實際沒有支付現金的費用。
（2）實際沒有收到現金的收益。
（3）不屬於經營活動的損益。
（4）經營性應收應付項目的增減變動。

2. 不涉及現金收支的重大投資和籌資活動

不涉及現金收支的重大投資和籌資活動反應企業在一定期間內影響資產或負債但不形成該期現金收支的所有投資和籌資活動的信息。這些投資和籌資活動雖然不涉及現金收支，但對以後各期的現金流量有重大影響。例如，企業融資租入設備，將形成負債計入「長期應付款」帳戶，當期並不支付設備款及租金，但以後各期必須為此支付現金，從而在一定期間內形成了一項固定的現金支出。

企業應當在附註中披露不涉及當期現金收支、影響企業財務狀況或在未來可能影響企業現金流量的重大投資和籌資活動。其內容主要包括以下三類項目：

（1）債務轉為資本，反應企業本期轉為資本的債務金額。
（2）一年內到期的可轉換公司債券，反應企業一年內到期的可轉換公司債券的本息。
（3）融資租入固定資產，反應企業本期融資租入的固定資產。

3. 現金及現金等價物淨變動情況

企業應當在附註中披露與現金及現金等價物有關的下列信息：

（1）現金及現金等價物的構成及其在資產負債表中的相應金額。
（2）企業持有但不能由母公司或集團內其他子公司使用的大額現金及現金等價物金額。企業持有現金及現金等價物餘額但不能被集團使用的情形多種多樣，例如，國外經營的子公司，由於受到當地外匯管制或其他立法的限制，其持有的現金及現金等價物，不能由母公司或其他子公司正常使用。

三、現金流量表的編製方法及程序

（一）直接法和間接法

企業編製現金流量表時，列報經營活動現金流量的方法有兩種：一是直接法，二是間接法。在直接法下，一般是以利潤表中的營業收入為起算點，調節與經營活動有關的項目的增減變動情況，然後計算出經營活動產生的現金流量。在間接法下，企業將淨利潤調節為經營活動現金流量，實際上就是將按權責發生制原則確定的淨利潤調整為現金淨流入，並剔除投資活動和籌資活動對現金流量的影響。

採用直接法編報的現金流量表,便於分析企業經營活動產生的現金流量的來源和用途,預測企業現金流量的未來前景;採用間接法編報的現金流量表,便於將淨利潤與經營活動產生的現金流量淨額進行比較,瞭解淨利潤與經營活動產生的現金流量差異的原因,從現金流量的角度分析淨利潤的質量。因此,中國企業會計準則規定企業應當採用直接法編報現金流量表,同時要求在附註中提供以淨利潤為基礎調節到經營活動現金流量的信息。

(二) 工作底稿法、T形帳戶法和分析填列法

企業在具體編製現金流量表時,可以採用工作底稿法或T形帳戶法,也可以根據有關科目記錄分析填列。

1. 工作底稿法

工作底稿法是以工作底稿為手段,以資產負債表和利潤表數據為基礎,對每一項目進行分析並編製調整分錄,從而編製現金流量表的方法。工作底稿法的程序如下:

第一步,將資產負債表的期初數和期末數過入工作底稿的期初數欄和期末數欄。

第二步,對當期業務進行分析並編製調整分錄。編製調整分錄時,企業要以利潤表項目為基礎,從「營業收入」開始,結合資產負債表項目逐一進行分析。在調整分錄中,有關現金和現金等價物的事項,並不直接借記或貸記「庫存現金」,而是分別計入「經營活動產生的現金流量」「投資活動產生的現金流量」「籌資活動產生現金流量」有關項目,借記表示現金流入,貸記表示現金流出。

第三步,將調整分錄過入工作底稿中的相應部分。

第四步,核對調整分錄,借方、貸方合計數相等,資產負債表項目期初數加減調整分錄中的借貸金額以後等於期末數。

第五步,根據工作底稿中的現金流量編製正式的現金流量表。

2. T形帳戶法

T形帳戶法是以T形帳戶為手段,以資產負債表和利潤表數據為基礎,對每一項目進行分析並編製調整分錄,從而編製現金流量表的方法。T形帳戶法的程序如下:

第一步,為所有的現金項目(包括資產負債表項目和利潤表項目)分別開設T形帳戶,並將各自的期末期初變動過入各帳戶。如果項目的期末數大於期初數,則將差額過入和項目餘額相同的方向,反之則過入相反的方向。

第二步,開設一個大的「現金及現金等價物」T形帳戶,每邊分為經營活動、投資活動和籌資活動三個部分,左邊登記現金流入,右邊登記現金流出。該帳戶與其他帳戶一樣,過入期末期初變動數。

第三步,以利潤表項目為基礎,結合資產負債表分析每一個非現金項目的增減變動,並據此編製調整分錄。

第四步,將調整分錄過入各T形帳戶,並進行核對。該帳戶借貸相抵後的餘額與原先過入的期末期初變動數應當一致。

第五步,根據大的「現金及現金等價物」T形帳戶編製正式的現金流量表。

3. 分析填列法

分析填列法是直接根據資產負債表、利潤表和有關會計科目明細帳的記錄,分析計算出現金流量表各項目的金額,並據以編製現金流量表的一種方法。

第五節　所有者權益變動表

一、所有者權益變動表的內容及結構

（一）所有者權益變動表的內容

所有者權益變動表是指反應構成所有者權益各組成部分當期增減變動情況的報表。所有者權益變動表應當全面反應一定時期所有者權益變動的情況，不僅包括所有者權益總量的增減變動，還包括所有者權益增減變動的重要結構性信息，讓報表使用者準確理解所有者權益增減變動的根源。

在所有者權益變動表中，綜合收益與所有者（或股東）的資本交易導致的所有者權益的變動應當分別列示。企業至少應當單獨列示反應下列信息的項目：

(1) 綜合收益總額。
(2) 會計政策變更和前期差錯更正的累積影響金額。
(3) 所有者投入資本和向所有者分配利潤等。
(4) 提取的盈餘公積。
(5) 所有者權益各組成部分的期初和期末餘額及其調節情況。

（二）所有者權益變動表的結構

為了清晰地表明構成所有者權益的各組成部分當期的增減變動情況，所有者權益變動表應當以矩陣的形式列示。一方面，企業列示導致所有者權益變動的交易或事項，改變了以往僅僅按照所有者權益的各組成部分反應所有者權益變動情況，而是從所有者權益變動的來源對一定時期的所有者權益變動情況進行全面反應；另一方面，企業按照所有者權益各組成部分（包括實收資本、資本公積、其他綜合收益、盈餘公積、未分配利潤和庫存股等）及其總額列示交易或事項對所有者權益的影響。此外，企業所有者權益變動表將各項目再分為「本年金額」和「上年金額」兩欄分別填列。

二、所有者權益變動表的填列方法

（一）上年金額欄的填列方法

所有者權益變動表「上年金額」欄內各項數字，應根據上年度所有者權益變動表「本年金額」欄內所列數字填列。如果上年度所有者權益變動表規定的項目的名稱和內容與本年度不一致，企業應對上年度所有者權益變動表各項目的名稱和金額按照本年度的規定進行調整，填入所有者權益變動表「上年金額」欄內。

（二）本年金額欄的填列方法

所有者權益變動表「本年金額」欄內各項數字一般應根據「實收資本（或股本）」「其他股權工具」「資本公積」「盈餘公積」「其他綜合收益」「利潤分配」「庫存股」「以前年度損益調整」等科目及其明細科目的發生額分析填列。

第六節　財務報表附註披露

一、附註披露的總體要求

（一）附註概述

附註是對在資產負債表、利潤表、現金流量表和所有者權益變動表等財務報表中列示項目的文字描述或明細資料以及對未能在這些報表中列示項目的說明等。《企業會計準則第30號——財務報表列報》對附註的披露要求是對企業附註披露的最低要求，應當適用於所有類型的企業，企業還應當按照各項具體企業會計準則的規定在附註中披露相關信息。

（二）附註披露的總體要求

附註相關信息應當與資產負債表、利潤表、現金流量表和所有者權益變動表中列示的項目互相參照，以有利於使用者聯繫相關聯的信息，並由此從整體上更好地理解財務報表。

企業在披露附註信息時，應當將定量、定性信息相結合，按照一定的結構對附註信息進行系統合理的排列和分類，以便於使用者理解和掌握。

二、附註的主要內容

附註應當按照順序至少披露以下內容：

（一）企業的基本情況

（1）企業註冊地、組織形式和總部地址。

（2）企業的業務性質和主要經營活動。

（3）母公司以及集團最終母公司的名稱。

（4）財務報告的批准報出者和財務報告批准報出日，或者以簽字人及其簽字日期為準。

（5）營業期限有限的企業還應當披露有關營業期限的信息。

（二）財務報表的編製基礎

企業應當披露其財務報表的編製基礎。

（三）遵循企業會計準則的聲明

企業應當聲明編製的財務報表符合企業會計準者的要求，真實、完整地反應了企業的財務狀況、經營成果和現金流量等有關信息，以此明確企業編製財務報表所依據的制度基礎。

如果企業編製的財務報表只是部分地遵循了企業會計準則，附註中不得做出上述表述。

（四）重要會計政策和會計估計的說明

1. 重要會計政策的說明

企業應當披露採用的重要會計政策，並結合企業的具體實際披露其重要會計政

策的確定依據的財務報表項目的計量基礎。其中，會計政策的確定依據主要是指在運用會計政策過程中所做的重要判斷，這些判斷對在報表中確認的項目金額具有重要影響。例如，企業如何判斷與租賃資產相關的所有風險和報酬已經轉移給企業從而符合融資租賃的標準、投資性房地產的判斷標準是什麼等。財務報表項目的計量基礎包括歷史成本、重置成本、可變現淨值、現值和公允價值等會計計量屬性。

2. 重要會計估計的說明

企業應當披露重要會計估計，並結合企業的具體實際披露其會計估計採用的關鍵假設和不確定因素。重要會計估計的說明包括可能導致下一個會計期間內資產、負債帳面價值重大調整的會計的確定依據等。例如，固定資產可收回金額的計算需要根據其公允價值減去處置費用後的淨額與預計未來現金流量的現值兩者之間的較高者確定，企業在計算資產預計未來現金流量的限制時需要對未來現金流量進行預測，並選擇適當的折現率，企業應當在附註中披露未來現金流量預測採用的假設及其依據、選擇的折現率為什麼是合理的等。又如，企業對正在進行中的訴訟提取準備，應當披露最佳估計數的確定依據等。

（五）會計政策和會計估計變更以及差錯更正的說明

企業應當按照《企業會計準則第28號——會計政策、會計估計變更和差錯更正》及其應用指南的規定，披露會計政策和會計估計變更以及差錯更正的有關情況。

（六）報表重要項目的說明

企業應當將文字和數字描述相結合，盡可能以列表形式披露重要報表項目的構成或當期增減變動情況，並且報表重要項目的明細金額合計應當與報表項目金額相銜接。在披露順序上，企業一般應當遵循資產負債表、利潤表、現金流量表、所有者權益變動表的順序及其報表項目列示的順序。

（七）其他需要說明的重要事項

這部分主要包括或有和承諾事項、資產負債表日後調整事項、關聯方關係及其交易等。

此外，附註的主要內容還應包括有助於財務報表使用者評價企業管理資本的目標、政策及程序的信息。

三、關聯方披露

（一）關聯方關係的認定

關聯方關係的存在是以控制、共同控制或重大影響為前提條件的。在判斷是否存在關聯方關係時，企業應當遵循實質重於形式的原則。從一個企業的角度出發，預期存在關聯方關係的各方如下：

（1）該企業的母公司，不僅包括直接或間接地控制該企業的其他企業，也包括能夠對該企業實施直接或間接控制的單位等。

①某一個企業直接控制一個或多個企業。例如，母公司控制一個或若干個子公司，則母公司與子公司之間存在關聯方關係。

②某一個企業通過一個或若干個中間企業間接控制一個或多個企業。例如，母

公司通過其子公司間接控制子公司的子公司，表明母公司與其子公司的子公司存在關聯方關係。

③一個企業直接或通過一個或若干個中間企業間接地控制一個或多個企業。

（2）該企業的子公司，包括直接或間接地被該企業控制的其他企業，也包括直接或間接地被該企業控制的企業、單位、基金等特殊目的實體。

（3）與該企業受同一母公司控制的其他企業。例如，興華公司和 B 公司同受 C 公司控制，從而興華公司和 B 公司之間構成關聯方關係。

（4）對該企業實施共同控制的投資方。這裡的共同控制包括直接共同控制和間接共同控制。對企業實施直接或間接共同控制的投資方與該企業之間是關聯方關係，但這些投資方之間並不能因為僅僅共同控制了同一家企業而視為存在關聯方關係。例如，興華公司、B 公司、C 公司三家企業共同控制 D 公司，從而興華公司和 D 公司、B 公司和 D 公司以及 C 公司和 D 公司成為關聯方關係。如果不存在其他關聯方關係，興華公司和 B 公司、興華公司和 C 公司以及 B 公司和 C 公司之間不構成關聯方關係。

（5）對該企業施加重大影響的投資方。這裡的重大影響包括直接的重大影響和間接的重大影響。雖然企業實施重大影響的投資方與該企業之間是關聯方關係，但這些投資方之間並不能僅僅因為對同一家企業具有重大影響而視為存在關聯方關係。

（6）該企業的合營企業。合營企業包括合營企業的子公司。合營企業是以共同控制為前提的，兩方或多方共同控制某一企業時，該企業則為投資者的合營企業。例如，興華公司、B 公司、C 公司、D 公司各占 F 公司有表決權資本的 25%，按照合同規則，投資各方按照出資比例控制 F 公司。由於出資比例相同，F 公司由興華公司、B 公司、C 公司、D 公司共同控制，在這種情況下，興華公司和 F 公司、B 公司和 F 公司、C 公司和 F 公司以及 D 公司和 F 公司之間構成關聯方關係。

（7）該企業的聯營企業。聯營企業包括聯營企業的子公司。聯營企業和重大影響是相聯繫的，如果投資者能對被投資企業施加重大影響，則該被投資企業應被視為投資者的聯營企業。

（8）該企業的主要投資者個人及其關係密切的家庭成員。主要投資者個人是指能夠控制、共同控制一個企業或對一個企業施加重大影響的個人投資者。

①某一企業與其主要投資者個人之間的關係。例如，張三是興華公司的主要投資者，則興華公司與張三構成關聯方關係。

②某一企業與其主要投資者個人關係密切的家庭成員之間的關係。例如，興華公司的主要投資者張三的兒子與興華公司構成關聯方關係。

（9）該企業或其母公司的關鍵管理人員及其關係密切的家庭成員。關鍵管理人員是指有權利並負責計劃、指揮和控制企業活動的人員。在通常情況下，企業關鍵管理人員負責管理企業的日常經營活動，並且負責制定經營計劃和戰略目標、指揮調度生產經營活動等，主要包括董事長、董事、董事會秘書、總經理、總會計師、財務總監、主管各項事務的副總經理以及行使類似決策職能的人員等。

①某一企業預期關鍵管理人員間的關係。例如，興華公司的總經理與興華公司構成關聯方關係。

②某一企業與其關鍵管理人員關係密切的家庭成員之間的關係。例如，興華公司的總經理張三的兒子與興華公司構成關聯關係。

（10）該企業主要投資者個人、關鍵管理人員或與其關係密切的家庭成員控制、共同控制的其他企業。與主要投資者個人、關鍵管理人員關係密切的家庭成員是指在處理與企業的交易時可能影響該個人或受該個人影響的家庭成員，如父母、配偶、兄弟姐妹和子女等。這類關聯方應當根據主要投資者個人、關鍵管理人員或與其關係密切的家庭成員對兩家企業的實際影響力具體分析判斷。

①某一企業與受該企業主要投資者個人控制、共同控制的其他企業之間的關係。例如，興華公司的主要投資者 H 擁有 B 公司 60% 的表決權資本，則興華公司和 B 公司存在關聯方關係。

②某一企業與受該企業主要投資者個人關係密切的家庭成員控制、共同控制的其他企業間的關係。例如，興華公司的主要投資者 Y 的妻子擁有 B 公司 60% 的表決權資本，則興華公司和 B 公司存在關聯方關係。

③某一企業與受該企業關鍵管理人員控制、共同控制的其他企業之間的關係。例如，興華公司的關鍵管理人員 H 控制了 B 公司，則興華公司和 B 公司存在關聯方關係。

④某一企業與受該企業關鍵管理人員關係密切的家庭成員控制、共同控制的其他企業之間的關係。例如，興華公司的財務總監 Y 的妻子是 B 公司的董事長，則興華公司和 B 公司存在關聯方關係。

（11）提供關鍵管理人員服務的主體與接受該服務的主體。提供關鍵管理人員服務的主體（以下簡稱服務提供方）向接受該服務的主體（以下簡稱服務接受方）提供關鍵管理人員服務的，服務提供方和服務接受方之間是否構成關聯關係應當具體分析判斷。

（二）不構成關聯方關係的情況

（1）與該企業發生日常往來的資金提供者、公用事業部門、政府部門和機構以及因與該企業發生大量交易而存在經濟依存關係的單個客戶、供應商、特許商、經銷商和代理商之間不構成關聯方關係。

（2）與該企業共同控制合營企業的合營者之間通常不構成關聯方關係。

（3）僅僅同受國家控制而不存在控制、共同控制或重大影響關係的企業，不構成關聯方關係。

（4）受同一方重大影響的企業之間不構成關聯方關係。

（三）關聯方交易的類型

存在關聯方關係的情況下，關聯方之間發生的交易為關聯方交易。關聯方的交易類型主要如下：

（1）購買或銷售商品。購買或銷售商品是關聯方交易較常見的交易事項。例如，企業集團成員企業之間互相購買或銷售商品，形成關聯方交易。

（2）購買或銷售除商品以外的其他資產。例如，母公司出售給其子公司的設備或建築物等。

（3）提供或接受勞務。例如，興華公司是 B 公司的聯營企業，興華公司專門從

事設備維修服務，B公司的所有設備都由興華公司負責維修，B公司每年支付設備維修費300萬元，該維修服務構成關聯方交易。

（4）擔保。擔保包括在借貸、買賣、貨物運輸、加工承攬等經濟活動中，為了保障債權實現而實行的擔保等。當存在關聯方關係時，一方往往為另一方提供取得借款、買賣等經濟活動中所需要的擔保。

（5）提供資金（貸款或股權投資）。例如，企業從其關聯方取得資金，或者權益性資金在關聯方之間的增減變動等。

（6）租賃。租賃通常包括經營租賃和融資租賃等，關聯方之間的租賃合同也是主要的交易事項。

（7）代理。代理主要是依據合同條款，一方可以為另一方代理某些事物，如代理銷售貨物或代理簽訂合同等。

（8）研究與開發項目的轉移。在存在關聯方關係時，有時某一企業所研究與開發的項目會由於一方的要求而放棄或轉移給其他企業。

（9）許可協議。當存在關聯方關係時，關聯方之間可能達成某項協議，允許一方使用另一方商標等，從而形成了關聯方交易。

（10）代表企業或由企業代表另一方進行債務結算。

（11）關鍵管理人員薪酬。企業支付給關鍵管理人員的報酬，也是一項主要的關聯方交易。

關聯方交易還包括就某特定事項在未來發生或不發生時做出的採取相應行為的任何承諾，如（已確認及未確認的）待執行合同。

（四）關聯方的披露

（1）企業無論是否發生關聯方交易，都應當在附註中披露與該企業之間存在直接控制關係的母公司和所有子公司有關的信息。母公司不是該企業最終控制方的，還應當披露企業集團內對該企業享有最終控制權的企業（或主體）的名稱。母公司和最終控制都不對外提供財務報表的，還應披露母公司之上與其最相近的對外提供財務報表的母公司名稱。

（2）企業與關聯方發生關聯方交易的，應當在附註中披露該關聯方關係的性質、交易類型以及交易要素。關聯方關係的性質是指關聯方與該企業的關係，即關聯方是該企業的子公司、合營企業、聯營企業等。交易類型通常包括購買或銷售商品、購買或銷售商品以外的其他資產、提供或接受勞務、擔保、提供資金（貸款或股權投資）、租賃、代理、研究與開發項目的轉移、許可協議、代表企業或由企業代表另一方進行債務結算、就某特定事項在未來發生或不發生時做出的採取相應行動的任何承諾，包括（已確認及未確認的）待執行合同等。交易要素至少應當包括交易金額；未結算項目的金額、條款和條件（包括承諾）以及有關提供或取得擔保的信息；未結算應收項目壞帳準備金額；定價政策。關聯方交易的金額應當披露相關比較數據。

（3）對外提供合併財務報表的，對已經包括在合併範圍內各企業之間的交易不予披露。合併財務報表是將集團作為一個整體來反應與其有關的財務信息，在合併財務報表中，企業集團作為一個整體看待，企業集團內的交易已不屬於交易，並且

已經在編製合併財務報表時予以抵銷。因此，《企業會計準則第36號——關聯方披露》規定，對外提供合併財務報表的，除了應按上述要求進行披露外，對已經包括在合併範圍內並已抵銷的各企業之間的交易不予披露。

【本章小結】

本章主要介紹了財務報告的基本內容，資產負債表、利潤表、現金流量表、所有者權益變動表，財務報表附註披露的相關知識。

【主要概念】

資產負債表；利潤表；現金流量表；所有者權益變動表；附註。

【簡答題】

1. 什麼是財務報告？其編製的目的和主要構成內容是什麼？
2. 財務報表提供的信息應達到的基本質量要求指的是什麼？
3. 什麼是資產負債表？其作用是什麼？
4. 什麼是利潤表？其作用是什麼？
5. 什麼是現金流量表？其作用是什麼？
6. 現金流量表中現金的含義是什麼？
7. 財務報告列報的基本要求是什麼？

第十五章
會計調整

【學習目標】

知識目標：理解並掌握會計政策、會計估計、差錯類型、資產負債表日後調整事項、資產負債表日後非調整事項等概念。

技能目標：能夠區分給出事項屬於會計政策變更還是會計估計變更以及區分給定事項屬於資產負債表日後調整事項還是資產負債表日後非調整事項。

能力目標：掌握會計政策變更追溯調整法的會計處理、會計估計變更的會計處理、前期差錯更正的會計處理、資產負債表日後調整事項的會計處理。

【知識點】

會計政策變更、會計估計變更、前期會計差錯、資產負債表日後調整事項、資產負債表日後非調整事項。

【篇頭案例】

2013年9月25日，晉億實業發布了關於公司會計估計變更的專項審計說明公告。公告稱：公司對目前的應收款項壞帳準備計提會計估計進行變更。關於會計變更的原因，晉億實業「委婉」地解釋，主要是隨著高鐵建設項目的不斷增加，公司鐵道扣件產品質保金、鐵道扣件產品貨款、一般緊固件產品貨款採用同一的帳齡分析法計提壞帳準備不能反應應收款項減值的真實狀況。此次會計政策變更有望給公司的三季報業績「增肥」。晉億實業表示：預計將增加公司淨利潤約3,100萬元。

無獨有偶，2013年9月25日，利德曼公司發布公告，決定對固定資產——房屋及建築物的折舊年限進行變更。變更前，公司房屋與建築物折舊年限為20年，年折舊率為5%。變更後，年折舊率分別為3.33%~4%和4%~5%。經公司財務部門初步核算，2013年固定資產折舊費用預計減少約196.43萬元，淨利潤預計增加約166.97萬元。

第一節　會計政策及其變更

一、會計政策的概念

會計政策是指企業在會計確認、計量和報告中採用的原則、基礎和會計處理方法。原則是指企業按照企業會計準則的規定，所採用的適合企業會計核算的特定會計原則；基礎是指為了將會計原則應用於交易或事項而採取的會計基礎；會計處理方法是指企業在會計核算中從諸多可選擇的會計處理方法中選擇的、適合本企業的具體會計處理方法。

企業會計政策的選擇和運用具有如下特點：

（一）企業應在國家統一的會計準則制度規定的會計政策範圍內選擇適用的會計政策

會計政策是在允許的會計原則、計量基礎和會計處理方法中做出指定或具體選擇。由於企業經濟業務的複雜性和多樣化，某些經濟業務在符合會計原則和計量基礎的要求下，可以有多種會計處理方法，即存在不止一種可供選擇的會計政策。例如，確定發出存貨的實際成本時可以在先進先出法、加權平均法或個別計價法中進行選擇。

同時，中國的企業會計準則和會計制度屬於行政法規，會計政策包括的具體會計原則、計量基礎和具體會計處理方法由企業會計準則或會計制度規定，具有一定的強制性。企業必須在法規允許的範圍內選擇適合本企業實際情況的會計政策。企業在發生某項經濟業務時，必須從允許的會計原則、計量基礎和會計處理方法中選擇適合本企業特點的會計政策。

（二）會計政策涉及會計原則、會計基礎和具體會計處理方法

會計原則包括一般原則和特定原則。會計政策所指的會計原則是指某一類會計業務的核算所應遵循的特定原則，而不是籠統地指所有的會計原則。例如，借款費用是費用化還是資本化就屬於特定會計原則。可靠性、相關性、實質重於形式等屬於會計信息質量要求，是為了滿足會計信息質量要求而制定的原則，是統一的、不可選擇的，不屬於特定原則。

會計基礎包括會計確認基礎和會計計量基礎。可供選擇的會計確認基礎包括權責發生制和收付實現制。會計計量基礎主要包括歷史成本、重置成本、可變現淨值、現值和公允價值等。中國企業應當採用權責發生製作為會計確認基礎，不具備選擇性，因此會計政策所指的會計基礎主要是會計計量基礎（計量屬性）。

具體會計處理方法是指企業根據國家統一的企業會計準則和會計制度的要求，對某一類會計業務的具體處理方法做出的具體選擇。例如，《企業會計準則第1號——存貨》允許企業在先進先出法、加權平均法和個別計價法之間對發出存貨實際成本的確定方法做出選擇，這些方法就是具體會計處理方法。

會計原則、會計基礎和具體會計處理方法三者之間是一個具有邏輯性的、密不

可分的整體，通過這個整體，會計政策才能得以應用和落實。

(三) 會計政策應當保持前後各期的一致性

企業通常應在每期採用相同的會計政策。企業選用的會計政策一般情況下不能也不應當隨意變更，以保持會計信息的可比性。

企業在會計核算中採用的會計政策，通常應在報表附註中加以披露。需要披露的會計政策項目主要有以下幾項：

(1) 財務報表的編製基礎、計量基礎和會計政策的確定依據等。

(2) 存貨的計價，即企業存貨的計價方法。例如，企業發出存貨成本的計量是採用先進先出法，還是採用其他計量方法。

(3) 固定資產的初始計量，即對取得的固定資產初始成本的計量。例如，企業取得的固定資產初始成本是以購買價款為基礎進行計量，還是以購買價款的現值為基礎進行計量。

(4) 無形資產的確認，即對無形項目的支出是否確認為無形資產。例如，企業內部研究開發項目開發階段的支出是確認為無形資產，還是在發生時計入當期損益。

(5) 投資性房地產的後續計量，即企業在資產負債表日對投資性房地產進行後續計量所採用的會計處理。例如，企業對投資性房地產的後續計量是採用成本模式，還是公允價值模式。

(6) 長期股權投資的核算，即長期股權投資的具體會計處理方法。例如，企業對被投資單位的長期股權投資是採用成本法，還是採用權益法核算。

(7) 非貨幣性資產交換的計量，即非貨幣性資產交換事項中對換入資產成本的計量。例如，非貨幣性資產交換是以換出資產的公允價值作為確定換入資產成本的基礎，還是以換出資產的帳面價值作為確定換入資產成本的基礎。

(8) 收入的確認，即收入確認採用的會計方法。

(9) 借款費用的處理，即借款費用的處理方法，如採用資本化處理方法還是採用費用化處理方法。

(10) 外幣折算，即外幣折算所採用的方法以及匯兌損益的處理。

(11) 合併政策，即編製合併財務報表所採用的原則。例如，母公司與子公司的會計年度不一致的處理原則、合併範圍的確定原則，等等。

二、會計政策變更及其條件

(一) 會計政策變更的概念

會計政策變更是指企業對相同的交易或事項由原來採用的會計政策改為另一會計政策的行為。一般情況下，為保證會計信息的可比性，使財務報告使用者在比較企業一個以上期間的財務報表時，能夠正確判斷企業的財務狀況、經營成果和現金流量的趨勢，企業在不同的會計期間應採用相同的會計政策，不應也不能隨意變更會計政策；否則，勢必削弱會計信息的可比性，使財務報告使用者在比較企業的經營成果時發生困難。

需要注意的是，企業不能隨意變更會計政策並不意味著企業的會計政策在任何情況下都不能變更。

(二) 會計政策變更的條件

會計政策變更並不意味著以前期間的會計政策是錯誤的，只是由於情況發生了變化，或者掌握了新的信息、累積了更多的經驗，使得變更會計政策能夠更好地反應企業的財務狀況、經營成果和現金流量。如果以前期間會計政策的選擇和運用是錯誤的，則屬於前期差錯，應按前期差錯更正的會計處理方法進行處理。符合下列條件之一的，企業可以變更會計政策：

1. 法律、行政法規或國家統一的會計制度等要求變更

這種情況是指依照法律、行政法規以及國家統一的會計準則和會計制度的規定，企業採用新的會計政策。在這種情況下，企業應按規定改變原會計政策，採用新的會計政策。例如，《企業會計準則第 16 號——政府補助》發布實施以後，對政府補助的確認、計量和相關信息的披露應採用新的會計政策；又如，實施《企業會計準則第 6 號——無形資產》的企業，對使用壽命不確定的無形資產應按照新的規定不予攤銷。

2. 會計政策的變更能夠提供更可靠、更相關的會計信息

這種情況是指由於經濟環境、客觀情況的改變，企業原來採用的會計政策所提供的會計信息已不能恰當地反應企業的財務狀況、經營成果和現金流量等情況。在這種情況下，企業應改變原有會計政策，按照新的會計政策進行核算，以對外提供更可靠、更相關的會計信息。

需要注意的是，除法律、行政法規或國家統一的會計準則和會計制度等要求變更會計政策應當按照規定執行和披露外，企業因滿足上述條件變更會計政策時，必須有充分、合理的證據表明其變更的合理性，並說明變更會計政策後，能夠提供關於企業財務狀況、經營成果和現金流量等更可靠、更相關會計信息的理由。企業對會計政策的變更，應經股東大會或董事會等類似機構批准。企業如果沒有充分、合理的證據表明會計政策變更的合理性或未經股東大會等類似機構批准擅自變更會計政策的，或者連續、反覆地自行變更會計政策的，視為濫用會計政策，按照前期差錯更正的方法進行處理。

(三) 不屬於會計政策變更的情形

對會計政策變更的認定，直接影響到會計處理方法的選擇。在會計實務中，企業應當分清哪些屬於會計政策變更、哪些不屬於會計政策變更。下列情況不屬於會計政策變更：

1. 本期發生的交易或事項與以前相比具有本質差別而採用新的會計政策

例如，某企業以往租入的設備均為臨時需要而租入的，企業按經營租賃進行會計處理，但自本年度開始租入的設備都採用融資租賃方式，則該企業自本年度起對新租賃的設備採用融資租賃會計處理方法核算。該企業原租入的設備均為經營租賃，本年度起租賃的設備均改為融資租賃。由於經營租賃和融資租賃存在本質差別，因此改變會計政策不屬於會計政策變更。

2. 對初次發生的或不重要的交易或事項採用新的會計政策

例如，某企業第一次簽訂一項建造合同，為另一企業建造三棟廠房，該企業對該項建造合同採用完工百分比法確認收入。該企業初次發生該項交易，採用完工百分比法確認該項交易的收入，不屬於會計政策變更。

三、會計政策變更的會計處理

(一) 會計政策變更的會計處理的原則

(1) 企業依據法律、行政法規或國家統一的會計制度等的要求變更會計政策的，應當按照國家相關規定執行。

(2) 會計政策變更能夠提供更可靠、更相關的會計信息的，應當採用追溯調整法處理，將會計政策變更累積影響數調整列報前期最早期初留存收益，其他相關項目的期初餘額和列報前期披露的其他比較數據也應當一併調整。

(3) 確定會計政策變更對列報前期影響數不切實可行的，應當從可追溯調整的最早期間期初開始應用變更後的會計政策。

(4) 在當期期初確定會計政策變更對以前各期累計影響數不切實可行的，應當採用未來適用法處理。例如，企業因帳簿資料保存期限滿而銷毀，可能使當期期初確定會計政策變更對以前各期累積影響數無法計算，即不切實可行。在這種情況下，會計政策變更採用未來適用法進行會計處理。

(二) 追溯調整法

追溯調整法是指對某項交易或事項變更會計政策，視同該項交易或事項初次發生時即採用變更後的會計政策，並以此對財務報表相關項目進行調整的方法。

追溯調整法的運用通常由以下幾個步驟構成：

第一步，計算會計政策變更的累積影響數。

會計政策變更累積影響數是指按照變更後的會計政策對以前各期追溯計算的列報前期最早期初留存收益應有金額與現有金額之間的差額。會計政策變更的累積影響數是假設與會計政策變更相關的交易或事項在初次發生時即採用新的會計政策，而得出的列報前期最早期初留存收益應有金額與現有金額之間的差額。這裡的留存收益包括當年和以前年度的未分配利潤以及按照相關法律規定提取並累積的盈餘公積。會計政策變更的累積影響數是對變更會計政策導致的對淨利潤的累積影響以及由此導致的對利潤分配及未分配利潤的累積影響金額，不包括分配的利潤或股利。

上述變更會計政策當期期初現有的留存收益金額，即上期資產負債表所反應的留存收益期末數，可以從上期資產負債表項目中獲得。追溯調整後的留存收益金額指扣除所得稅後的淨額，即按新的會計政策計算確定留存收益時，應當考慮由於損益變化導致的所得稅影響的情況。

會計政策變更的累積影響數，通常可以通過以下程序計算獲得：

① 根據新的會計政策重新計算受影響的前期交易或事項。
② 計算兩種會計政策下的差異。
③ 計算差異的所得稅影響金額。
④ 確定前期中每一期的稅後差異。
⑤ 計算會計政策變更的累積影響數。

第二步，做出相關帳務處理。

第三步，調整財務報表相關項目。

第四步，財務報表附註說明。

採用追溯調整法時，會計政策變更的累積影響數應包括變更當期期初留存收益。但是，如果提供可比財務報表，對比較財務報表期間的會計政策變更，企業應調整各期間淨利潤項目和財務報表其他相關項目，視同該政策在比較財務報表期間一直採用。對比較財務報表可比期間以前的會計政策變更的累積影響數，企業應調整比較財務報表最早期間的期初留存收益，財務報表其他相關項目的數字也應一併調整。

【例15-1】甲股份有限公司（以下簡稱甲公司）是一家海洋石油開採公司，於2×11年開始建造一座海上石油開採平臺，根據法律法規的規定，該開採平臺在使用期滿後要拆除，需要對其造成的環境污染進行整治。2×12年12月15日，該開採平臺建造完成並交付使用，建造成本共120,000,000元，預計使用壽命10年，採用平均年限法計提折舊。2×18年1月1日，甲公司開始執行企業會計準則，企業會計準則對具有棄置義務的固定資產，要求將相關棄置費用計入固定資產成本，對之前尚未計入資產成本的棄置費用，應當進行追溯調整。已知甲公司保存的會計資料比較齊備，可以通過會計資料追溯計算。甲公司預計該開採平臺的棄置費用為10,000,000元。假定折現率（實際利率）為10%。不考慮企業所得稅和其他稅法因素影響。甲公司按淨利潤的10%提取法定盈餘公積。

根據上述資料，甲公司的會計處理如下：

（1）計算確認棄置義務後的累積影響數（見表15-1）。

2×13年1月1日，該開採平臺計入資產成本棄置費用的現值 = 10,000,000 × (P/F, 10%, 10) = 10,000,000 × 0.385,5 = 3,855,000（元）；每年應計提折舊 = 3,855,000 ÷ 10 = 385,500（元）。

表15-1　累積影響數

年份	計息金額（元）	實際利率（%）	利息費用（元）①	折舊（元）②	稅前差異（元）-（①+②）	稅後差異（元）
2×13	3,855,000	10%	385,500	385,500	-771,000	-771,000
2×14	4,240,500	10%	424,050	385,500	-809,550	-809,550
2×15	4,664,550	10%	466,455	385,500	-851,955	-851,955
2×16	5,131,005	10%	513,100.50	385,500	-898,600.50	-898,600.50
小計	——	——	1,789,105.50	1,542,000	-3,331,105.50	-3,331,105.50
2×17	5,644,105.50	10%	564,410.55	385,500	-949,910.55	-949,910.55
合計	——	——	2,353,516.05	1,927,500	-4,281,016.05	-4,281,016.05

甲公司確認該開採平臺棄置費用後的稅後淨影響額為-4,281,016.05元，即為甲公司確認該開採平臺棄置費用後的累積影響數。

（2）會計處理。

① 調整確認的棄置費用。

借：固定資產——開採平臺——棄置義務　　　　　　　3,855,000
　　貸：預計負債——開採平臺棄置義務　　　　　　　　　　3,855,000

② 調整會計政策變更累積影響數。
借：利潤分配——未分配利潤　　　　　　　　　　　4,281,016.05
　　貸：累計折舊　　　　　　　　　　　　　　　　　　1,927,500
　　　　預計負債——開採平臺棄置義務　　　　　　　2,353,516.05
③ 調整利潤分配。
借：盈餘公積——法定盈餘公積（4,281,016.05×10%）　428,101.61
　　貸：利潤分配——未分配利潤　　　　　　　　　　　428,101.61
（3）報表調整。

甲公司在編製 2×18 年度的財務報表時，應調整資產負債表的年初數（見表 15-2），利潤表、所有者權益變動表的上年（期）數（見表 15-3、表 15-4）也應做相應調整。2×18 年 12 月 31 日資產負債表的期末數欄、所有者權益變動表的未分配利潤項目上年數欄應以調整後的數字為基礎編製。

表 15-2　資產負債表（簡表）

編製單位：甲公司　　　　　2×18 年 12 月 31 日　　　　　　會企 01 表　單位：元

資產	年初餘額		負債和股東權益	年初餘額	
	調整前	調整後		調整前	調整後
……			……		
固定資產			預計負債	0	6,208,516.05
開採平臺	60,000,000	61,927,500	……		
			盈餘公積	1,700,000	1,271,898.39
			未分配利潤	4,000,000	147,085.56
……			……		

在利潤表中，根據帳簿的記錄，甲公司重新確認了 2×17 年度營業成本和財務費用分別調增 385,500 元和 564,410.55 元，其結果為淨利潤調減 949,910.55 元。

表 15-3　利潤表（簡表）

編製單位：甲公司　　　　　2×18 年度　　　　　　會企 02 表　單位：元

項目	上期金額	
	調整前	調整後
一、營業收入	18,000,000	18,000,000
減：營業成本	13,000,000	13,385,500
……		
財務費用	260,000	824,410.55

表15-3(續)

項目	上期金額	
	調整前	調整後
……		
二、營業利潤	3,900,000	2,950,089.45
……		
四、淨利潤	4,060,000	3,110,089.45
……		

表 15-4　所有者權益變動表（簡表）

會企04表

編製單位：甲公司　　　　　　　2×18 年度　　　　　　　單位：元

項目	本年金額			
……	……	盈餘公積	未分配利潤	……
一、上年年末餘額		1,700,000	4,000,000	
加：會計政策變更		-428,101.61	-3,852,914.44	
前期差錯更正				
二、本年年初餘額		1,271,898.39	147,085.56	
……				

（4）附註說明。

2×18 年 1 月 1 日，甲公司按照企業會計準則的規定，對 2×12 年 12 月 15 日建造完成並交付使用的開採平臺的棄置義務進行確認。此項會計政策變更採用追溯調整法，2×17 年的比較報表已重新表述。2×17 年運用新的方法追溯計算的會計政策變更累積影響數為-4,281,016.05 元。會計政策變更對 2×17 年度報告的損益的影響為減少淨利潤 949,910.55 元，調減 2×18 年的期末留存收益 4,281,016.05 元，其中調減盈餘公積 428,101.61 元，調減未分配利潤 3,852,914.44 元。

確定會計政策變更對列報前期影響數不切實可行的，企業應當從可追溯調整的最早期間期初開始應用變更後的會計政策。在當期期初確定會計政策變更對以前各期累積影響數不切實可行的，企業應當採用未來適用法處理。

（1）不切實可行的判斷。不切實可行是指企業在做出所有合理努力後仍然無法採用某項規定。企業在採取所有合理的方法後，仍然不能獲得採用某項規定所必需的相關信息，而導致無法採用該項規定，則該項規定在此時是不切實可行的。

對以下特定情況，企業對某項會計政策變更應用追溯調整法或進行追溯重述以更正一項前期差錯是不切實可行的：

① 應用追溯調整法或追溯重述法的累積影響數不能確定。

② 應用追溯調整法或追溯重述法要求對管理層在該期當時的意圖做出假定。

③應用追溯調整法或追溯重述法要求對有關金額進行重新估計，並且不可能將提供有關交易發生時存在狀況的證據（例如，有關金額確認、計量或披露日期存在事實的證據以及在受變更影響的當期和未來期間確認會計估計變更的影響的證據）和該期間財務報告批准報出時能夠取得的信息這兩類信息與其他信息客觀地加以區分。

在某些情況下，調整一個或多個前期比較信息以獲得與當期會計信息的可比性是不切實可行的。例如，企業因帳簿、憑證超過法定保存期限而銷毀，或者因不可抗力而毀壞、遺失，如火災、水災等，或者因人為因素，如盜竊、故意毀壞等，可能使當期期初確定會計政策變更對以前各期累積影響數無法計算，即不切實可行。此時，會計政策變更應當採用未來適用法進行處理。

（2）未來適用法。未來適用法是指將變更後的會計政策應用於變更日及以後發生的交易或事項，或者在會計估計變更當期和未來期間確認會計估計變更影響數的方法。

在未來適用法下，企業不需要計算會計政策變更產生的累積影響數，也無須重新編製以前年度的財務報表。企業對會計帳簿記錄及財務報表上反應的金額，在變更之日仍保留原有的金額，不因會計政策變更而改變以前年度的既定結果，而是在現有金額的基礎上再按新的會計政策進行核算。

第二節　會計估計及其變更

一、會計估計與會計估計變更的概念

（一）會計估計的概念

會計估計是指企業對其結果不確定的交易或事項以最近可利用的信息為基礎所作的判斷。會計估計具有以下特點：

1. 會計估計的存在是由於經濟活動中內在的不確定因素的影響

企業總是力求保持會計核算的準確性，但有些交易或事項本身具有不確定性，因此企業需要根據經驗做出估計；同時，由於採用權責發生制為基礎編製財務報表，也使得企業有必要充分估計未來交易或事項的影響。可以說，在會計核算和信息披露過程中，會計估計是不可避免的，會計估計的存在是由於經濟活動中內在的不確定性因素的影響造成的。例如，企業對固定資產折舊，需要根據固定資產的消耗方式、性能、技術發展等情況進行估計。

2. 會計估計應當以最近可利用的信息或資料為基礎

由於經營活動內在的不確定性，企業在會計核算中，不得不經常進行估計。某些估計主要用於確定資產或負債的帳面價值。例如，法律訴訟可能引起的賠償等。還有一些估計主要用於確定將在某一期間記錄的收入或費用的金額。例如，某一期間的折舊費用或攤銷費用的金額、在某一期間內採用完工百分比法核算建造合同已實現收入的金額，等等。企業在進行會計估計時，通常應根據當時的情況和經驗，

以最近可利用的信息或資料為基礎。但是，隨著時間的推移、環境的變化，進行會計估計的基礎可能會發生變化，因此進行會計估計依據的信息或資料不得不進行更新。最新的信息是最接近目標的信息，以其為基礎所做的估計最接近實際，因此進行會計估計時應以最近可利用的信息或資料為基礎。

3. 進行會計估計並不會削弱會計核算的可靠性

進行合理的會計估計是會計核算中必不可少的部分，它不會削弱會計核算的可靠性。企業為了定期、及時地提供有用的會計信息，將延續不斷的經營活動人為地劃分為一定的期間，並在權責發生制的基礎上對企業的財務狀況和經營成果進行定期確認和計量。例如，在會計分期的情況下，許多企業的交易跨越若干個會計年度，以至於需要在一定程度上做出決定：哪些支出可以在利潤表中作為當期費用處理，哪些支出符合資產的定義應當遞延至以後各期等。由於存在會計分期和貨幣計量的假設，企業在確認和計量的過程中，不得不對許多尚在延續中、其結果不確定的交易或事項予以估計入帳。但是，估計是建立在具有確鑿證據的前提下的，而不是隨意的。例如，企業估計固定資產預計使用壽命，應當考慮該項固定資產的技術性能、歷史資料、同行業同類固定資產的預計使用年限、本企業經營性質等諸多因素，並掌握確鑿證據後確定。企業根據當時掌握的可靠證據做出的最佳估計，不會削弱會計核算的可靠性。

下列各項屬於常見的需要進行估計的項目：

(1) 存貨可變現淨值的確定。
(2) 採用公允價值模式下的投資性房地產公允價值的確定。
(3) 固定資產的預計使用壽命與淨殘值、固定資產的折舊方法。
(4) 使用壽命有限的無形資產的預計使用壽命與淨殘值。
(5) 可收回金額按照資產組的公允價值減去處置費用後的淨額確定的，確定公允價值減去處置費用後的淨額的方法；可收回金額按照資產組預計未來現金流量的現值確定的，預計未來現金流量的確定。
(6) 建造合同或勞務合同完工進度的確定。
(7) 公允價值的確定。
(8) 預計負債初始計量的最佳估計數的確定。
(9) 承租人對未確認融資費用的分攤，出租人對未實現融資收益的分配。

(二) 會計估計變更的概念

由於企業經營活動中內在不確定因素的影響，某些財務報表項目不能精確地計量，而只能加以估計。如果賴以進行估計的基礎發生了變化，或者由於取得新的信息、累積更多的經驗以及後來的發展變化，企業可能需要對會計估計進行修正。

會計估計變更是指由於資產和負債的當前狀況及預期經濟利益和義務發生了變化，企業對資產或負債的帳面價值，或者資產的定期消耗金額進行調整。

通常情況下，企業可能由於以下原因而發生會計估計變更：

1. 賴以進行估計的基礎發生了變化

企業進行會計估計，總是要依賴於一定的基礎，如果其依賴的基礎發生了變化，則會計估計也應相應做出改變。例如，企業某項無形資產的攤銷年限原定為 15 年，

以後獲得了國家專利保護，該資產的受益年限已變為 10 年，則應相應調減攤銷年限。

2. 取得了新的信息，累積了更多的經驗

企業進行會計估計是以現有資料對未來所做的判斷，隨著時間的推移，企業有可能取得新的信息、累積更多的經驗。在這種情況下，企業也需要對會計估計進行修訂。例如，企業原來對固定資產採用年限平均法按 15 年計提折舊，後來根據新得到的信息——使用 5 年後對該固定資產所能生產的產品產量有了比較準確的證據，企業改按工作量法計提固定資產折舊。

二、會計估計變更的會計處理

會計估計變更應採用未來適用法處理，即在會計估計變更當期及以後期間，採用新的會計估計，不改變以前期間的會計估計，也不調整以前期間的報告結果。具體會計處理如下：

（1）如果會計估計的變更僅影響變更當期，有關會計估計變更的影回應於當期確認。

（2）如果會計估計的變更既影響變更當期又影響未來期間，有關會計估計變更的影響在當期及以後各期確認。例如，固定資產的使用壽命或預計淨殘值的估計發生的變更，常常影響變更當期及資產以後使用年限內各個期間的折舊費用，因此這類會計估計的變更應於變更當期及以後各期確認。

會計估計變更的影響數應計入變更當期與前期相同的項目中。

【例 15-2】乙公司於 2×13 年 1 月 1 日起對某管理用設備計提折舊，原價為 84,000 元，預計使用壽命為 8 年，預計淨殘值為 4,000 元，按年限平均法計提折舊。2×17 年年初，由於新技術發展等原因，乙公司需要對原估計的使用壽命和淨殘值做出修正，修改後該設備預計尚可使用年限為 2 年，預計淨殘值為 2,000 元。乙公司適用的企業所得稅稅率為 25％。

乙公司對該項會計估計變更的會計處理如下：

① 不調整以前各期折舊，也不計算累計影響數。

② 變更日以後改按新的估計計提折舊。

按原估計，每年折舊額為 10,000 元，已提折舊 4 年，共計 40,000 元，該項固定資產帳面價值為 44,000 元，則第 5 年相關科目的期初餘額如下：

固定資產	84,000
減：累計折舊	40,000
固定資產帳面價值	44,000

改變預計使用年限後，乙公司從 2×17 年起每年計提的折舊費用為 21,000 元 [（44,000-2,000）÷2]。2×17 年，乙公司不必對以前年度已提折舊進行調整，只需按重新預計的尚可使用年限和淨殘值計算確定折舊費用。乙公司帳務處理如下：

借：管理費用　　　　　　　　　　　　　　　21,000
　　貸：累計折舊　　　　　　　　　　　　　　　21,000

③ 財務報表附註說明。乙公司一臺管理用設備成本為 84,000 元，原預計使用

壽命為 8 年，預計淨殘值為 4,000 元，按年限平均法計提折舊。由於新技術發展，該設備已不能按原預計使用壽命計提折舊，乙公司於 2×11 年年初將該設備的預計尚可使用壽命變更為 2 年，預計淨殘值變更為 2,000 元，以反應該設備在目前狀況下的預計尚可使用壽命和淨殘值。此估計變更將減少本年度淨利潤 8,250 元〔（21,000-10,000）×（1-25%）〕。

（3）企業難以對某項變更區分為會計政策變更或會計估計變更的，應當將其作為會計估計變更處理。

第三節　前期差錯更正

一、前期差錯的概念

前期差錯是指由於沒有運用或錯誤運用下列兩種信息，而對前期財務報表造成省略或錯報：

（1）編報前期財務報表時預期能夠取得並加以考慮的可靠信息。
（2）前期財務報告批准報出時能夠取得的可靠信息。

前期差錯通常包括以下方面：

第一，計算錯誤。例如，企業本期應計提折舊 50,000,000 元，但由於計算出現差錯，得出錯誤數據為 45,000,000 元。

第二，應用會計政策錯誤。例如，按照《企業會計準則第 17 號——借款費用》的規定，為購建固定資產而發生的借款費用，在固定資產達到預定可使用狀態前發生的、滿足一定條件時應予以資本化，計入所購建固定資產的成本；在固定資產達到預定可使用狀態後發生的，計入當期損益。如果企業固定資產達到預定可使用狀態後發生的借款費用，也計入該項固定資產成本，予以資本化，則屬於採用法律、行政法規或國家統一的會計準則和會計制度等不允許的會計政策。

第三，疏忽或曲解事實以及舞弊產生的影響。例如，企業銷售一批商品，商品已經發出，開出增值稅專用發票，商品銷售收入確認條件已經滿足，但企業在期末未將已實現的銷售收入入帳。

二、前期差錯更正的會計處理

前期差錯按照重要程度分為重要的前期差錯和不重要的前期差錯。重要的前期差錯是指足以影響財務報表使用者對企業財務狀況、經營成果和現金流量做出正確判斷的前期差錯。不重要的前期差錯是指不足以影響財務報表使用者對企業財務狀況、經營成果和現金流量做出判斷的前期差錯。

（一）不重要的前期差錯的會計處理

對於不重要的前期差錯，企業無需調整財務報表相關項目的期初數，但應調整發現當期與前期相同的相關項目。屬於影響損益的，企業應當直接計入本期與上期相同的淨損益項目。

(二) 重要的前期差錯的會計處理

對於重要的前期差錯，如果能夠合理確定前期差錯累積影響數，則重要的前期差錯的更正應當採用追溯重述法。追溯重述法是指在發現前期差錯時，視同該項前期差錯從未發生過，從而對財務報表相關項目進行調整的方法。前期差錯累積影響數是指前期差錯發生後對差錯期間每期淨利潤的影響數之和。

如果確定前期差錯累積影響數不切實可行，企業可以從可追溯重述的最早期間開始調整留存收益的期初餘額，財務報表其他相關項目的期初餘額也應當一併調整，也可以採用未來適用法。

重要的前期差錯的調整結束後，企業還應調整發現年度財務報表的年初數和上年數。在編製比較財務報表時，對比較財務報表期間的重要的前期差錯，企業應調整該期間的淨損益和其他相關項目；對比較財務報表期間以前的重要的前期差錯，企業應調整比較財務報表最早期間的期初留存收益，財務報表其他相關項目的數字也應一併調整。

【例15-3】2×19年12月31日，甲公司發現2×18年漏記一項管理用固定資產的折舊費用300,000元，所得稅申報表中也未扣除該項費用。假定2×18年甲公司適用的所得稅稅率為25%，無其他納稅調整事項。甲公司按淨利潤的10%和5%分別提取法定盈餘公積和任意盈餘公積。假定稅法允許調整應納所得稅。

(1) 分析前期差錯的影響數。2×18年，甲公司少計折舊費用300,000元，多計所得稅費用75,000元（300,000×25%），多計淨利潤225,000元，多計應交稅費75,000元（300,000×25%），多提取法定盈餘公積和任意盈餘公積分別為22,500元（225,000×10%）和11,250元（225,000×5%）。

(2) 編製有關項目的調整分錄如下：

① 補提折舊。

借：以前年度損益調整——管理費用　　　　　　　　300,000
　　貸：累計折舊　　　　　　　　　　　　　　　　　　　300,000

② 調整應納所得稅。

借：應交稅費——應交所得稅　　　　　　　　　　　75,000
　　貸：以前年度損益調整——所得稅費用　　　　　　　75,000

③ 將「以前年度損益調整」科目餘額轉入未分配利潤。

借：利潤分配——未分配利潤　　　　　　　　　　　225,000
　　貸：以前年度損益調整——本年利潤　　　　　　　　225,000

④ 因淨利潤減少，調減盈餘公積。

借：盈餘公積——法定盈餘公積　　　　　　　　　　22,500
　　　　　　——任意盈餘公積　　　　　　　　　　11,250
　　貸：利潤分配——未分配利潤　　　　　　　　　　　33,750

(3) 財務報表調整和重述（財務報表略）。甲公司在列報2×19年度財務報表時，應調整2×18年度財務報表的相關項目。

① 資產負債表項目的調整：調減固定資產300,000元，調減應交稅費75,000元，調減盈餘公積33,750元，調減未分配利潤191,250元。

② 利潤表項目的調整：調增管理費用300,000元，調減所得稅費用75,000元，

調減淨利潤 225,000 元（需要對每股收益進行披露的企業應當同時調整基本每股收益和稀釋每股收益）。

③ 所有者權益變動表項目的調整：調減前期差錯更正項目中盈餘公積上年金額 33,750 元，未分配利潤上年金額 191,250 元，所有者權益合計上年金額 225,000 元。

④ 財務報表附註說明：本年度發現 2×18 年漏記固定資產折舊 300,000 元，在編製 2×19 年和 2×18 年比較財務報表時，已對該項差錯進行了更正。更正後，調減 2×18 年淨利潤 225,000 元，調增累計折舊 300,000 元。

第四節　資產負債表日後事項

一、資產負債表日後事項的概念及涵蓋期間

（一）資產負債表日後事項的概念

資產負債表日後事項是指資產負債表日至財務報告批准報出日之間發生的有利或不利事項。

1. 資產負債表日

資產負債表日是指會計年度末和會計中期期末。中期是指短於一個完整的會計年度的報告期間，包括半年度、季度和月度等。按照《中華人民共和國會計法》的規定，中國會計年度採用公曆年度，即 1 月 1 日至 12 月 31 日。因此，年度資產負債表日是指每年的 12 月 31 日，中期資產負債表日是指各會計中期期末。

2. 財務報告批准報出日

財務報告批准報出日是指董事會或類似機構批准財務報告報出的日期，通常是指對財務報告的內容負有法律責任的單位或個人批准財務報告對外公布的日期。

根據《中華人民共和國公司法》的規定，公司制企業的董事會有權批准對外公布財務報告，因此公司制企業的財務報告批准報出日是指董事會批准財務報告報出的日期，而不是股東大會審議批准的日期，也不是註冊會計師出具審計報告的日期。對於非公司制企業，財務報告批准報出日是指經理（廠長）會議或類似機構批准財務報告報出的日期。

3. 資產負債表日後事項包括有利事項和不利事項

資產負債表日後事項包括有利事項和不利事項，即對資產負債表日後有利事項和不利事項的處理原則相同。資產負債表日後事項，如果屬於調整事項，對有利的調整事項和不利的調整事項都應進行處理，並調整報告年度或報告中期的財務報表；如果屬於非調整事項，對有利的非調整事項和不利的非調整事項都應在報告年度或報告中期的附註中進行披露。

4. 資產負債表日後事項不是在這個特定期間內發生的全部事項

資產負債表日後事項不是在這個特定期間內發生的全部事項，而是與資產負債表日存在狀況有關的事項，或者雖然與資產負債表日存在狀況無關，但對企業財務狀況具有重大影響的事項。

（二）資產負債表日後事項涵蓋的期間

資產負債表日後事項涵蓋的期間是自資產負債表日後至財務報告批准報出日止的一段時間。具體而言，資產負債表日後事項涵蓋的期間包括：

（1）報告年度次年的 1 月 1 日或報告期間下一期的第一天至董事會或類似機構批准財務報告對外公布的日期，即以董事會或類似權力機構批准財務報告對外公布的日期為截止日期。

（2）董事會或類似機構批准財務報告對外公布的日期，與實際對外公布日之間發生的與資產負債表日後事項有關的事項，由此影響財務報告對外公布日期的，應以董事會或類似機構再次批准財務報告對外公布的日期為截止日期。

如果企業管理層由此修改了財務報表，註冊會計師應當根據具體情況實施必要的審計程序，並針對修改後的財務報表重新出具審計報告。新的審計報告日期不應早於董事會或類似機構批准修改後的財務報表對外公布的日期。

【例15-4】甲上市公司 2×18 年的年度財務報告於 2×19 年 3 月 20 日編製完成，註冊會計師完成年度財務報表審計工作並簽署審計報告的日期為 2×19 年 4 月 15 日，董事會批准財務報告對外公布的日期為 2×19 年 4 月 17 日，財務報告實際對外公布的日期為 2×19 年 4 月 21 日，股東大會召開日期為 2×19 年 5 月 12 日。

根據資產負債表日後事項涵蓋期間的規定。甲上市公司 2×18 年度財務報告資產負債表日後事項涵蓋的期間為 2×19 年 1 月 1 日至 4 月 17 日（財務報告批准報出日）。如果在 2×19 年 4 月 17 日至 21 日發生了重大事項，甲上市公司需要調整財務報表相關項目的數字或需要在財務報表附註中披露。假設經調整或說明後的財務報告再經董事會批准報出的日期為 2×19 年 4 月 26 日，實際報出的日期為 2×19 年 4 月 29 日，則資產負債表日後事項涵蓋的期間為 2×19 年 1 月 1 日至 4 月 26 日。

二、資產負債表日後事項的內容

資產負債表日後事項包括資產負債表日後調整事項（以下簡稱調整事項）和資產負債表日後非調整事項（以下簡稱非調整事項）。

（一）調整事項

資產負債表日後調整事項是指對資產負債表日已經存在的情況提供了新的或進一步證據的事項。

如果資產負債表日及所屬會計期間已經存在某種情況，但當時並不知道其存在或不能知道確切結果，資產負債表日後發生的事項能夠證實該情況的存在或確切結果，則該事項屬於資產負債表日後調整事項。資產負債表日後事項對資產負債表日的情況提供了進一步的證據，證據表明的情況與原來的估計和判斷不完全一致，則需要對原來的會計處理進行調整。

調整事項的特點如下：

（1）在資產負債表日已經存在，資產負債表日後得以證實的事項。
（2）對資產負債表日存在狀況編製的財務報表產生重大影響的事項。

企業發生的資產負債表日後調整事項，通常包括下列各項：

（1）資產負債表日後訴訟案件結案，法院判決證實了企業在資產負債表日已經

存在現時義務，需要調整原先確認的與訴訟案件相關的預計負債，或者確認一項新負債。

（2）資產負債表日後取得確鑿證據，表明某項資產在資產負債表日發生了減值或需要調整該項資產原先確認的減值金額。

（3）資產負債表日後進一步確定了資產負債表日前購入資產的成本或售出資產的收入。

（4）資產負債表日後發現了財務報表舞弊或差錯。

【例15-5】甲公司因產品質量問題被客戶起訴。2×19年12月31日法院尚未判決，考慮到客戶勝訴要求甲公司賠償的可能性較大，甲公司為此確認了3,000,000元的預計負債。2×20年2月25日，在甲公司2×19年度財務報告對外報出之前，法院判決客戶勝訴，要求甲公司支付賠償款6,000,000元。

本例中，甲公司在2×19年12月31日結帳時已經知道客戶勝訴的可能性較大，但不知道法院判決的確切結果，因此確認了3,000,000元的預計負債。2×20年2月25日，法院判決結果為甲公司預計負債的存在提供了進一步的證據。此時，甲公司按照2×19年12月31日存在狀況編製的財務報表所提供的信息已不能真實反應實際情況，應據此對財務報表相關項目的數字進行調整。

（二）非調整事項

資產負債表日後非調整事項是指表明資產負債表日後發生的情況的事項。資產負債表日後非調整事項雖然不影響資產負債表日的存在情況，但不加以說明將會影響財務報告使用者做出正確的估計和決策。

企業發生的資產負債表日後非調整事項，通常包括下列各項：

（1）資產負債表日後發生重大訴訟、仲裁、承諾。
（2）資產負債表日後資產價格、稅收政策、外匯匯率發生重大變化。
（3）資產負債表日後因自然災害導致資產發生重大損失。
（4）資產負債表日後發行股票和債券以及其他巨額舉債。
（5）資產負債表日後資本公積轉增資本。
（6）資產負債表日後發生巨額虧損。
（7）資產負債表日後發生企業合併或處置子公司。
（8）資產負債表日後企業利潤分配方案中擬分配的以及經審議批准宣告發放的股利或利潤。

（三）調整事項與非調整事項的區別

資產負債表日後發生的某一事項究竟是調整事項還是非調整事項，取決於該事項表明的情況在資產負債表日以前是否已經存在。如該情況在資產負債表日或之前已經存在，則屬於調整事項；反之，則屬於非調整事項。

【例15-6】甲公司2×19年11月向乙公司出售原材料30,000,000元，根據銷售合同，乙公司應在收到原材料後3個月內付款。2×19年12月31日，乙公司尚未付款。假定甲公司在編製2×19年度財務報告時有兩種情況：

（1）2×19年12月31日，甲公司根據掌握的資料判斷乙公司有可能破產清算，估計該應收帳款將有30%無法收回，因此按30%的比例計提壞帳準備；2×20年1月

10日，甲公司收到通知，乙公司已被宣告破產清算，甲公司估計有70%的應收帳款無法收回。

（2）2×19年12月31日，乙公司的財務狀況良好，甲公司預計應收帳款可按時收回；2×20年1月10日，乙公司遭受重大雪災，導致甲公司60%的應收帳款無法收回。

2×20年3月10日，甲公司的財務報告經批准對外公布。

（1）導致甲公司應收帳款無法收回的事實是乙公司財務狀況惡化，該事實在資產負債表日已經存在，乙公司被宣告破產清算只是證實了資產負債表日乙公司財務狀況惡化的情況，因此乙公司被宣告破產清算導致甲公司應收帳款無法收回的事項屬於調整事項。

（2）導致甲公司應收帳款損失的因素是雪災，不可預計，應收帳款發生損失這一事實在資產負債表日以後才發生，因此乙公司遭受雪災導致甲公司應收帳款發生壞帳的事項屬於非調整事項。

三、資產負債表日後調整事項的會計處理

（一）資產負債表日後調整事項的處理原則

企業發生資產負債表日後調整事項，應當調整資產負債表日的財務報表。對於年度財務報告而言，由於資產負債表日後調整事項發生在報告年度的次年，報告年度的有關帳目已經結轉，特別是損益類科目在結帳後已無餘額，因此資產負債表日後發生的調整事項，應具體區別以下情況進行處理：

（1）涉及損益的事項，通過「以前年度損益調整」科目核算。調整增加以前年度利潤或調整減少以前年度虧損的事項，記入「以前年度損益調整」科目的貸方；調整減少以前年度利潤或調整增加以前年度虧損的事項，記入「以前年度損益調整」科目的借方。

涉及損益的調整事項，如果發生在資產負債表日所屬年度（報告年度）所得稅匯算清繳前的，應調整報告年度應納稅所得額、應納所得稅稅額；由於以前年度損益調整增加的所得稅費用，記入「以前年度損益調整」科目的借方，同時貸記「應交稅費——應交所得稅」等科目；由於以前年度損益調整減少的所得稅費用，記入「以前年度損益調整」科目的貸方，同時借記「應交稅費——應交所得稅」等科目。調整完成後，「以前年度損益調整」科目的貸方或借方餘額轉入「利潤分配——未分配利潤」科目。

涉及損益的調整事項，發生在報告年度所得稅匯算清繳後的，應調整本年度（報告年度的次年）應納所得稅稅額。

（2）涉及利潤分配調整的事項，直接在「利潤分配——未分配利潤」科目中核算。

（3）不涉及損益及利潤分配的事項，調整相關科目。

（4）通過上述帳務處理後，企業還應同時調整財務報表相關項目的數字，包括：

①資產負債表日編製的財務報表相關項目的期末數或本年發生數。

②當期編製的財務報表相關項目的期初數或上年數。

③上述調整如果涉及報表附註內容的，還應當做出相應調整。

(二) 資產負債表日後調整事項的具體會計處理方法

為簡化處理，如無特別說明，本章所有的例子都假定如下：財務報告批准報出日是次年 3 月 31 日，企業所得稅稅率為 25%，企業按淨利潤的 10% 提取法定盈餘公積，提取法定盈餘公積後不再做其他分配；調整事項按稅法規定都可以調整應繳納的所得稅；涉及遞延所得稅資產的，都假定未來期間很可能取得用來抵扣暫時性差異的應納稅所得額；不考慮報表附註中有關現金流量表項目的數字。

(1) 資產負債表日後訴訟案件結案，人民法院判決證實了企業在資產負債表日已經存在現時義務，需要調整原先確認的與該訴訟案件相關的預計負債或確認一項新負債。

這類事項是指導致訴訟的事項在資產負債表日已經發生，但尚不具備確認負債的條件而未確認，資產負債表日後至財務報告批准報出日之間獲得了新的或進一步的證據（人民法院判決結果），表明符合負債的確認條件，因此應在財務報告中確認為一項新負債；或者在資產負債表日已確認某項負債，但在資產負債表日至財務報告批准日之間獲得新的或進一步的證據，表明需要對已經確認的金額進行調整。

【例 15-7】甲公司與乙公司簽訂一項銷售合同，約定甲公司應在 2×19 年 8 月向乙公司交付 A 產品 3,000 件。但甲公司未按照合同發貨，並致使乙公司遭受重大經濟損失。2×19 年 11 月，乙公司將甲公司告上法庭，要求甲公司賠償 9,000,000 元。2×19 年 12 月 31 日人民法院尚未判決，甲公司對該訴訟事項確認預計負債 6,000,000 元，乙公司未確認應收賠償款。2×20 年 2 月 8 日，經人民法院判決，甲公司應賠償乙公司 8,000,000 元，甲、乙雙方均服從判決。判決當日，甲公司向乙公司支付賠償款 8,000,000 元。甲、乙兩公司 2×19 年所得稅匯算清繳均在 2×20 年 3 月 10 日完成（假定該項預計負債產生的損失不允許在預計時稅前抵扣，只有在損失實際發生時，才允許稅前抵扣）。

本例中，人民法院 2×20 年 2 月 8 日的判決證實了甲、乙兩公司在資產負債表日（2×19 年 12 月 31 日）分別存在現實賠償義務和獲賠權利，因此兩公司都應將「人民法院判決」這一事項作為調整事項進行處理。甲公司和乙公司 2×19 年所得稅匯算清繳均在 2×20 年 3 月 10 日完成，因此應根據法院判決結果調整報告年度應納稅所得額和應納所得稅稅額。

甲公司帳務處理如下：

①記錄支付的賠償款。

借：以前年度損益調整——營業外支出　　　　　　　2,000,000
　　貸：其他應付款——乙公司　　　　　　　　　　　　　　2,000,000
借：預計負債——未決訴訟　　　　　　　　　　　　6,000,000
　　貸：其他應付款——乙公司　　　　　　　　　　　　　　6,000,000
借：其他應付款——乙公司　　　　　　　　　　　　8,000,000
　　貸：銀行存款　　　　　　　　　　　　　　　　　　　　8,000,000

註：資產負債表日後事項如涉及現金收支項目，均不調整報告年度資產負債表的貨幣資金項目和現金流量表各項目數字。本例中，雖然已經支付了賠償款，但在

調整會計報表相關數字時，只需調整上述第一筆和第二筆分錄，第三筆分錄作為 2×20 年的會計事項處理。

②調整遞延所得稅資產。

借：以前年度損益調整——所得稅費用（6,000,000×25%） 1,500,000
　　貸：遞延所得稅資產 1,500,000

2×19 年年末，甲公司因確認預計負債 6,000,000 元時已確認相應的遞延所得稅資產，資產負債表日後事項發生後遞延所得稅資產不復存在，應予以轉回。

③調整應交所得稅。

借：應交稅費——應交所得稅（8,000,000×25%） 2,000,000
　　貸：以前年度損益調整——所得稅費用 2,000,000

④將「以前年度損益調整」科目餘額轉入未分配利潤。

借：利潤分配——未分配利潤 1,500,000
　　貸：以前年度損益調整——本年利潤 1,500,000

⑤因淨利潤減少，調減盈餘公積。

借：盈餘公積——法定盈餘公積（1,500,000×10%） 150,000
　　貸：利潤分配——未分配利潤 150,000

⑥調整報告年度財務報表相關項目的數字（財務報表略）。

第一，資產負債表項目的調整。調減遞延所得稅資產 1,500,000 元，調減應交稅費——應交所得稅 2,000,000 元，調增其他應付款 8,000,000 元，調減預計負債 6,000,000 元，調減盈餘公積 150,000 元，調減未分配利潤 1,350,000 元。

第二，利潤表項目的調整。調增營業外支出 2,000,000 元，調減所得稅費用 500,000 元，調減淨利潤 1,500,000 元。

第三，所有者權益變動表項目的調整。調減淨利潤 1,500,000 元，提取盈餘公積項目中盈餘公積調減 150,000 元，未分配利潤調增 150,000 元。

⑦調整 2×20 年 2 月資產負債表相關項目的年初數（資產負債表略）。甲公司在編製 2×20 年 1 月的資產負債表時，將調整前的 2×19 年 12 月 31 日的資產負債表的數字作為資產負債表的年初數。由於發生了資產負債表日後調整事項，甲公司除了調整 2×19 年度資產負債表相關項目的數字外，還應當調整 2×20 年 2 月資產負債表相關項目的年初數，其年初數按照 2×19 年 12 月 31 日調整後的數字填列。

乙公司帳務處理如下：

①記錄收到的賠款。

借：其他應收款——甲公司 8,000,000
　　貸：以前年度損益調整——營業外收入 8,000,000
借：銀行存款 8,000,000
　　貸：其他應收款——甲公司 8,000,000

註：資產負債表日後事項如涉及現金收支項目，均不調整報告年度資產負債表的貨幣資金項目和現金流量表各項目數字。本例中，雖然已經收到了賠償款，但在調整會計報表相關數字時，只需調整上述第一筆分錄，第二筆分錄作為 2×20 年的

會計事項處理。

②調整應交所得稅。

借：以前年度損益調整——所得稅費用（8,000,000×25%）
　　　　　　　　　　　　　　　　　　　　　　　2,000,000
　　貸：應交稅費——應交所得稅　　　　　　　　　2,000,000

③將「以前年度損益調整」科目餘額轉入未分配利潤。

借：以前年度損益調整——本年利潤　　　　　　　6,000,000
　　貸：利潤分配——未分配利潤　　　　　　　　　6,000,000

④因淨利潤增加，補提盈餘公積。

借：利潤分配——未分配利潤　　　　　　　　　　600,000
　　貸：盈餘公積（6,000,000×10%）　　　　　　　600,000

⑤調整報告年度財務報表相關項目的數字（財務報表略）。

第一，資產負債表項目的調整。調增其他應收款 8,000,000 元，調增應交稅費 2,000,000 元，調增盈餘公積 600,000 元，調增未分配利潤 5,400,000 元。

第二，利潤表項目的調整。調增營業外收入 8,000,000 元，調增所得稅費用 2,000,000 元，調增淨利潤 6,000,000 元。

第三，所有者權益變動表項目的調整。調增淨利潤 6,000,000 元，提取盈餘公積項目中盈餘公積調增 600,000 元，未分配利潤調增 5,400,000 元。

⑥調整 2×20 年 2 月資產負債表相關項目的年初數（資產負債表略）。乙公司在編製 2×20 年 1 月的資產負債表時，將調整前的 2×19 年 12 月 31 日的資產負債表的數字作為資產負債表的年初數，由於發生了資產負債表日後調整事項，乙公司除了調整 2×19 年度資產負債表相關項目的數字外，還應當調整 2×20 年 2 月資產負債表相關項目的年初數，其年初數按照 2×19 年 12 月 31 日調整後的數字填列。

（2）資產負債表日後取得確鑿證據，表明某項資產在資產負債表日發生了減值或需要調整該項資產原先確認的減值金額。

這類事項是指在資產負債表日，根據當時的資料判斷某項資產可能發生了損失或減值，但沒有最後確定是否會發生，因而按照當時的最佳估計金額反應在財務報表中。但在資產負債表日至財務報告批准報出日之間，企業取得的確鑿證據能證明該事實成立，即某項資產已經發生了損失或減值，則應對資產負債表日所做的估計予以修正。

【例 15-8】甲公司 2×19 年 6 月銷售給乙公司一批物資，貨款為 2,000,000 元（含增值稅）。乙公司於 2×19 年 7 月收到所購物資並驗收入庫。按合同規定，乙公司應於收到所購物資後 3 個月內付款。由於乙公司財務狀況不佳，到 2×19 年 12 月 31 日仍未付款。甲公司於 2×19 年 12 月 31 日已為該項應收帳款計提壞帳準備 100,000 元。2×19 年 12 月 31 日，資產負債表上「應收帳款」項目的金額為 4,000,000 元，其中 1,900,000 元為該項應收帳款。甲公司於 2×20 年 2 月 3 日（所得稅匯算清繳前）收到人民法院通知，乙公司已宣告破產清算，無力償還所欠部分貨款。甲公司預計可收回應收帳款的 60%。

本例中，甲公司在收到人民法院通知後，首先可以判斷該事項屬於資產負債表

日後調整事項。甲公司原對應收乙公司帳款計提了 100,000 元的壞帳準備，按照新的證據應計提的壞帳準備為 800,000 元（2,000,000×40%），差額 700,000 元，應當調整 2×19 年度財務報表相關項目的數字。

甲公司帳務處理如下：
①補提壞帳準備。
應補提的壞帳準備 = 2,000,000×40% - 100,000 = 700,000（元）
借：以前年度損益調整——資產減值損失　　　　　700,000
　　貸：壞帳準備　　　　　　　　　　　　　　　　　　700,000
②調整遞延所得稅資產。
借：遞延所得稅資產　　　　　　　　　　　　　　175,000
　　貸：以前年度損益調整——所得稅費用（700,000×25%）　175,000
③將「以前年度損益調整」科目的餘額轉入未分配利潤。
借：利潤分配——未分配利潤　　　　　　　　　　525,000
　　以前年度損益調整——本年利潤　　　　　　　　525,000
④因淨利潤減少，調減盈餘公積。
借：盈餘公積——法定盈餘公積　　　　　　　　　52,500
　　貸：利潤分配——未分配利潤（525,000×10%）　　52,500
⑤調整報告年度財務報表相關項目的數字（財務報表略）。

第一，資產負債表項目的調整。調減應收帳款 700,000 元，調增遞延所得稅資產 175,000 元，調減盈餘公積 52,500 元，調減未分配利潤 472,500 元。

第二，利潤表項目的調整。調增資產減值損失 700,000 元，調減所得稅費用 175,000 元，調減淨利潤 525,000 元。

第三，所有者權益變動表項目的調整。調減淨利潤 525,000 元，提取盈餘公積項目中盈餘公積調減 52,500 元，未分配利潤調增 52,500 元。

⑥調整 2×20 年 2 月資產負債表相關項目的年初數（資產負債表略）。甲公司在編製 2×20 年 1 月的資產負債表時，將調整前的 2×19 年 12 月 31 日的資產負債表的數字作為資產負債表的年初數，由於發生了資產負債表日後調整事項，甲公司除了調整 2×19 年度資產負債表相關項目的數字外，還應當調整 2×20 年 2 月資產負債表相關項目的年初數，其年初數按照 2×19 年 12 月 31 日調整後的數字填列。

（3）資產負債表日後進一步確定了資產負債表日前購入資產的成本或售出資產的收入。

這類調整事項包括兩方面的內容：一方面，若資產負債表日前購入的資產已經按暫估金額等入帳，資產負債表日後獲得證據，可以進一步確定該資產的成本，則應該對已入帳的資產成本進行調整。例如，購建固定資產已經達到預定可使用狀態，但尚未辦理竣工決算，企業已辦理暫估入帳；資產負債表日後辦理決算，此時應根據竣工決算的金額調整暫估入帳的固定資產成本等。另一方面，企業符合收入確認條件確認資產銷售收入，但資產負債表日後獲得關於收入的進一步證據，如發生銷售退回、銷售折讓等，此時也應調整財務報表相關項目的金額。需要說明的是，資產負債表日後發生的銷售退回，既包括報告年度或報告中期銷售的商品在資產負債表日後發生的

銷售退回，也包括以前期間銷售的商品在資產負債表日後發生的銷售退回。

資產負債表所屬期間或以前期間所售商品在資產負債表日後退回的，應作為資產負債表日後調整事項處理。發生於資產負債表日後至財務報告批准報出日之間的銷售退回事項，實際上發生於年度所得稅匯算清繳之前。資產負債表日後事項中涉及報告年度所屬期間的銷售退回，應調整報告年度利潤表的收入、費用等。由於納稅人所得稅匯算清繳是在財務報告對外報出後才完成的，因此應相應調整報告年度的應納稅所得額。

【例15-9】甲公司2×19年10月25日銷售一批A商品給乙公司，取得收入2,400,000元（不含增值稅），並結轉成本2,000,000元。2×19年12月31日，該筆貨款尚未收到，甲公司未對該應收帳款計提壞帳準備。2×20年2月8日，由於產品質量問題，本批貨物被全部退回。甲公司於2×20年2月20日完成2×19年所得稅匯算清繳。甲公司適用的增值稅稅率為13%。

本例中，銷售退回業務發生在資產負債表日後事項涵蓋期間內，屬於資產負債表日後調整事項。由於銷售退回發生在甲公司報告年度所得稅匯算清繳之前，因此在所得稅匯算清繳時，應扣除該部分銷售退回所實現的應納稅所得額。

甲公司帳務處理如下：

①調整銷售收入。

借：以前年度損益調整——主營業務收入　　　　　　2,400,000
　　應交稅費——應交增值稅（銷項稅額）　　　　　　312,000
　　貸：應收帳款——乙公司　　　　　　　　　　　　　　2712,000

②調整銷售成本。

借：庫存商品——A商品　　　　　　　　　　　　　　2,000,000
　　貸：以前年度損益調整——主營業務成本　　　　　　2,000,000

③調整應繳納的所得稅。

借：應交稅費——應交所得稅 [（2,400,000-2,000,000）×25%]
　　　　　　　　　　　　　　　　　　　　　　　　　　100,000
　　貸：以前年度損益調整——所得稅費用　　　　　　　　100,000

④將「以前年度損益調整」科目的餘額轉入未分配利潤。

借：利潤分配——未分配利潤　　　　　　　　　　　　300,000
　　貸：以前年度損益調整——本年利潤　　　　　　　　300,000

⑤因淨利潤減少，調減盈餘公積。

借：盈餘公積——法定盈餘公積（300,000×10%）　　　30,000
　　貸：利潤分配——未分配利潤　　　　　　　　　　　　30,000

⑥調整報告年度相關財務報表（財務報表略）。

第一，資產負債表項目的調整。調減應收帳款2712,000元，調增庫存商品2,000,000元，調減應交稅費412,000元，調減盈餘公積30,000元，調減未分配利潤270,000元。

第二，利潤表項目的調整。調減營業收入2,400,000元，調減營業成本2,000,000元，調減所得稅費用100,000元，調減淨利潤300,000元。

第三，所有者權益變動表項目的調整。調減淨利潤 300,000 元，提取盈餘公積項目調減 30,000 元，未分配利潤調增 270,000 元。

⑦調整 2×20 年 2 月資產負債表相關項目的年初數（資產負債表略）。甲公司在編製 2×20 年 1 月的資產負債表時，將調整前 2×19 年 12 月 31 日的資產負債表的數字作為資產負債表的年初數，由於發生了資產負債表日後調整事項，甲公司除了調整 2×19 年度資產負債表相關項目的數字外，還應當調整 2×20 年 2 月資產負債表相關項目的年初數，其年初數按照 2×19 年 12 月 31 日調整後的數字填列。

(4) 資產負債表日後發現了財務報表舞弊或差錯。

這類事項是指資產負債表日至財務報告批准報出日之間發生的屬於資產負債表期間或者以前期間存在的財務報表舞弊或差錯。這種舞弊或差錯應當作為資產負債表日後調整事項，調整報告年度的年度財務報告或中期財務報告相關項目的數字。

四、資產負債表日後非調整事項的處理

(一) 資產負債表日後非調整事項的處理原則

資產負債表日後發生的非調整事項是表明資產負債表日後發生的情況的事項，與資產負債表日存在狀況無關，不應當調整資產負債表日的財務報表。但有的非調整事項由於事項重大，對財務報告使用者具有重大影響。如不加以說明，將不利於財務報告使用者做出正確估計和決策。因此，企業應在財務報表附註中對其性質、內容以及對財務狀況和經營成果的影響加以披露。

(二) 資產負債表日後非調整事項的具體會計處理方法

對於資產負債表日後發生的非調整事項，企業應當在報表附註中披露每項重要的資產負債表日後非調整事項的性質、內容，及其對財務狀況和經營成果的影響。無法做出估計的，應當說明原因。資產負債表日後非調整事項的主要情況如下：

1. 資產負債表日後發生重大訴訟、仲裁、承諾

資產負債表日後發生的重大訴訟等事項，對企業影響較大，為防止誤導投資者及其他財務報告使用者，應當在財務報表附註中予以披露。

2. 資產負債表日後資產價格、稅收政策、外匯匯率發生重大變化

資產負債表日後發生的資產價格、稅收政策和外匯匯率的重大變化，雖然不會影響資產負債表日財務報表相關項目的數字，但對企業資產負債表日後的財務狀況和經營成果有重大影響，應當在財務報表附註中予以披露。

【例 15-10】甲公司 2×19 年 9 月採用融資租賃方式從英國購入某大型生產線，租賃合同規定，該大型生產線的租賃期為 10 年，年租金 300,000 英鎊。甲公司在編製 2×19 年度財務報表時已按 2×19 年 12 月 31 日的即期匯率對該筆長期應付款進行了折算（假設 2×19 年 12 月 31 日的匯率為 1 英鎊兌 9.0 元人民幣）。假設國家規定從 2×20 年 1 月 1 日起調整人民幣對英鎊的匯率，人民幣對英鎊的匯率發生重大變化。

本例中，甲公司在資產負債表日已經按規定的匯率對有關帳戶進行調整，因此無論資產負債表日後匯率如何變化，均不影響資產負債表日的財務狀況和經營成果。但是，如果資產負債表日後外匯匯率發生重大變化，甲公司應對由此產生的影響在財務報表附註中進行披露。

3. 資產負債表日後因自然災害導致資產發生重大損失

自然災害導致資產發生重大損失對企業資產負債表日後財務狀況的影響較大，如果不加以披露，有可能使財務報告使用者做出錯誤的決策，因此應作為非調整事項在財務報表附註中進行披露。

【例15-11】甲公司2×19年12月購入一批商品10,000,000元，至2×19年12月31日該批商品已全部驗收入庫，貨款通過銀行支付。2×20年1月12日，甲公司所在地發生百年不遇的冰凍災害，該批商品全部毀損。

本例中冰凍災害發生於2×20年1月12日，屬於資產負債表日後才發生或存在的事項，但對公司資產負債表日後財務狀況的影響較大，甲公司應當將此事項作為非調整事項在2×19年度財務報表附註中進行披露。

4. 資產負債表日後發行股票和債券以及其他巨額舉債

企業在資產負債表日後發行股票、債券以及向銀行或非銀行金融機構舉借巨額債務都是比較重大的事項，雖然這一事項與企業資產負債表日的存在狀況無關，但這一事項的披露能使財務報告使用者瞭解與此有關的情況及可能帶來的影響，因此應當在財務報表附註中進行披露。

【例15-12】甲公司於2×20年1月20日經批准發行5年期債券10,000,000元，面值100元，年利率6%，甲公司按105元的價格發行，並於2×20年3月5日結束發行。

本例中，甲公司發行債券雖然與公司資產負債表日（2×19年12月31日）的存在狀況無關，但這一事項的披露能使財務報告使用者瞭解與此有關的情況及可能帶來的影響，甲公司應當將此事項作為非調整事項在2×19年度財務報表附註中進行披露。

5. 資產負債表日後資本公積轉增資本

資產負債表日後企業以資本公積轉增資本將會改變企業的資本（或股本）結構，影響較大，應當在財務報表附註中進行披露。

【例15-13】甲公司2×20年1月經批准將80,000,000元資本公積轉增資本。

本例中，甲公司於2×20年1月將資本公積轉增資本，屬於資產負債表日後才發生的事項，但對公司資產負債表日後財務狀況的影響較大，甲公司應當將此事項作為非調整事項在2×19年度財務報表附註中進行披露。

6. 資產負債表日後發生巨額虧損

企業資產負債表日後發生巨額虧損將會對企業報告期以後的財務狀況和經營成果產生重大影響，應當在財務報表附註中及時披露，以便為投資者或其他財務報告使用者做出正確決策提供信息。

【例15-14】甲公司2×20年1月出現巨額虧損，淨利潤由2×19年12月的70,000,000元變為虧損5,000,000元。

本例中，甲公司出現巨額虧損發生於2×20年1月，雖然屬於資產負債表日後才發生的事項，但由盈利轉為虧損，會對公司資產負債表日後財務狀況和經營成果產生重大影響，甲公司應當將此事項作為非調整事項在2×19年度財務報表附註中進行披露。

7. 資產負債表日後發生企業合併或處置子企業

企業合併或處置子公司的行為可以影響股權結構、經營範圍等，對企業未來的生產經營活動會產生重大影響，應當在財務報表附註中進行披露。

【例15-15】甲公司2×20年1月15日將其全資子公司丙公司出售給乙公司。

本例中，甲公司出售子公司發生於2×20年1月，與公司資產負債表日（2×19年12月31日）的存在狀況無關，但是出售子公司可能對甲公司的股權結構、經營範圍等方面產生較大影響，甲公司應當將此事項作為非調整事項在2×19年度財務報表附註中進行披露。

8. 資產負債表日後企業利潤分配方案中擬分配的及經審議批准宣告發放的股利或利潤

資產負債表日後，企業利潤分配方案中擬分配的以及經審議批准宣告發放的股利或利潤，不確認為資產負債表日後負債，但應當在財務報表附註中單獨披露。

【例15-16】2×19年1月16日，甲上市公司董事會審議通過了2×18年利潤分配方案，決定以公司2×18年年末總股本為基數，分派現金股利10,000,000元，每10股派送1元（含稅），該利潤分配方案於2×19年4月10日經公司股東大會審議批准。

本例中，甲上市公司制訂利潤分配方案，擬分配或經審議批准宣告發放股利或利潤的行為，並不會致使公司在資產負債表日形成現時義務，雖然該事項可導致公司負有支付股利或利潤的義務，但支付義務在資產負債表日尚不存在，不應該調整資產負債表日的財務報告。因此，該事項為非調整事項。該事項對公司資產負債表日後的財務狀況有較大影響，可能導致現金較大規模流出、公司股權結構變動等，為便於財務報告使用者更充分瞭解相關信息，甲上市公司需要在2×18年度財務報表附註中單獨披露該信息。

【本章小結】

本章主要介紹了會計調整的事項，包括會計政策變更的會計處理、會計估計變更的會計處理、前期差錯的會計處理以及資產負債表日後事項的會計處理。這些內容雖然在企業中都是不經常發生的，但是需要我們知道，而這也是中級財務會計實務的難點。學生應該理解這些會計調整事項，並掌握會計調整事項的處理原則。

【主要概念】

會計政策；會計估計；前期差錯；資產負債表日後事項。

【簡答題】

1. 什麼是會計政策變更？會計政策變更的會計處理方法是什麼？
2. 什麼是會計估計變更？會計估計變更的會計處理方法是什麼？
3. 什麼是前期差錯更正？前期差錯更正的會計處理方法是什麼？
4. 什麼是資產負債表日後事項？資產負債表日後事項的會計處理方法是什麼？
5. 如何理解追溯調整法的步驟。

第十六章
財務報表分析

【學習目標】

　　知識目標：掌握比率分析、結構分析、趨勢分析、償債能力分析、營運能力分析、盈利能力分析和杜邦分析的方法。

　　技能目標：能用財務分析方法分析企業的財務報表。

　　能力目標：通過對企業財務報表的分析，能夠發現企業的問題，能提出合理的建議。

【知識點】

　　償債能力指標、營運能力指標、盈利能力指標、杜邦分析體系等。

【篇頭案例】

　　ABC 公司經營一年後，財務人員編製出了年末的資產負債表和本年的利潤表、現金流量表。看到財務報表後，我們從財務報表中可以得到哪些信息呢？為什麼企業只提供這三大報表？這三大報表有何關係呢？我們如何通過三大報表來觀察企業的營運情況呢？企業連續多年的財務報表可不可以進行比較呢？通過本章的學習，我們將解決以上問題。

第一節　財務報表分析概述

一、財務報表分析的目的

　　財務報表數據集中反應了企業的財務狀況和經營成果，據此進行分析可以瞭解企業過往的表現和現狀。從企業經營管理者的角度來看，財務報表可以幫助企業管理層分析自身的管理質量，還可以幫助其他的利益相關者分析企業的經營管理水準。具體而言，債權人（商業銀行和債券投資者）可以利用財務報表作為其信用決策的參考，投資者（上市公司債券現有投資者及潛在投資者）可以通過財務報表分析修正其投資預期，供應商可以根據企業的財務指標來確定其賒銷決策等。從國民經濟管理的角度來看，財稅、統計、工商、物價等經濟監管部門需要通過分析企業的財務報表來瞭解特定企業乃至該企業所屬行業及產業的發展狀況，從而制定有效的宏觀經濟調控政策。

財務報表主要是為企業經營管理者和國民經濟管理服務的，企業並沒有義務向社會公開其財務報表。也就是說，並不是所有對財務報表感興趣者都有資格獲得財務報表。在實踐中，要求企業提供財務報表的利益相關者必須具備法律或合同的授權。除企業管理當局當然獲得財務報表，經濟監管機構、商業銀行和公司股東依法獲得財務報表外，其他信息需求者若需要財務報表則需要依照合同約定（如供應商等）。

就短期利益而言，債權人比較重視債務人的償債能力，股東優先關注企業的贏利能力。就長期利益而言，所有的報表使用者都需關注企業的管理水準、市場佔有率、產品質量或服務水準、品牌信譽等關於企業發展前途的決定性因素。財務報表分析恰能提供用於評價管理水準的綜合分析指標體系。

二、財務報表分析的方法

至於如何進行財務報表分析，法律法規對此並無規定。在實際工作中，可謂仁者見仁，智者見智，以下簡單地介紹比較分析法和因素分析法。

（一）比較分析法

顧名思義，比較分析法試圖通過數據之間的對比來揭示其差異和規律。

比較分析法按比較對象（參照物）可以大致分為以下類型：

（1）縱向比較（趨勢分析），即與本公司歷史上不同時期的指標相比，分析相關指標的發展趨勢。

（2）橫向比較，即與同類的特定公司（如競爭對手）的指標或行業平均水準進行對比。

（3）預算差異分析，即把實際執行結果與計劃指標進行比較。

比較分析法按比較內容可以大致分為以下類型：

（1）總金額的比較，即對總資產、淨資產、淨利潤等總量指標的時間序列分析，根據其變化趨勢評估其增長潛力。總金額的比較有時也用於同業對比，考察公司的相對規模和競爭地位。

（2）結構百分比的比較。例如，分析資產負債表、利潤表中的各個項目佔某個合計數的比重。這種做法可以幫助財務報表使用者及時發現有顯著問題的項目，提示其進一步分析的方向。

（3）財務比率的比較。財務比率是相對數，由於排除了規模的影響，因此便於不同企業之間的比較。需要注意的是，財務比率的計算雖然簡單，但解釋起來卻並不容易。

（二）因素分析法

因素分析法是依據財務指標與其決定因素之間的因果關係，確定各個因素的變化對該指標的影響程度的一種分析方法。其具體又分為以下幾種：

（1）差額分析法。例如，對固定資產帳面價值變動情況的分析可以分解為對固定資產原值、累計折舊和固定資產減值準備的分析。

（2）指標分解法。例如，對資產報酬率的分析可以分解為對資產週轉率和銷售淨利率的分析。

（3）連環替代法。在因果關係已明確界定的情況下，企業可以按照其認為合理的順序，逐項測算各個自變量的變動比對因變量造成的影響。

（4）定基替代法。定基替代法指分別用分析值替代標準值，測定各因素對財務指標的影響。例如，對標準成本的差異分析。

計算財務比率是財務報表分析的基本技術。以下以工商企業為例，著重介紹償債能力分析、管理效率分析和盈利能力分析的常用指標及其計算方法。

第二節　償債能力分析

償債能力分析旨在揭示企業償付短期債務和長期債務的能力。企業法人不能清償到期債務，並且資產不足以清償全部債務或明顯缺乏清償能力的，必須依照《中華人民共和國企業破產法》的規定清償債務。顯然，企業管理當局需要確保有能力償付到期債務，否則有陷入破產清算境地的風險。

一、短期償債能力分析

在評價企業的短期償債能力時，常用的財務比率有流動比率、速動比率和現金比率等。

（一）流動比率

流動比率是指流動資產與流動負債的比率。其計算公式為：

$$流動比率 = \frac{流動資產}{流動負債}$$

流動資產主要包括貨幣資金、短期投資、應收及預付款項、存貨和一年內到期的非流動資產等，即資產負債表中的期末流動資產合計；流動負債主要包括短期借款、應付及預收款項、各種應交款項、一年內到期的非流動負債等，即資產負債表中的期末流動負債合計。

流動比率究竟多高才算合適，並無放之四海而皆準的具體數值標準，實踐中需要結合企業的行業特性、信用等級等因素進行具體分析。一般來說，這個比率越高，說明企業償還流動負債的能力越強，流動負債得到償還的保障越強。但是，過高的流動比率可能意味著企業的流動資產比重偏高，未能有效利用資金，而此類情形可能會影響企業的獲利能力。可見，計算出來的流動比率是偏高還是偏低，只有結合行業平均水準、企業的歷史水準進行比較才能評價償債能力。

通常認為，對於製造業企業，其流動比率以不低於 2 為宜，因為通常假定存貨這一流動性欠佳的項目占這類企業的流動資產的一半。但這沒有什麼理論依據，僅為經驗之談。

流動比率只是對短期償債能力的粗略估計，並非全部的流動資產都能用來償債，企業需要保持必要的流動資產用於持續經營。

（二）速動比率

速動比率是指速動資產與流動負債的比率。有的教材把這一指標稱為「酸性測

試比率」。其中：

速動資產＝流動資產－存貨

速動比率的計算公式為：

$$速動比率＝\frac{速動資產}{流動負債}＝\frac{流動資產－存貨}{流動負債}$$

由於速動資產中已經剔除了存貨這一流動性欠佳的項目，因此速動資產與流動負債的比率更能夠體現出企業償付短期債務的能力。一般來說，速動比率越高，企業的短期償債能力越強。

通常認為，對於製造業企業而言，速動比率以不低於 1 為宜，也是因為通常假定存貨這一流動性欠佳的項目占這類企業的流動資產的一半。當然，這也沒有什麼理論依據，僅是經驗之談。

在使用速動比率分析企業的償債能力時，分析者需要注意分析應收帳款的可收回性對該指標的影響。如果應收帳款中有較大部分不易收回，那麼再高的速動比率也無法證明企業具有較強的償付短期債務的能力。

（三）現金比率

有的企業乾脆就用現金比率來測度短期償債能力。現金比率是現金類資產與流動負債的比率。此處的「現金」為金融分析意義上的用語，與通常的理解不同，在實踐中計算口徑因人而異，缺乏共識。現金比率的計算公式為：

$$現金比率＝\frac{現金＋現金等價物}{流動負債}$$

二、長期償債能力分析

所謂長期償債能力，是指企業償還全部負債的能力，或許稱作「總體償債能力」更為妥當。在評價長期償債能力時，常用的財務比率是資產負債率（或權益乘數、產權比率）、利息保障倍數。

（一）資產負債率

資產負債率是負債總額與資產總額的比率，反應企業的資產總額中有多少是通過舉債而得到的。其計算公式為：

$$資產負債率＝\frac{負債總額}{資產總額}\times 100\%$$

一般來說，資產負債率越低，償債越有保證，融資的空間越大。

資產負債率有一個變形，即權益乘數。其公式如下：

$$權益乘數＝\frac{資產總額}{權益總額}\times 100\%$$

資產負債率越高，權益乘數也就越大。兩者都反應了企業積極舉借債務，「以小博大」的程度，因此一些教材常常統稱此類指標為「財務槓桿比率」。

（二）利息保障倍數

利息保障倍數是指息稅前利潤相對於利息費用的倍數。這個指標是從歐美教材中翻譯過來的。由於中國的財務報表格式中並未單列息稅前利潤，因此就需要間接

地用「淨利潤+利息費用+所得稅費用」計算得到。利息保障倍數的計算公式如下：

$$利息保障倍數 = \frac{息稅前利潤}{利息費用} = \frac{淨利潤+利息費用+所得稅費用}{利息費用}$$

從數字上來看，利息保障倍數越大，企業擁有的償還利息的緩衝資金越多，利息支付越有保障；反之亦然。如果利息保障倍數小於 1，表明企業自身產生的經濟效益不能支持現有的債務規模。

在分析企業的償債能力時，分析者應注意表外因素（如長期經營租賃合同、或有事項等）的影響。

第三節　管理效率分析

在評價企業的管理效率時，常用的財務指標有總資產週轉率、存貨週轉率和應收帳款週轉率等。

一、總資產週轉率

總資產週轉率是企業營業收入與平均資產總額的比率，又稱總資產報酬率。其計算公式為：

$$總資產週轉率 = \frac{營業收入}{平均資產總額}$$

$$平均資產總額 = \frac{期初資產總額+期末資產總額}{2}$$

一般用主營業務收入來代表營業收入。

由於對同樣的營業規模而言，占用的資產越少則管理效率越高，因此總資產週轉率越高，說明企業利用其資產進行經營的效率越高。

【例 16-1】甲公司與乙公司 2019 年均實現主營業務收入 36,000,000 元，前者的平均資產總額為 6,000,000 元，後者的平均資產總額為 9,000,000 元，試評價兩者的管理效率。

$$甲公司的總資產報酬率 = \frac{36,000,000}{6,000,000} = 6$$

$$乙公司的總資產報酬率 = \frac{36,000,000}{9,000,000} = 4$$

就上述指標而言，甲公司的管理效率高於乙公司的管理效率。

二、存貨週轉率

存貨週轉率是企業一定時期的營業成本與平均存貨的比率，是主要反應存貨的管理效率的指標。其計算公式為：

$$存貨週轉率 = \frac{營業成本}{平均存貨}$$

$$平均存貨 = \frac{期初存貨餘額 + 期末存貨餘額}{2}$$

存貨週轉率越高，說明存貨週轉越快，營運資金占用在存貨上的金額也越少。但是，存貨週轉率過高，也可能說明企業管理方面存在一些問題，如存貨數量過少，甚至經常缺貨，或者採購次數過於頻繁、批量太小等。

存貨週轉率過低，常常意味著企業在產品銷售方面存在一定的問題，但也有可能是企業增大庫存的結果。具體分析時，分析者需要結合產品競爭態勢等實際情況做出判斷。

根據存貨週轉率可以推算出存貨週轉天數。存貨週轉天數是指存貨從最初購進到銷售完成週轉一次所需要的天數。其計算公式為：

$$存貨週轉天數 = \frac{360}{存貨週轉率}$$

存貨週轉天數越短，說明存貨週轉的速度越快。

【例 16-2】甲公司與乙公司 2019 年的銷售成本均為 24,000,000 元。前者的平均存貨為 3,000,000 元，後者的平均存貨為 4,000,000 元，試評價兩者的管理效率。

$$甲公司的存貨週轉率 = \frac{24,000,000}{3,000,000} = 8$$

$$乙公司的存貨週轉率 = \frac{24,000,000}{4,000,000} = 6$$

就上述指標而言，甲公司的管理效率高於乙公司的管理效率。

三、應收帳款週轉率

應收帳款週轉率是企業在一定時期的營業收入淨額與應收帳款平均餘額的比率，又稱應收帳款週轉次數，反應了企業催收帳款的效率。其計算公式為：

$$應收帳款週轉率 = \frac{營業收入淨額}{應收帳款平均餘額}$$

$$應收帳款平均餘額 = \frac{期初應收帳款餘額 + 期末應收帳款餘額}{2}$$

應收帳款週轉率越高，說明企業催收帳款的速度越快。應收帳款週轉率如果偏低，則說明企業催收帳款的效率太低，或者信用政策過於寬鬆，但這裡有一個度的問題，過於苛刻的信用政策也是不宜提倡的。

根據應收帳款週轉率可以推算出應收帳款週轉天數。應收帳款週轉天數也稱為應收帳款的收現期，表明催收應收帳款平均需要的天數。其計算公式為：

$$應收帳款週轉天數 = \frac{360}{應收帳款週轉率}$$

【例題 16-3】甲公司與乙公司 2019 年實現的主營業務收入均為 36,000,000 元。前者的應收帳款平均餘額為 3,000,000 元，後者的應收帳款平均餘額為 2,000,000 元，試評價兩者的管理效率。

$$甲公司應收帳款週轉率 = \frac{36,000,000}{3,000,000} = 12$$

乙公司應收帳款週轉率＝$\frac{36,000,000}{2,000,000}$＝18

就上述指標而言，乙公司的管理效率高於甲公司的管理效率。

參照上述比率分析思路，有的教材中提到固定資產週轉率、流動資產週轉率等指標，鑒於其原理與上述指標無異，此處從略。

第四節　盈利能力分析

在評價盈利能力時，常用的指標有資產報酬率、淨資產報酬率、銷售毛利率和銷售淨利率等。對於上市公司而言，其還可以計算每股收益等每股指標。

一、資產報酬率

資產報酬率是指企業在一定時期內的淨利潤與平均資產總額的比率。其計算公式為：

資產報酬率＝$\frac{淨利潤}{平均資產總額}$×100%

顯然，資產報酬率越高，說明企業的獲利能力越強。

二、淨資產報酬率

淨資產報酬率又稱股東權益報酬率，是企業在一定時期內的淨利潤與平均淨資產的比率。其計算公式為：

淨資產報酬率＝$\frac{淨利潤}{平均淨資產}$×100%

平均淨資產＝$\frac{期初淨資產＋期末淨資產}{2}$

三、銷售毛利率

銷售毛利率是企業的銷售毛利與銷售收入的比率。其計算公式為：

淨資產報酬率＝$\frac{銷售毛利}{銷售收入}$×100%

＝$\frac{銷售收入－銷售成本}{銷售收入}$×100%

銷售毛利率越高，表明企業選擇的經營項目的盈利水準越高。

四、銷售淨利率

銷售淨利率又稱銷售貢獻率，是企業淨利潤與銷售收入的比率。其計算公式為：

銷售淨利率＝$\frac{淨利潤}{銷售收入}$×100%

銷售淨利率越高，說明企業通過擴大銷售獲取收益的能力越強。

在實際工作中，有些企業根據上述指標的思路設計出了「成本費用淨利潤」指標，針對上市公司財務分析常常會用到「每股收益」指標，這些指標也反應企業的盈利能力，此處從略。

第五節　綜合分析

前述分析指標都有所側重，而管理層常常需要對企業進行總體的財務分析。那麼，有沒有可能構建出一個相互聯繫的指標分析體系呢？對此，美國杜邦公司的財務經理們給出了肯定的回答，這就是杜邦分析體系。

我們注意到，淨資產報酬率可以拆分為資產報酬率與權益乘數的乘積，即：
淨資產報酬率＝資產報酬率×權益乘數
資產報酬率又可以拆分為總資產週轉率與銷售淨利率的乘積，即：
資產報酬率＝總資產週轉率×銷售淨利率
因此，我們可以把淨資產報酬率表示為三個指標的連乘積，即：

$$淨資產報酬率 = \frac{淨利潤}{銷售收入} \times \frac{銷售收入}{平均資產總額} \times \frac{平均資產總額}{淨資產}$$
$$=銷售淨利率 \times 總資產週轉率 \times 權益乘數$$

由上式可見，淨資產報酬率的因素被歸納為三項：一是經營項目的盈利性，由銷售淨利率來代表；二是企業管理的效率，由總資產週轉率代表；三是企業的舉債經營能力，由權益乘數代表。因此，企業要想獲得較高的淨資產報酬率就應從尋找好的經營項目、提高管理質量和加強財務運作等方面入手。對上述三項內容進一步展開分析，企業便可以得知有針對性地提升淨資產報酬率的改進意見。

【例16-4】市場分析人士發現，A、B、C三家公司的淨資產報酬率顯示，A公司的淨資產報酬率低於B、C公司。採用杜邦分析法計算的主要財務指標如表16-1所示。

表16-1　杜邦分析法示例

項目	A公司	B公司	C公司
銷售淨利率	0.052	0.078	0.051
總資產週轉率	1.3	1.68	2.17
總資產報酬率	0.067,6	0.125,7	0.109,6
權益乘數	1.57	1.93	2.51
淨資產報酬率	0.106	0.253	0.278

由表16-1可見，A公司在管理質量（以總資產報酬率為代表）和融資水準（以權益乘數為代表）方面明顯落後，這是導致該公司的淨資產報酬率偏低的主要原因。

第六節　財務報表分析的局限性

　　在進行財務報表分析時，我們要從報表本身的局限性和分析方法的局限性這兩個方面著手，深入理解財務報表分析的局限性。

　　第一，認識到財務會計處理程序本身的局限性。會計本身並不著眼於預測企業的業績，它的基本功能是列示企業的業績以及由此形成的財產權利。報表數據呈現出的某種趨勢僅具有參考價值。

　　第二，注意會計制度導致的數據口徑變化的潛在影響。近年來，企業會計準則逐步引入估計、現值等所謂的「國際會計慣例」，導致會計報表中出現了大量的金融預期，即缺乏法律事實的信息。在分析財務報表時，我們應注意剔除交易性金融資產等項目導致的報表數據波動的影響。

　　第三，注意慎重選擇參照系。進行財務分析時，我們需要有一個「參照系」。例如，與企業的歷史水準相比較，與同行業平均水準或行業先進水準比較，與計劃預算相比較等，否則單個指標沒有什麼說服力。橫向比較時需要使用同業標準，而同業的平均數只有一般性的參考價值，不一定具有代表性。我們可以選擇一組有代表性的公司的指標並求其平均數作為同業標準，這可能比整個行業的平均數更有意義。但是不少公司實行跨行業經營，沒有明確的行業歸屬，這使得同業比較變得更加困難。

　　第四，警惕數字陷阱。比率的計算結果常常會誤導報表使用者。例如，如果分母數值很小，則比率常常會大得出奇。

【本章小結】

　　本章主要介紹了財務報表分析基本知識，介紹了償債能力分析、管理效率分析、盈利能力分析、綜合分析以及財務報表分析的局限性。

【主要概念】

　　財務分析；償債能力分析；營運能力分析；盈利能力分析；杜邦分析。

【簡答題】

1. 財務報表分析方法有哪些？
2. 償債能力分析指標有哪些？
3. 營運能力分析指標有哪些？
4. 盈利能力分析指標有哪些？
5. 杜邦綜合分析如何應用？

參考文獻

[1] 陳國輝，遲旭升. 基礎會計［M］. 5版. 大連：東北財經大學出版社，2016.

[2] 劉永澤，陳文銘. 會計學［M］. 大連：東北財經大學出版社，2018.

[3] 劉永澤，陳立軍. 中級財務會計［M］. 6版. 大連：東北財經大學出版社，2018.

[4] 郭秀珍，許義生. 初級財務會計學［M］. 廣州：暨南大學出版社，2012.

[5] 餘國杰，梁瑞紅. 會計學新編［M］. 北京：清華大學出版社，2007.

[6] 魏素艷. 財務會計［M］. 北京：機械工業出版社，2007.

[7] 孫敏，李遠慧，門瑢. 中級財務會計學［M］. 北京：北京交通大學出版社，2008.

[8] 許義生，陳茚，於敏. 初級財務會計學［M］. 廣州：中山大學出版社，2002.

[9] 中華人民共和國財政部. 企業會計準則（2006）［M］. 北京：經濟科學出版社，2006.

[10] 財政部會計司. 企業會計準則講解（2006）［M］. 北京：人民出版社，2007.

[11] 中華人民共和國財政部. 企業會計準則——應用指南（2006）［M］. 北京：中國財政經濟出版社，2006.

會計學

作　　者：	郭秀珍 著	
發 行 人：	黃振庭	
出 版 者：	財經錢線文化事業有限公司	
發 行 者：	財經錢線文化事業有限公司	
E-mail：	sonbookservice@gmail.com	
粉 絲 頁：	https://www.facebook.com/sonbookss/	
網　　址：	https://sonbook.net/	
地　　址：	台北市中正區重慶南路一段六十一號八樓 815 室	
	Rm. 815, 8F., No.61, Sec. 1, Chongqing S. Rd., Zhongzheng Dist., Taipei City 100, Taiwan (R.O.C)	
電　　話：	(02)2370-3310	
傳　　真：	(02) 2388-1990	
印　　刷：	京峯彩色印刷有限公司（京峰數位）	

國家圖書館出版品預行編目資料

會計學 / 郭秀珍著 . -- 第一版 . -- 臺北市：財經錢線文化事業有限公司 , 2020.12
　面；　公分
POD 版
ISBN 978-957-680-488-5(平裝)
1. 會計學
495.1　　　109016917

官網

臉書

- 版權聲明 -

本書版權為西南財經大學出版社所有授權崧博出版事業有限公司獨家發行電子書及繁體書繁體字版。若有其他相關權利及授權需求請與本公司聯繫。

定　　價：550 元
發行日期：2020 年 12 月第一版
◎本書以 POD 印製

提升實力 ONE STEP GO-AHED

會計人員提升成本會計實戰能力

透過 Excel 進行成本結算定序的實用工具

您有看過成本會計理論，卻不知道如何實務應用嗎？
您知道如何依產品製程順序，由低階製程至高階製程採堆疊累加方式計算產品成本？

【成本結算工具軟體】是一套輕巧易學的成本會計實務工具，搭配既有的 Excel 資料表，透過軟體設定的定序工具，使成本結轉由低製程向高製程堆疊累加。《結構順序》由本工具軟體賦予，讓您容易依既定《結轉順序》計算產品成本，輕鬆完成當期檔案編製、產生報表、完成結帳分錄。

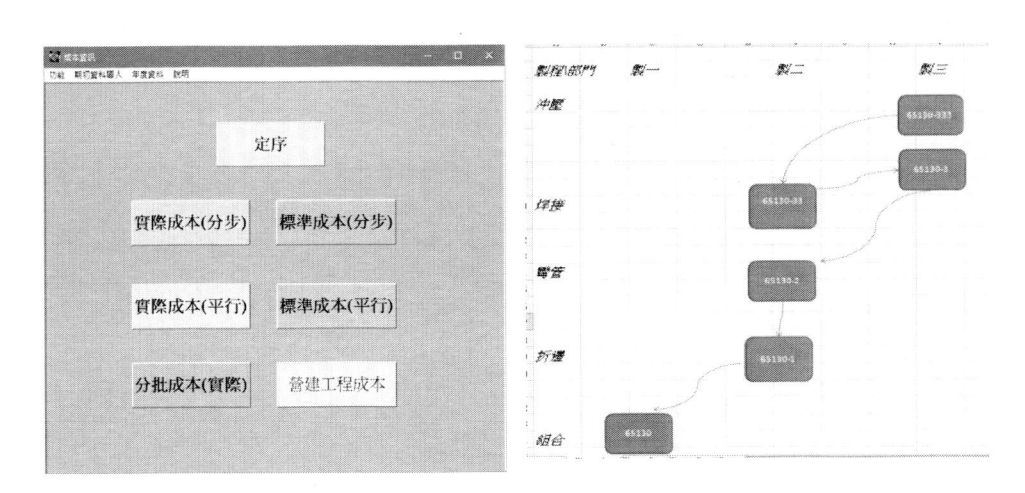

【成本結算工具軟體】試用版免費下載：http://cosd.com.tw/

訂購資訊：

成本資訊企業社 統編 01586521

EL 03-4774236 手機 0975166923　游先生

EMAIL y4081992@gmail.com